机械制图习题集

第4版

主　编　吕思科　周宪珠

副主编　罗素华　梁国高

主　审　杨　辉

北京理工大学出版社

BEIJING INSTITUTE OF TECHNOLOGY PRESS

内 容 简 介

为了更好地适应现代职业技术教育的发展，根据教育部组织制定的《高职高专教育课程基本要求》，本着“着重职业技术技能训练，基础理论以够用为度”的原则编写了本套《机械制图》《机械制图习题集》教材。

本习题集是原书的修订版，在修订过程中，保留了前版的特色，在总结教学经验、遵循教学规律的基础上，精练了文字，对以前的遗漏作了增补，并全部使用了新的国家标准。

图书在版编目(CIP)数据

机械制图习题集/吕思科，周宪珠主编．—4版．—北京：北京理工大学出版社，2018.7(2024.9重印)

ISBN 978－7－5682－5959－0

Ⅰ．①机…　Ⅱ．①吕…②周…　Ⅲ．①机械制图－习题集　Ⅳ．①TH126－44

中国版本图书馆CIP数据核字(2018)第168615号

责任编辑：赵　岩　　**文案编辑**：赵　岩
责任校对：周瑞红　　**责任印制**：李志强

出版发行 / 北京理工大学出版社有限责任公司
社　　址 / 北京市丰台区四合庄路6号
邮　　编 / 100070
电　　话 / (010)68914026(教材售后服务热线)
(010)68944437(课件资源服务热线)
网　　址 / http://www.bitpress.com.cn

版 印 次 / 2024年9月第4版第10次印刷
印　　刷 / 三河市天利华印刷装订有限公司
开　　本 / 787 mm×1092 mm　1/16
印　　张 / 11
字　　数 / 255千字
定　　价 / 29.00元

机械制图习题集

编 写 委 员 会

主　　编　吕思科　周宪珠

副 主 编　罗素华　梁国高

编写人员　（按姓氏笔画）

王静明　吕思科　刘　文　苏　明　李昌贵　严辉容　林淑华
罗素华　洪友伦　郑　华　周宪珠　周敬春　徐洪弛　徐萍姣
赵　虹　梁国高　顾元国　谭　进　蔡俊辉　陈晓晴　曾　葵
胡小青　黄　伟　鲜中锐　彭明涛　颜　伟　唐丽君　谢泽学
杜红东

主　　审　杨　辉

前　　言

本习题集是根据教育部制定的《高职高专工程制图课程基本要求》，本着“着重职业技术技能训练，基础理论以够用为度”的原则，针对职业技术教育的现状编写而成的。

制图课是一门实践性很强的课程，学习期间的实践手段主要是做练习。所以，我们在编写过程中认真设计每一道练习题，并力求由浅入深、循序渐进。考虑到后续相关课程的需要，相当一部分练习题也适用于计算机绘图练习选用。

在已投入使用的前三版的基础上，本版又作了仔细的校核和修改。

为了方便广大读者，本书采用了最新的 AR 技术，将部分二维图形做成 AR 资源。此外，本习题集还配有电子版习题解答，如有需要，可发邮件至 Lsike@126. com 联系。

由于编者水平有限，书中缺点、错误在所难免，恳请广大师生和读者批评、指正，以便修订时调整和改进。

编　者

AR 内容资源获取说明

➡扫描二维码即可获取本书 AR 内容资源！

Step1：扫描下方二维码，下载安装“4D 书城”APP；

Step2：打开“4D 书城”APP，点击菜单栏中间的扫码图标，再次扫描二维码下载本书；

Step3：在“书架”上找到本书并打开，即可获取本书 AR 内容资源！

目　　录

第一章　制图的基本知识

1-1　字体综合练习

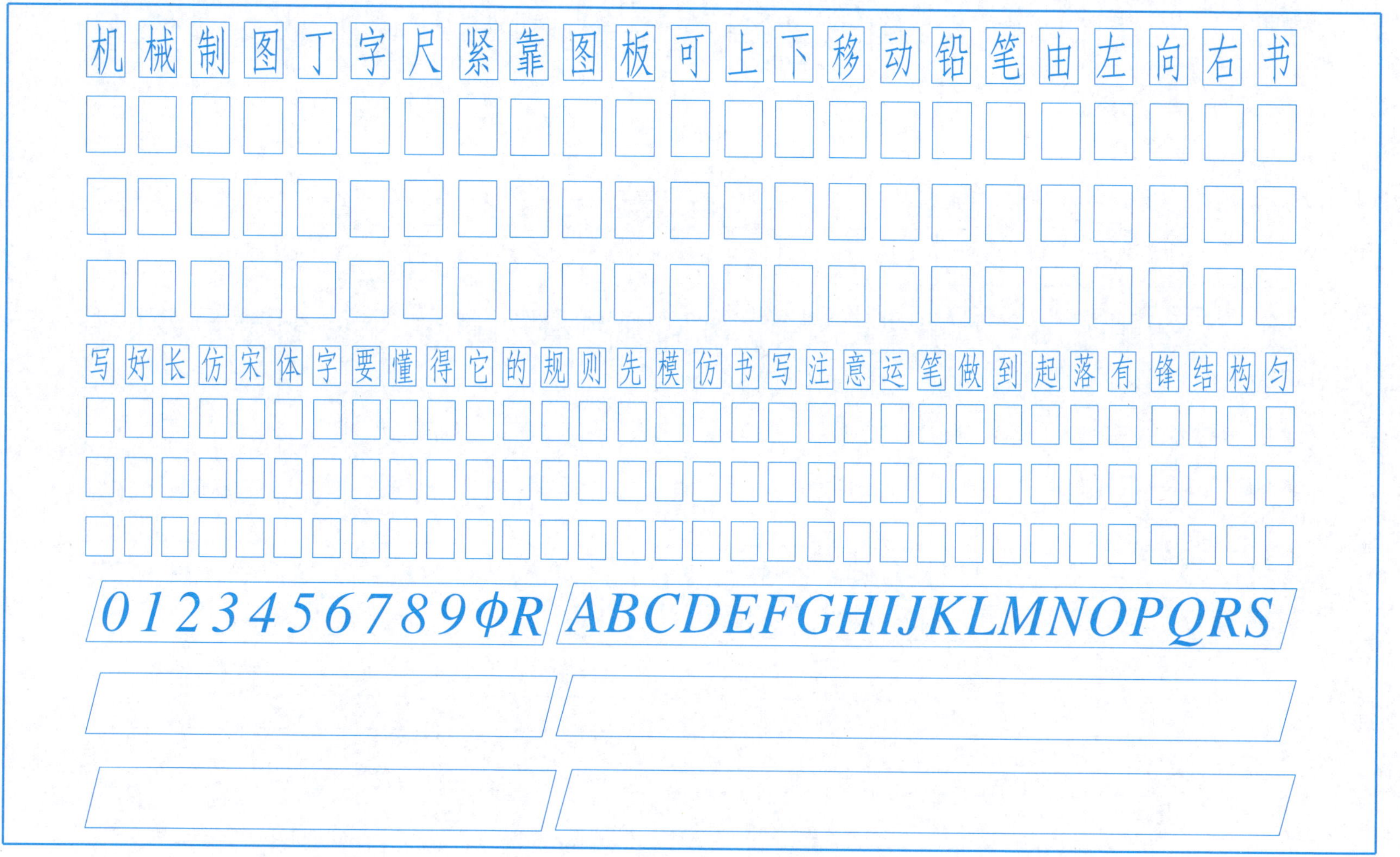

班级　　　　姓名　　　　学号

续 1-1　字体综合练习

横平竖直起落有锋结构匀称填满方格标题栏零件绘图

部件设计职业技术学院螺栓垫圈开口销弹簧滚动轴承表面粗糙度基础教程

0123456789ΦR　*abcdefghijklmnopqrsuvx*

班级　　　姓名　　　学号

续 1-1 字体综合练习

螺 母 钢 钉 旋 转 度 量 减 速 器 齿 轮 公 差 与 配 合 液 压 传 动 极

投 影 面 中 心 孔 倒 角 零 件 材 料 钢 球 热 处 理 椭 圆 淬 火 直 径 车 铣 刨 磨 镗 平 面 绘 图

0 1 2 3 4 5 6 7 8 9 ΦR

I II III IV V VI VII VIII IX X XI XII

班级　　　　姓名　　　　学号

1－2　图线练习

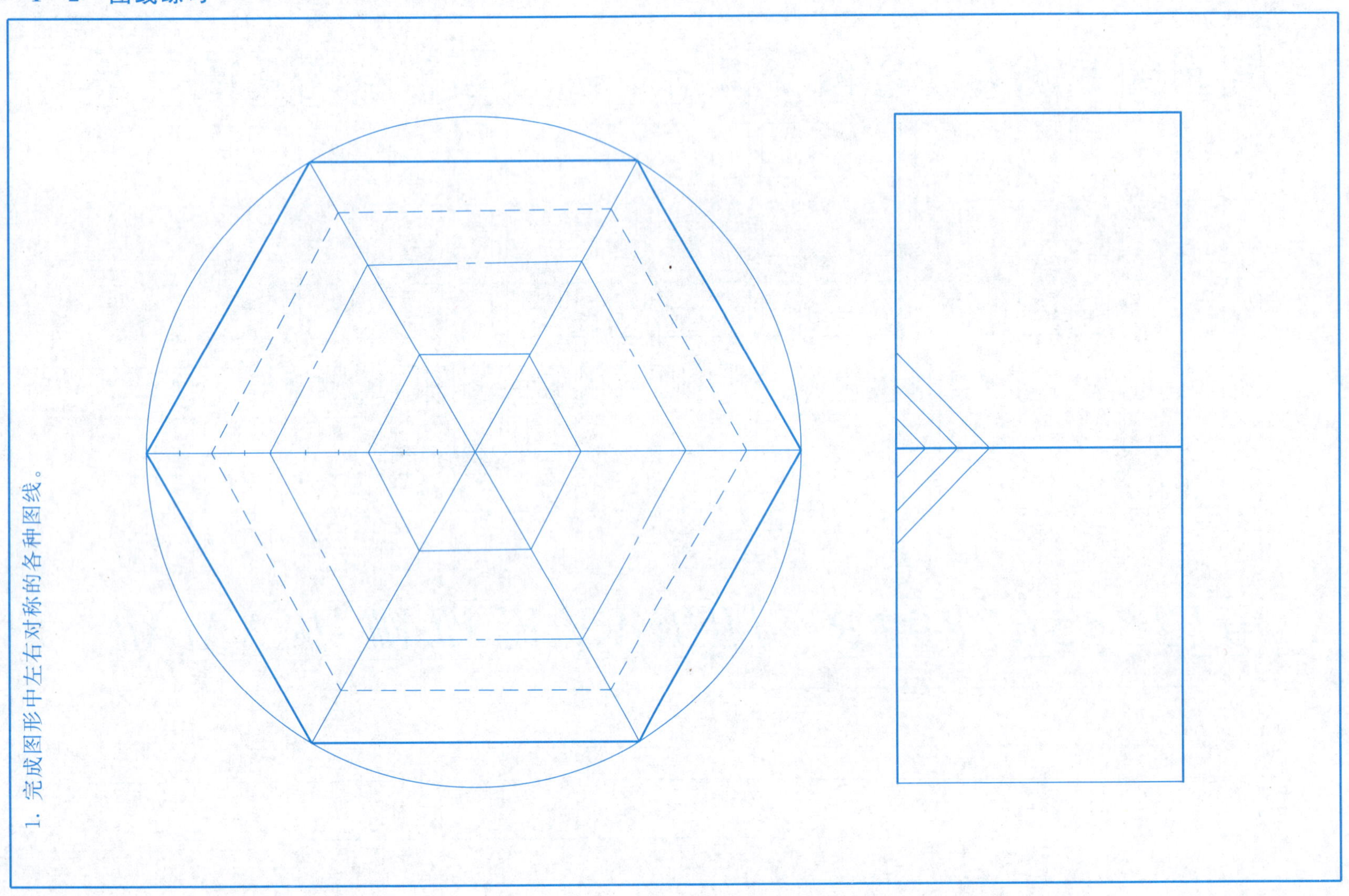

班级　　　　姓名　　　　学号

续 1－2　图线练习

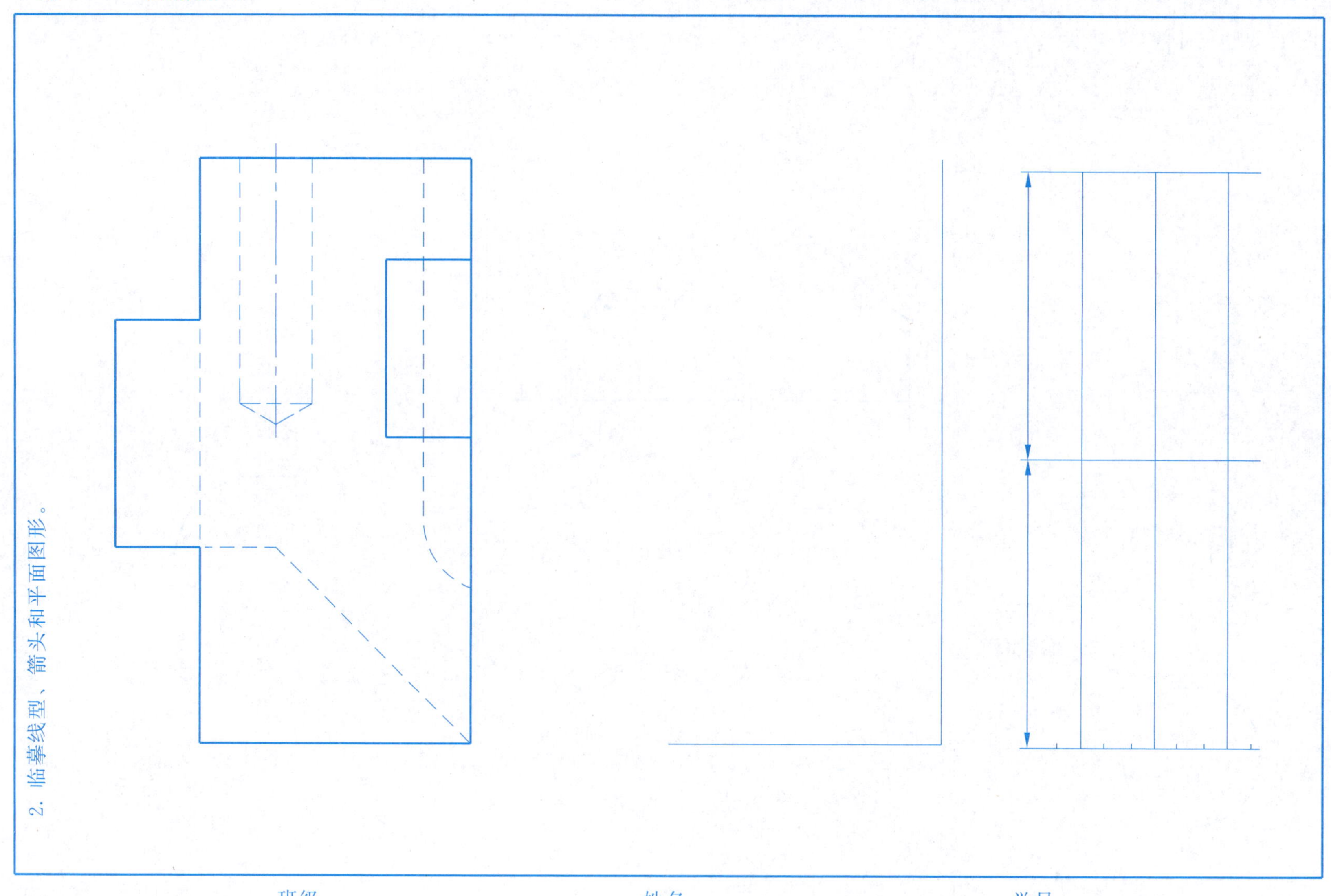

班级　　　　　　　　姓名　　　　　　　　学号

1-3 尺寸标注（尺寸数字直接从图中量取，取整数）

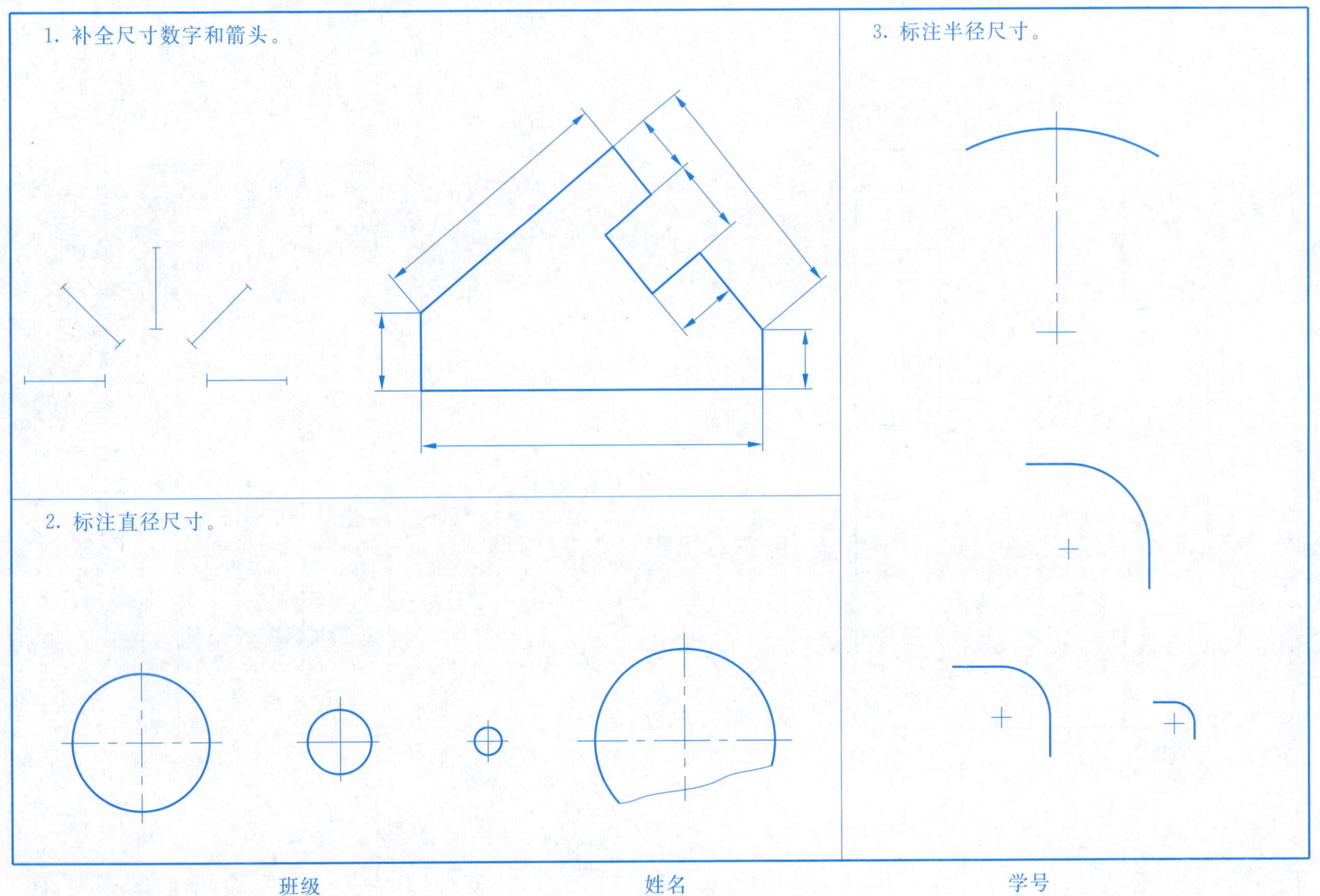

班级　　　　姓名　　　　学号

4. 标注角度尺寸数值。

5. 标注小间距尺寸。

班级 姓名 学号

续 1-3　尺寸标注（尺寸数字直接从图中量取，取整数）

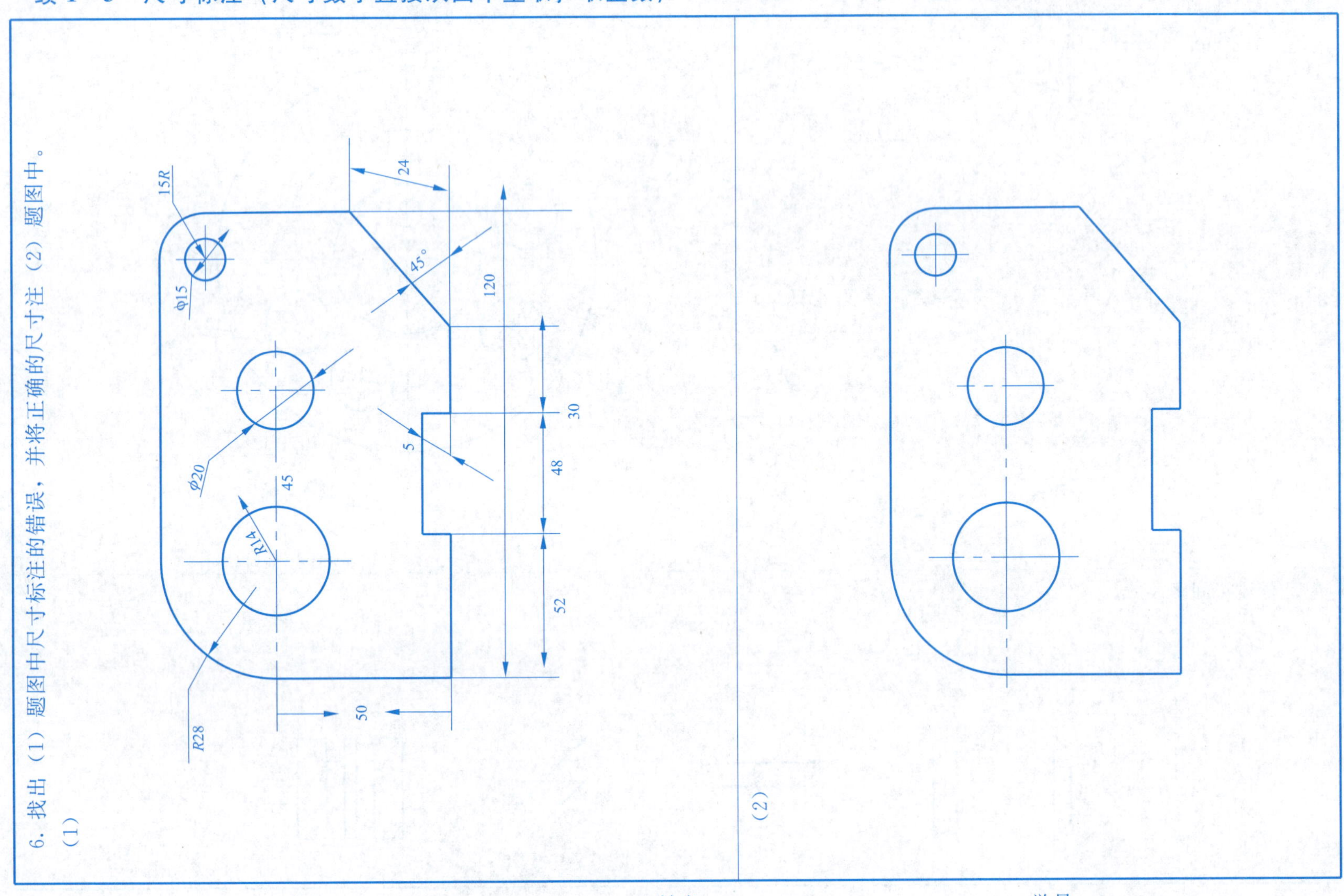

班级　　　　　　　　姓名　　　　　　　　学号

1-4 线型练习

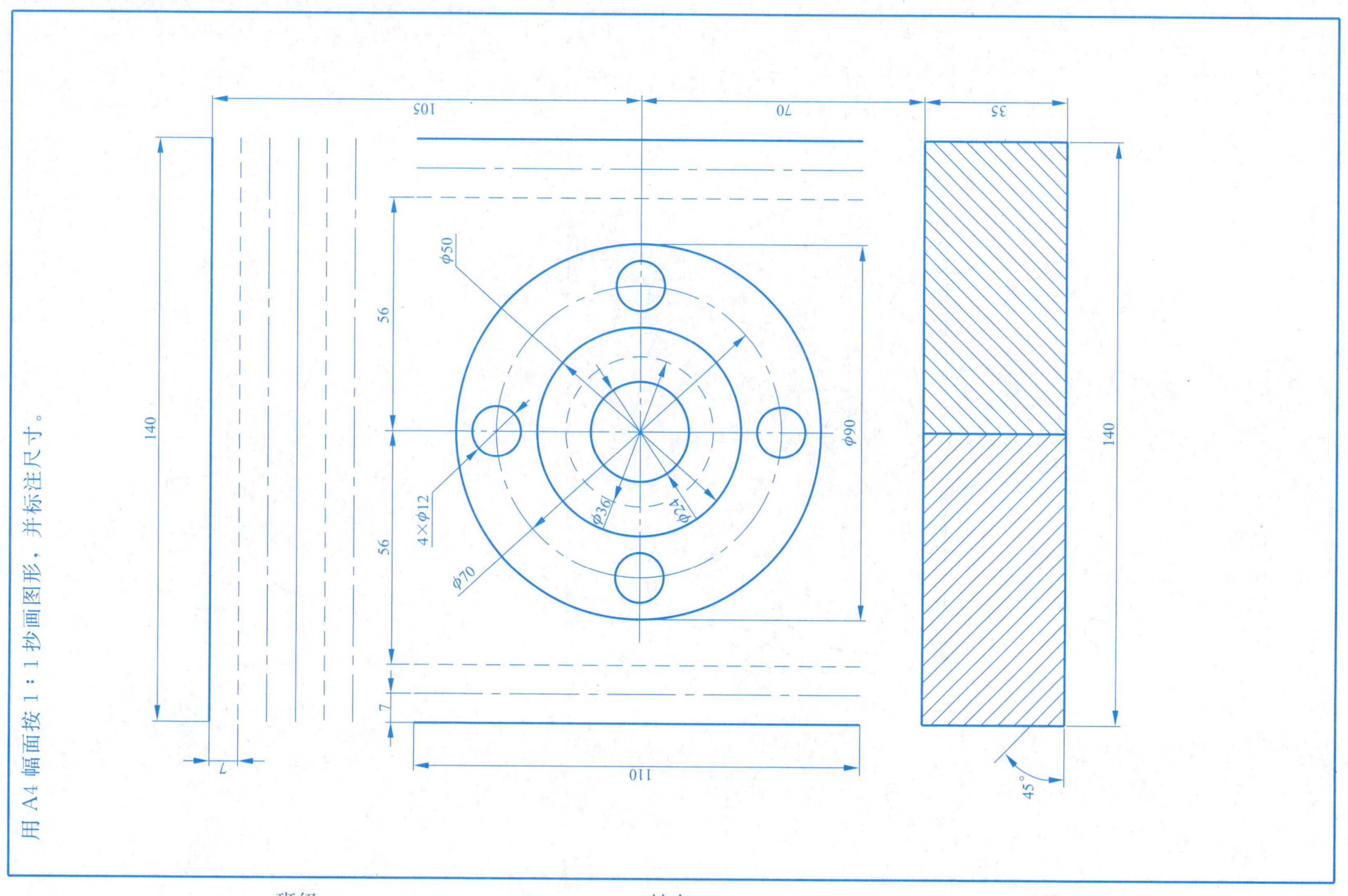

班级　　　　姓名　　　　学号

1－5 抄画图形

用 A4 幅面按 1∶1 抄画图形，并标注尺寸。

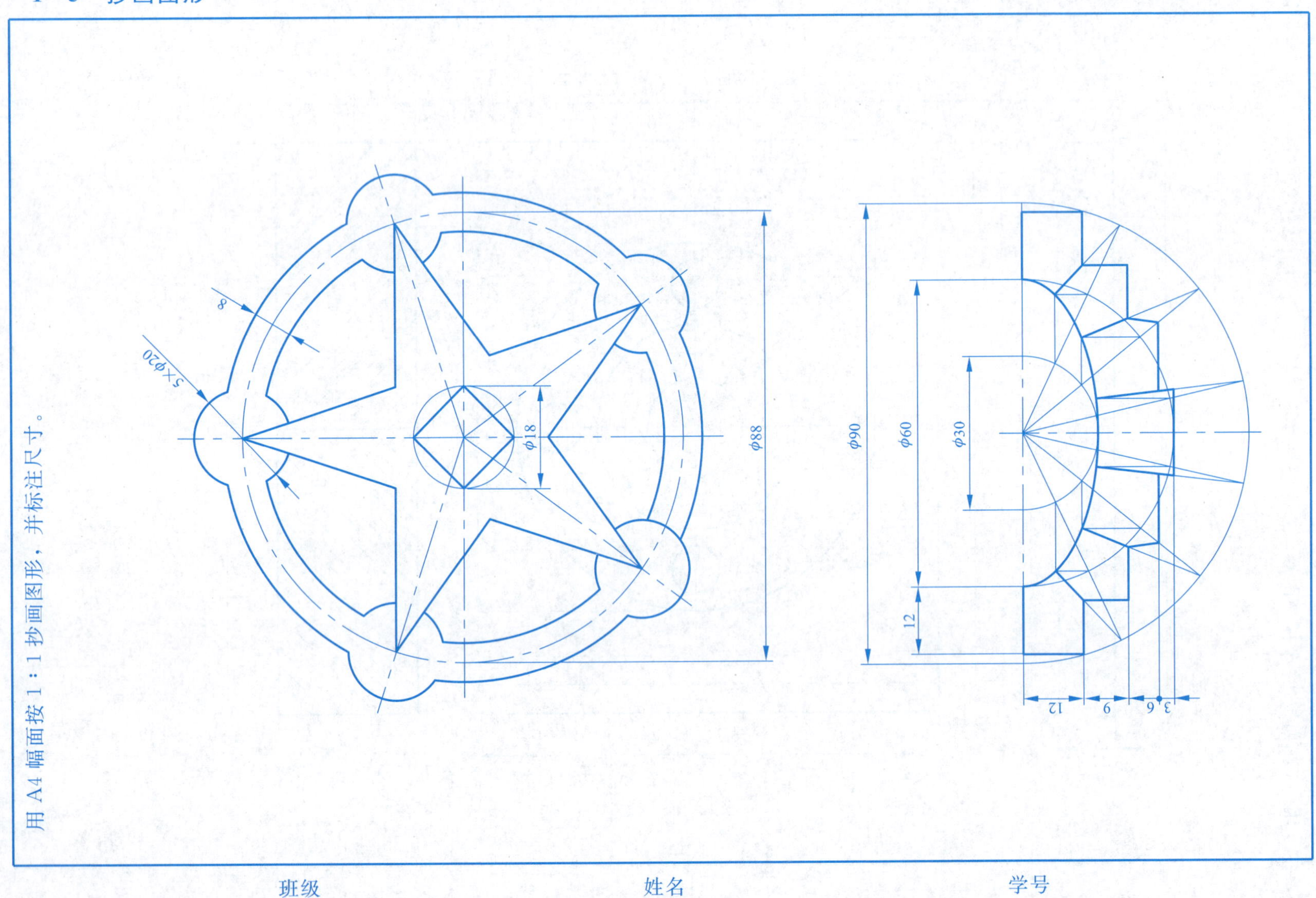

班级　　　　姓名　　　　学号

1-6 按下图中给定的尺寸用1:1的比例抄画图形，并标注斜度、锥度

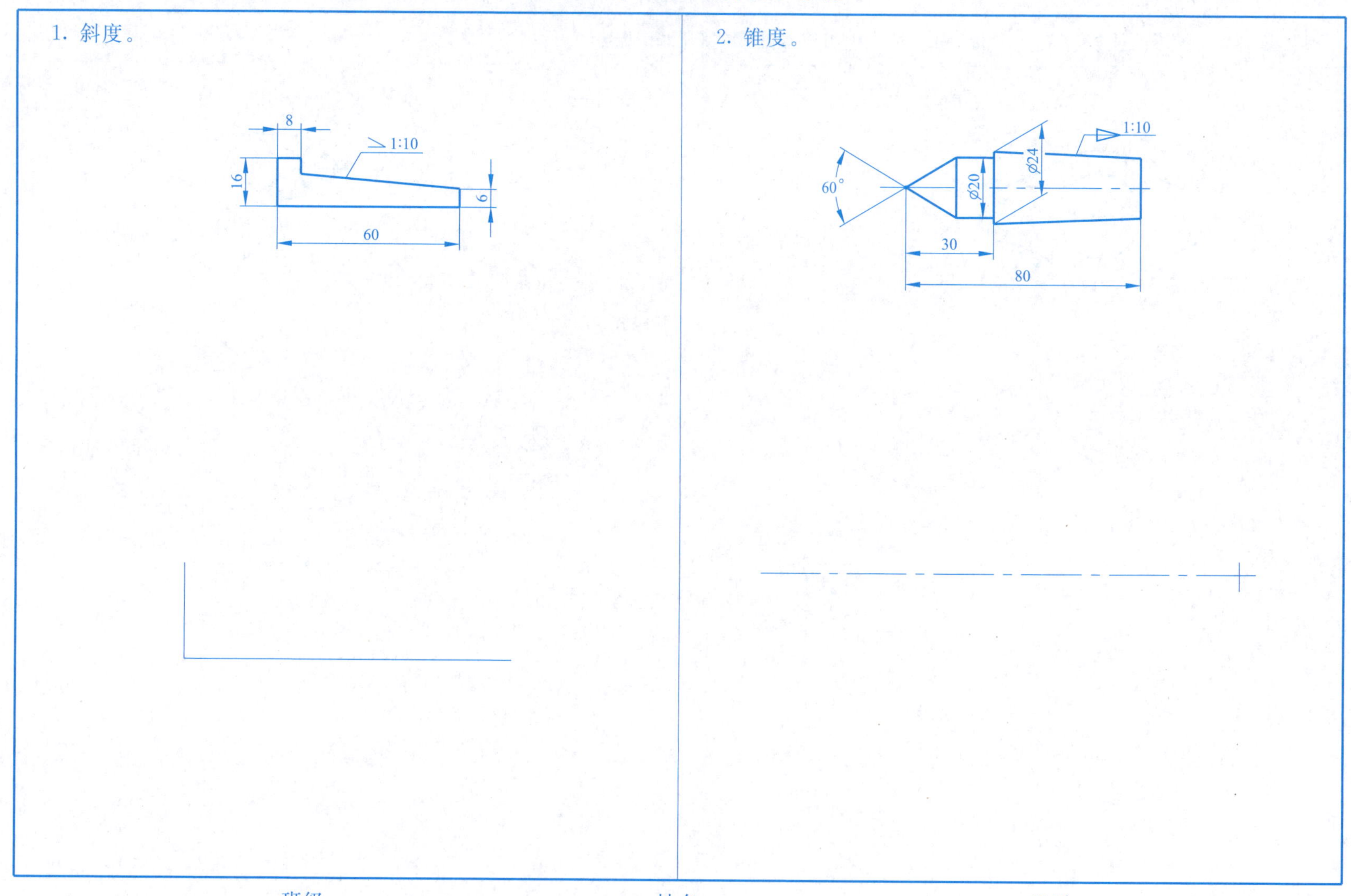

1－7　线段连接

1. 完成下列图形的线段连接（比例为 1∶1），标出连接圆弧的圆心和切点。

（1）

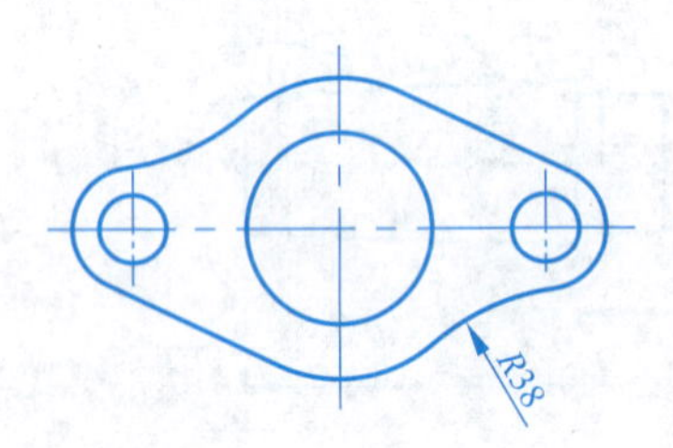

（2）

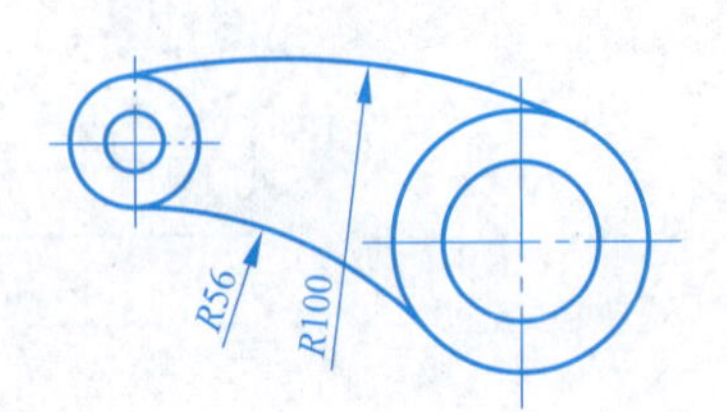

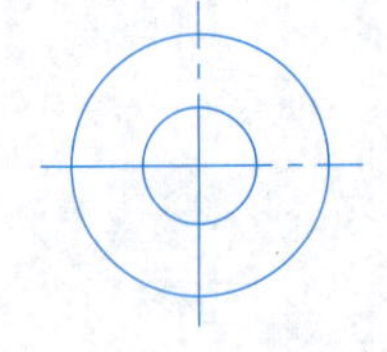

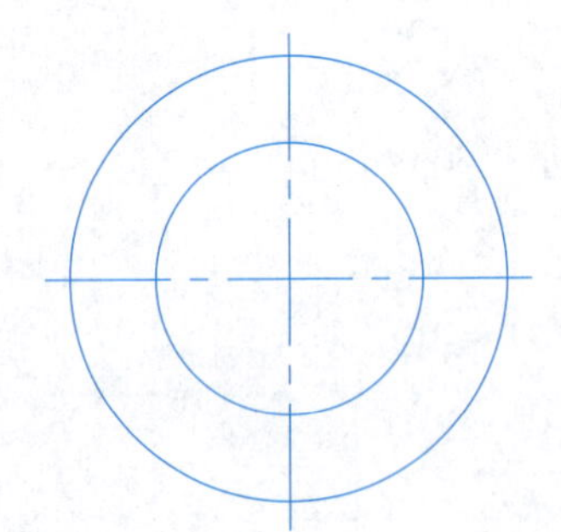

班级　　　　　　姓名　　　　　　学号

2. 完成下列图形的线段连接（比例为 1∶1），标出连接圆弧的圆心和切点。

(1)

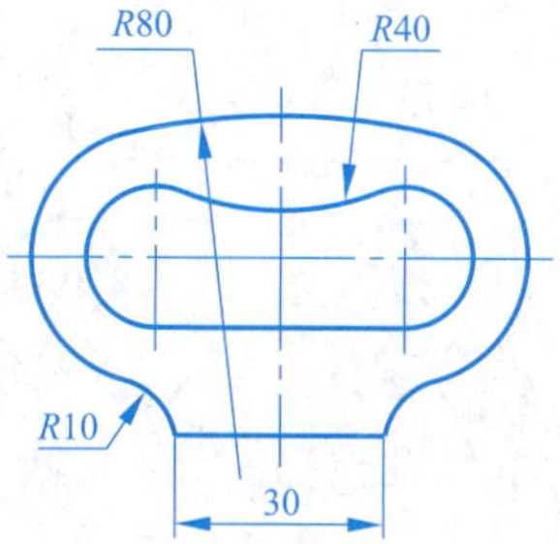

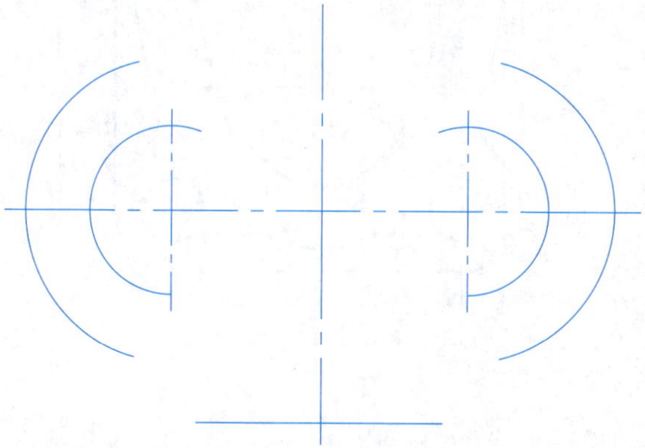

(2)

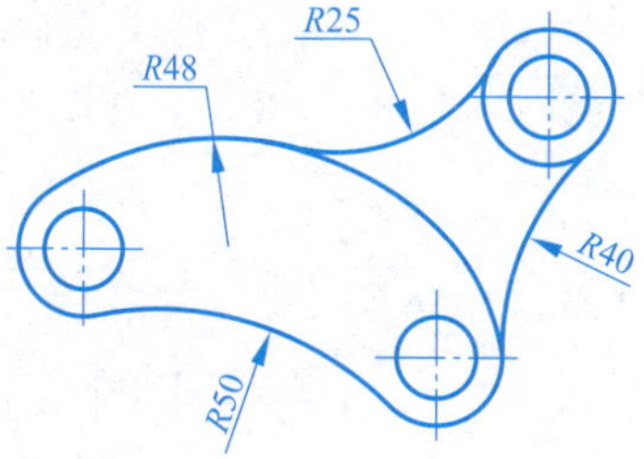

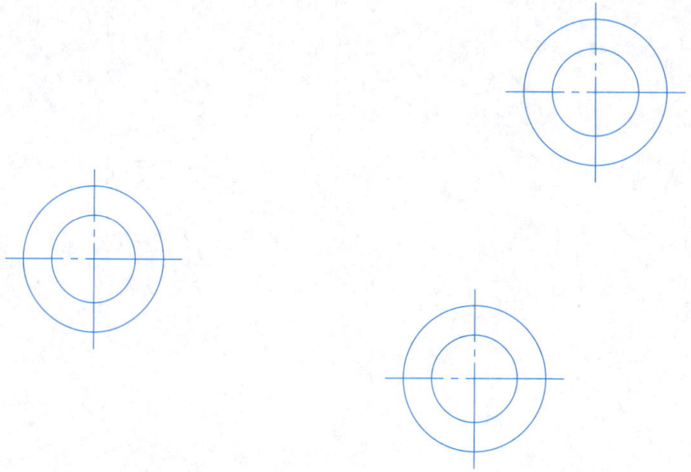

班级　　　　姓名　　　　学号

1-8　连接与椭圆

1. 画出长轴为 100 mm、短轴为 70 mm 的椭圆（用四心近似画法）。

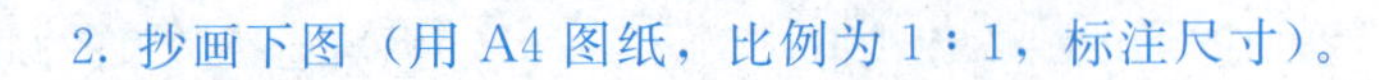

2. 抄画下图（用 A4 图纸，比例为 1∶1，标注尺寸）。

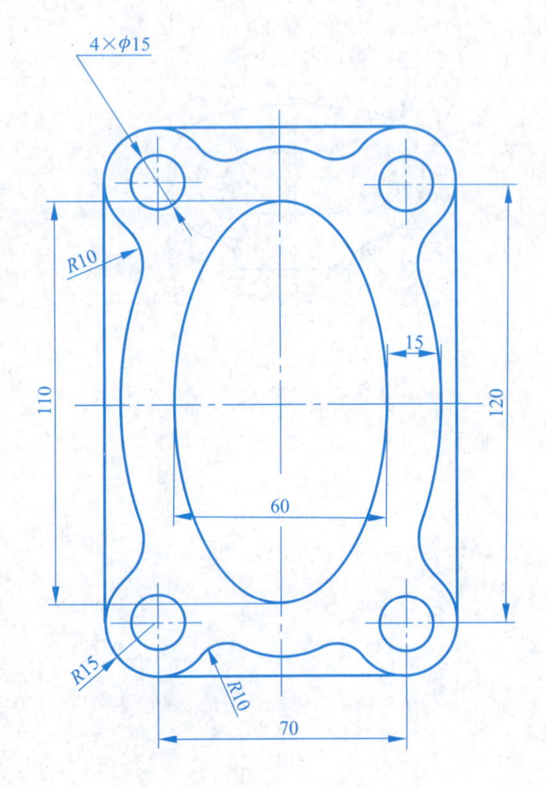

班级　　　　姓名　　　　学号

1-9 将下列平面图形画在空白处，并标注尺寸

1. 按比例 1∶1 抄画下图。

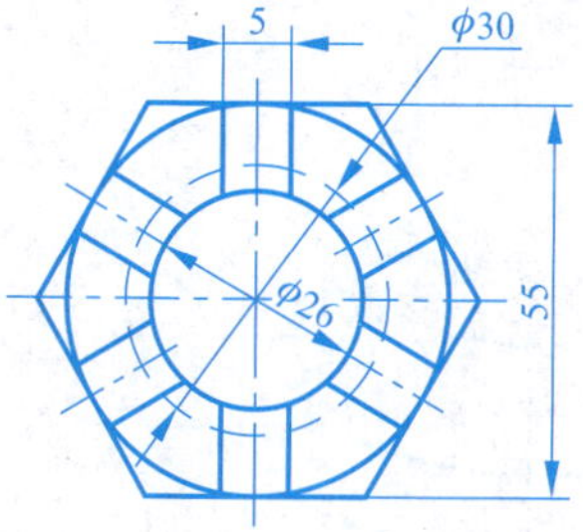

2. 按比例 2∶1 抄画下图。

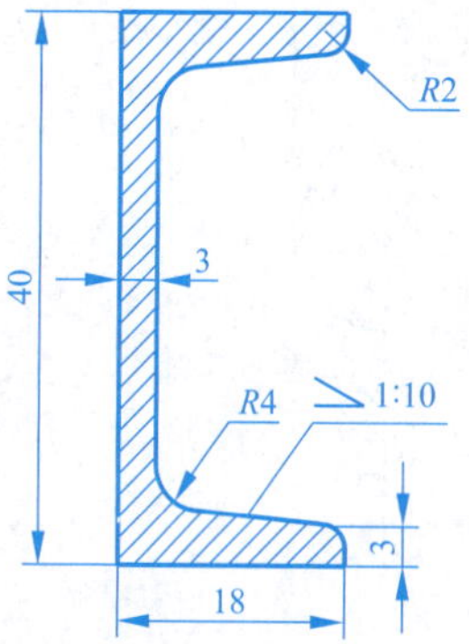

班级　　　　　　　　姓名　　　　　　　　学号

1-10 选择适当的比例抄画平面图形，并标注尺寸

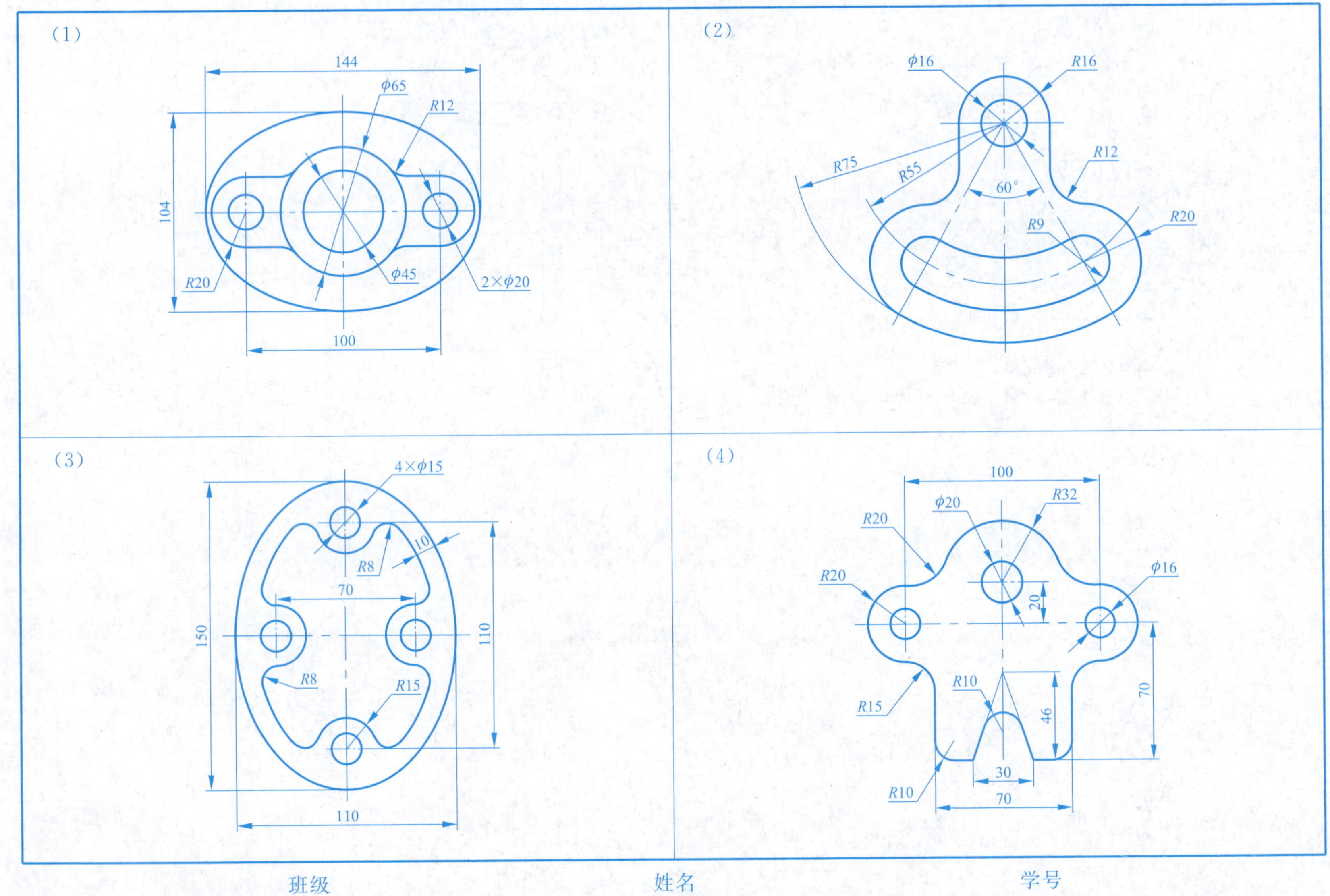

班级　　　　姓名　　　　学号

1-11　按 1∶1 的比例画出下列平面图形，图名为“几何作图”

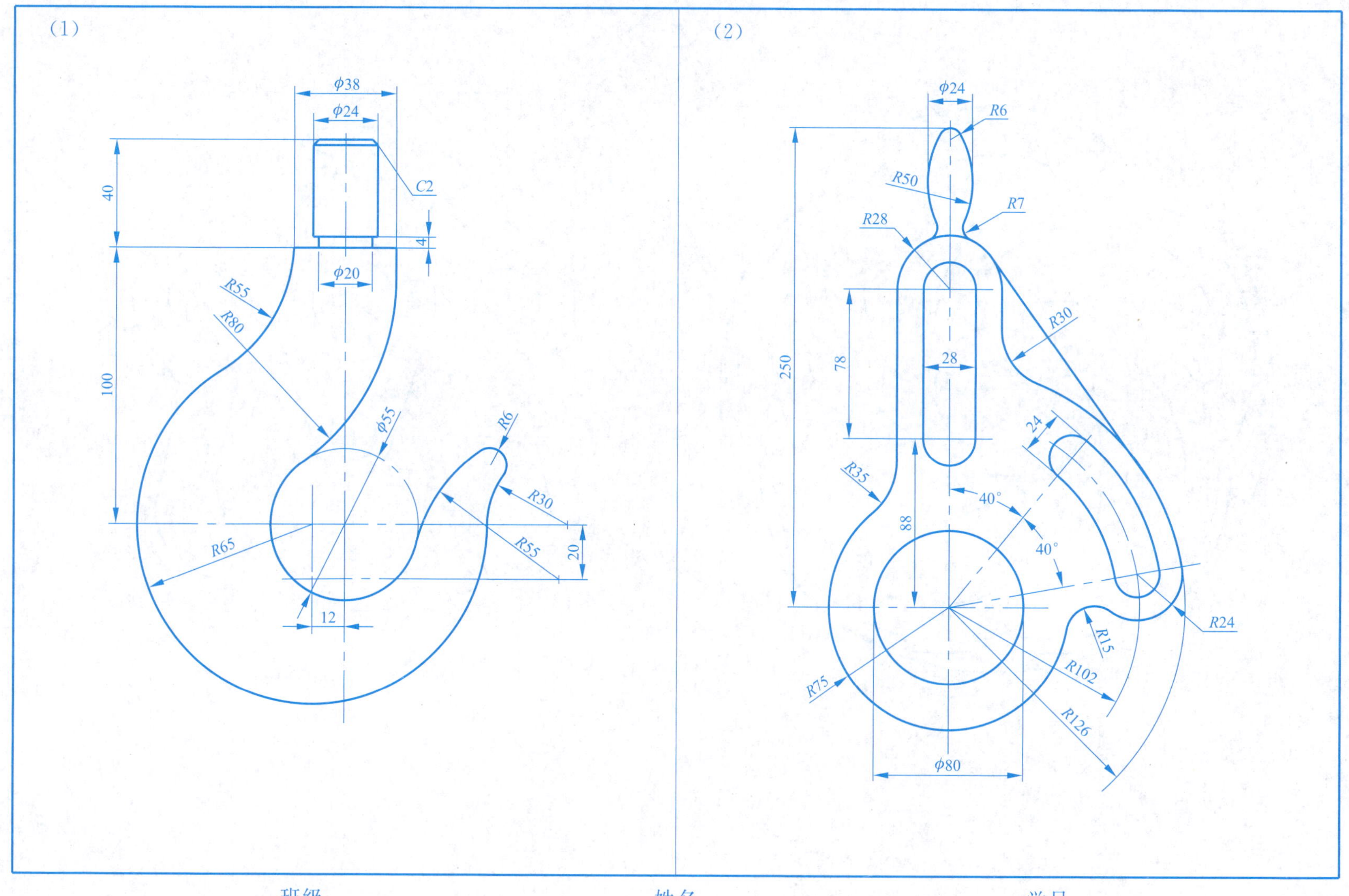

班级　　姓名　　学号

续 1-11　按 1∶1 的比例画出下列平面图形，图名为“几何作图”

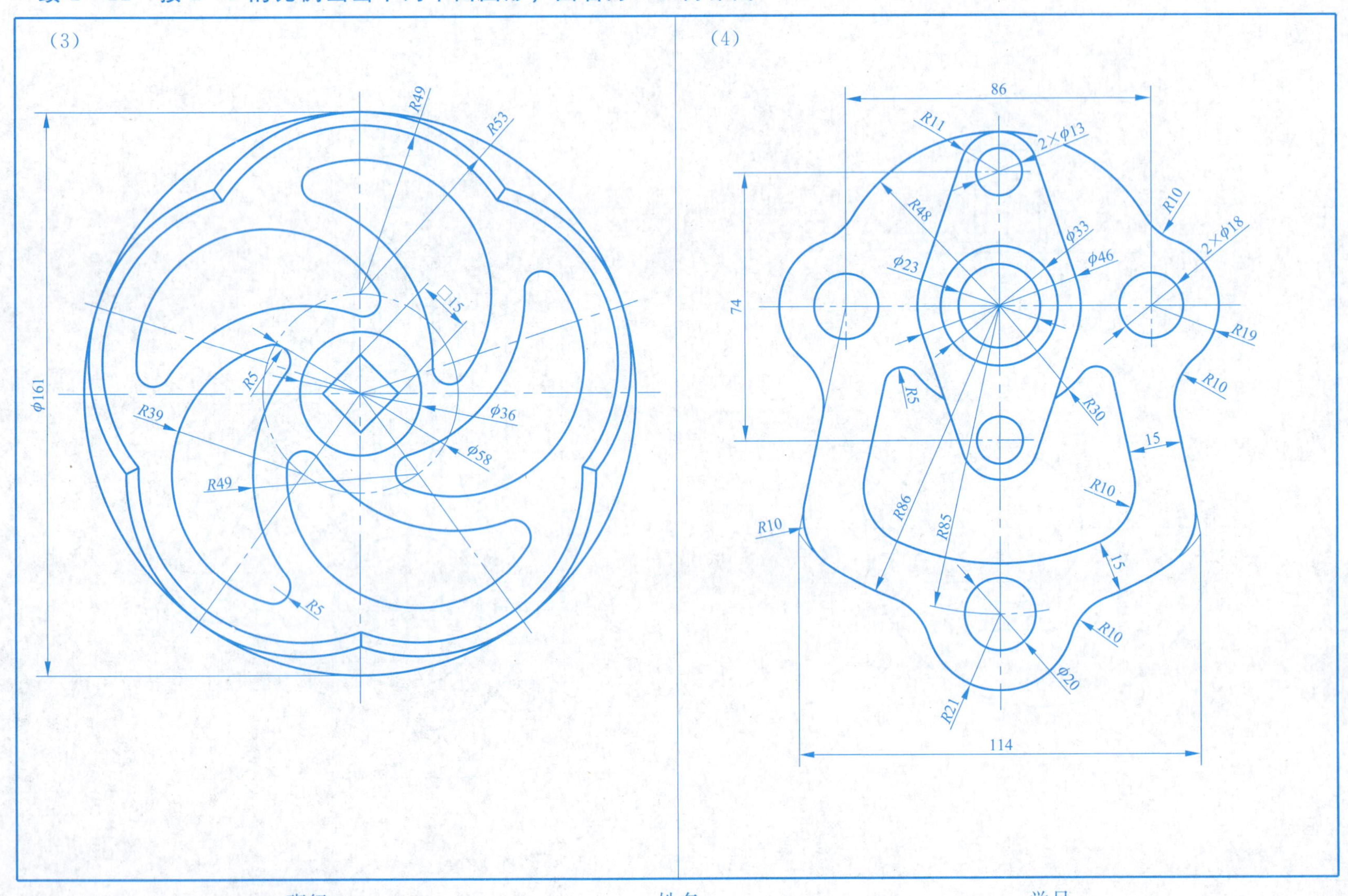

班级　　　　　　姓名　　　　　　学号

1－12　徒手画出下列图形，比例为 1∶1，不标注尺寸

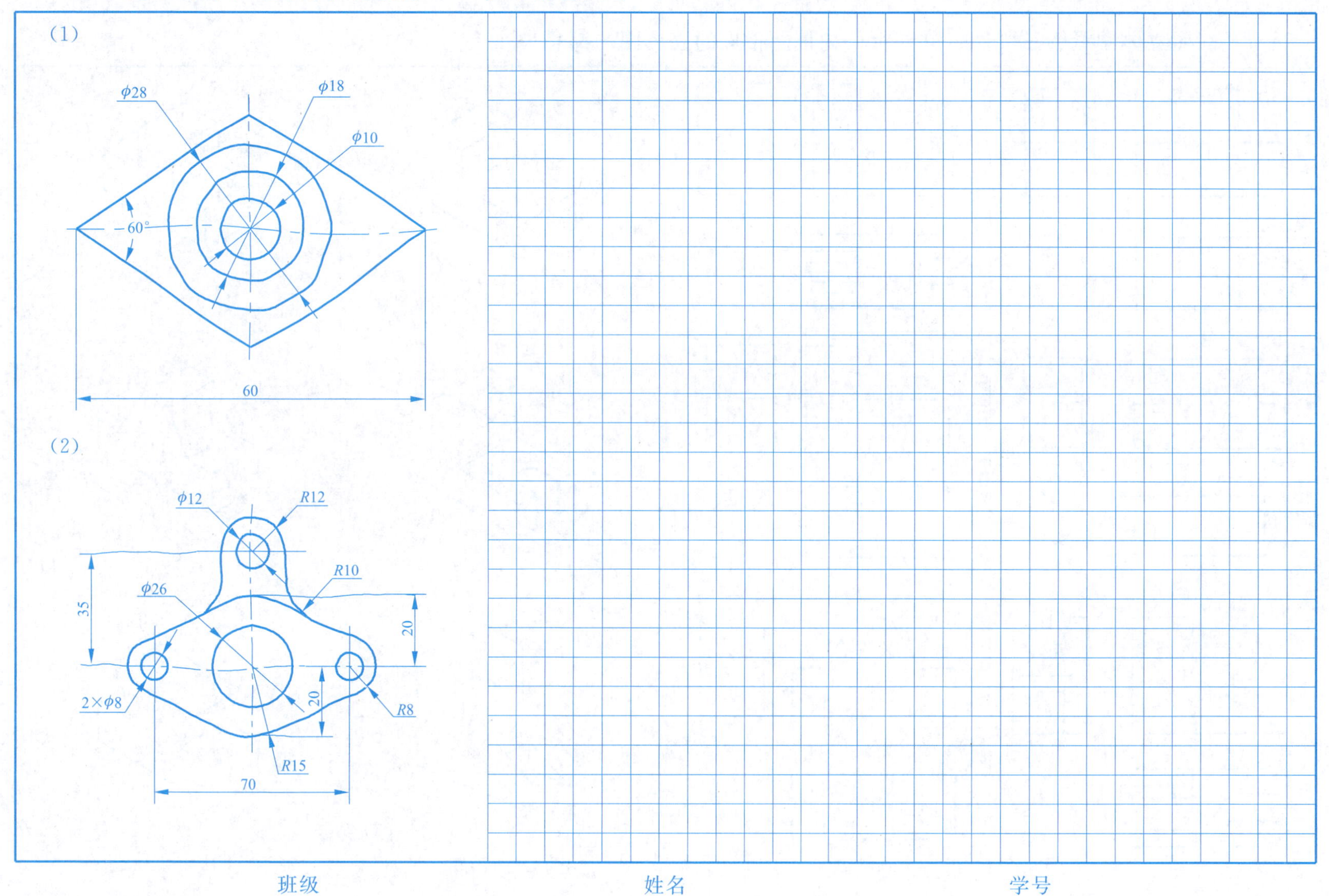

班级　　　　姓名　　　　学号

第二章　投 影 基 础

2-1　对照立体图看懂三视图，并在括号内填上相应的立体图的编号

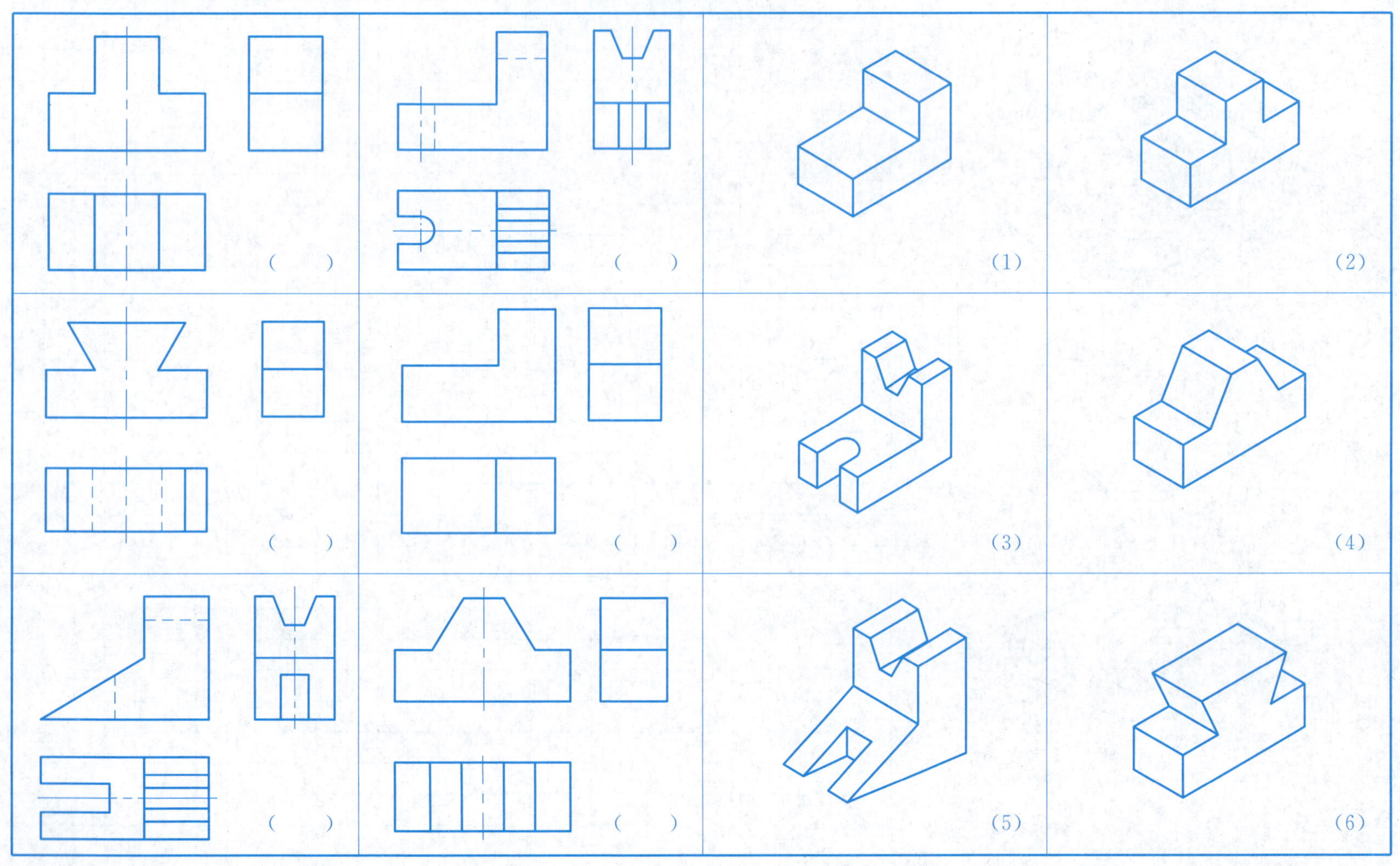

班级　　　　　　姓名　　　　　　学号

2－2　由三视图找出对应的立体图，并在括号内填上相应的编号

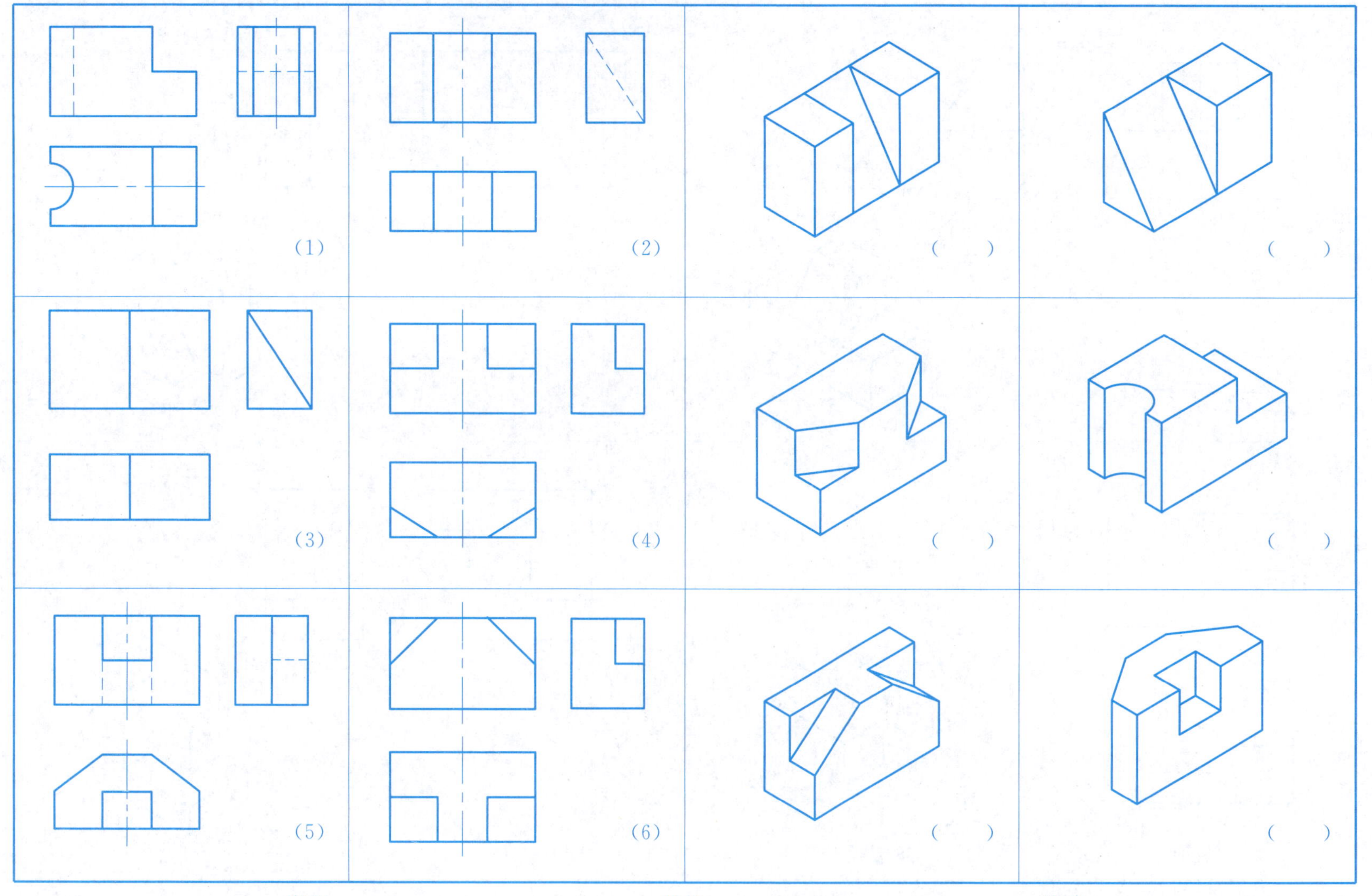

班级　　　　　　　　　　姓名　　　　　　　　　　学号

2-3 由给出的两个视图，参照轴测图补画第三视图

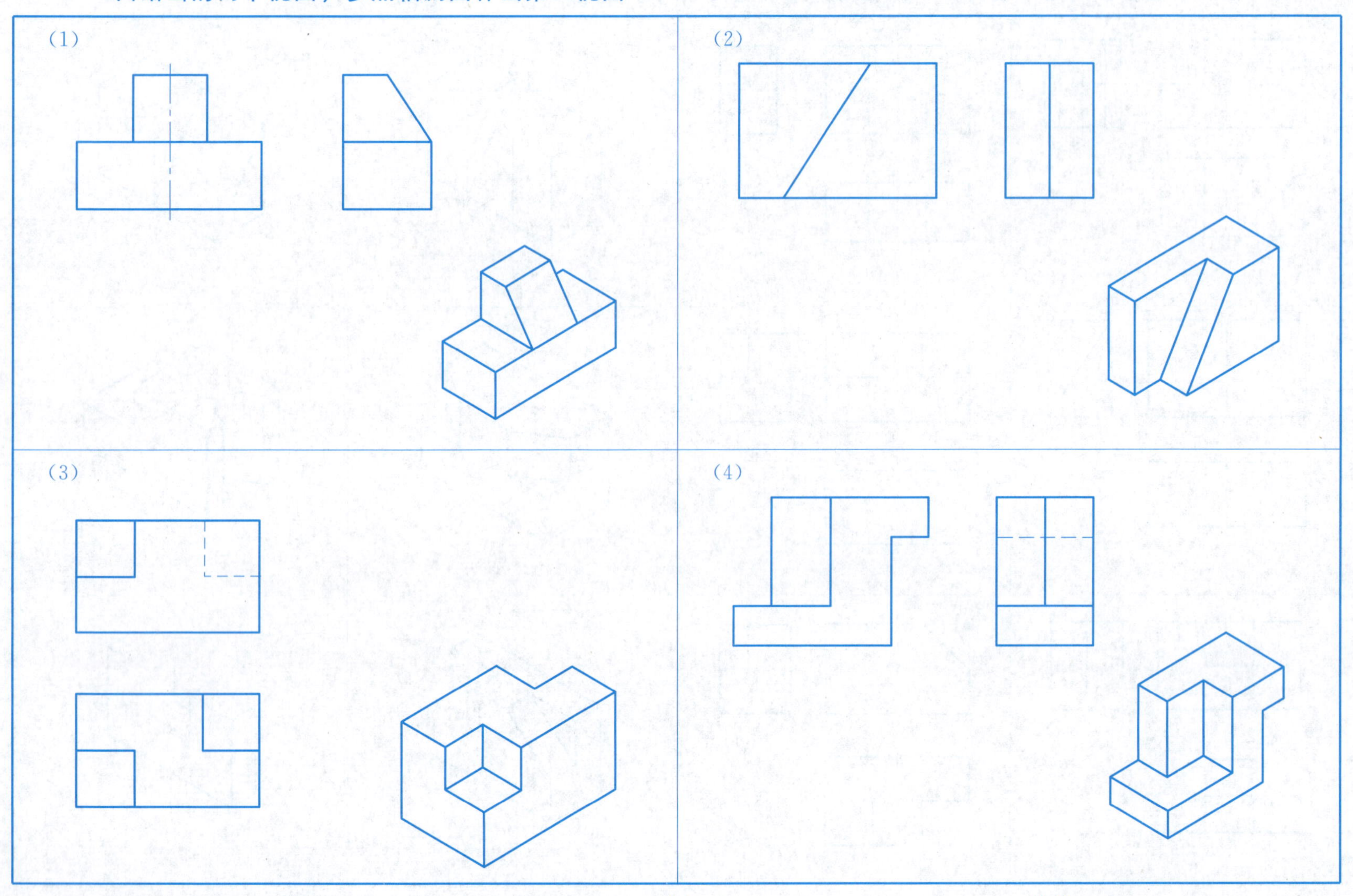

班级　　　　姓名　　　　学号

2-4 根据轴测图画三视图

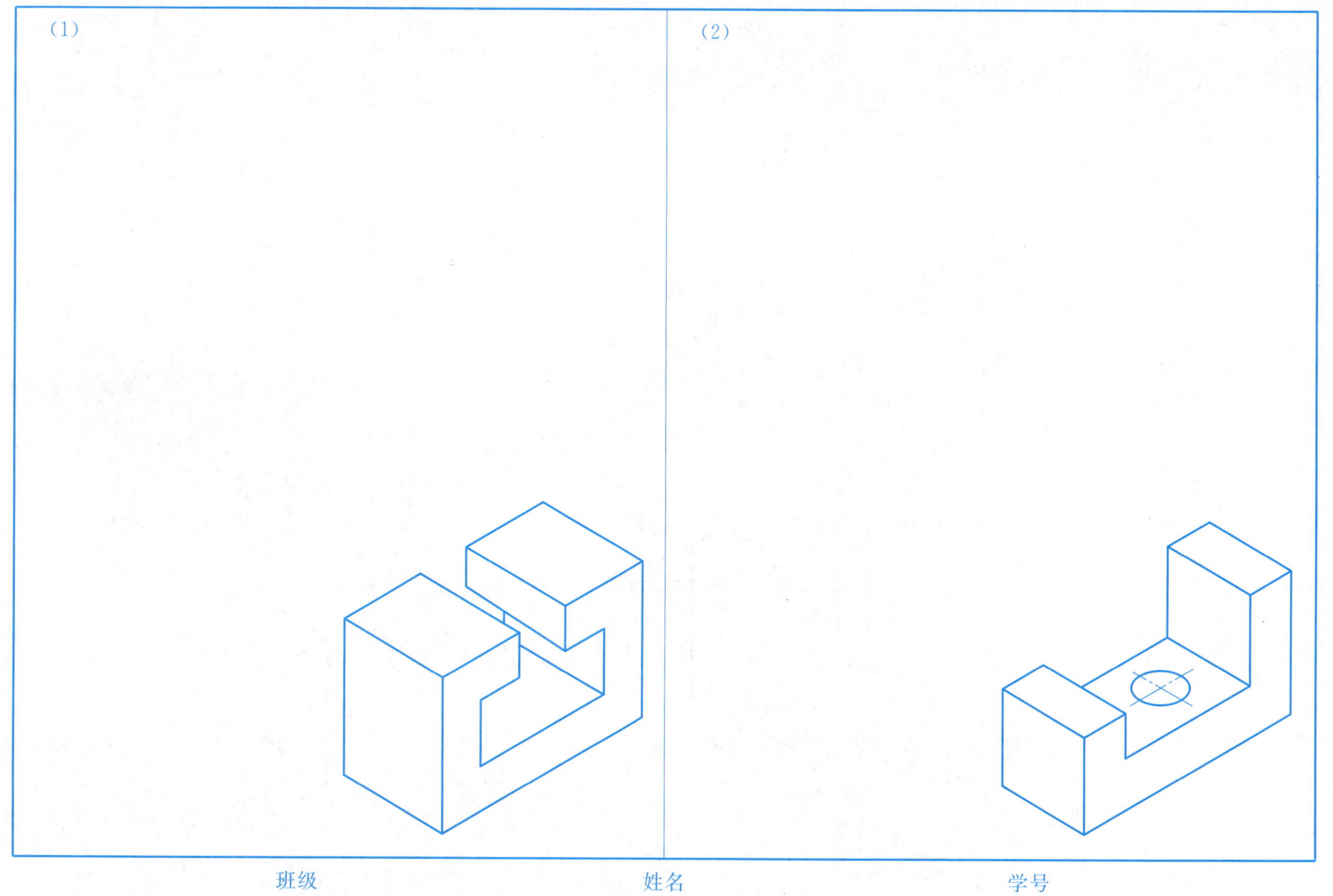

班级　　　　　　　　　　　　姓名　　　　　　　　　　　　学号

续 2－4 根据轴测图画三视图

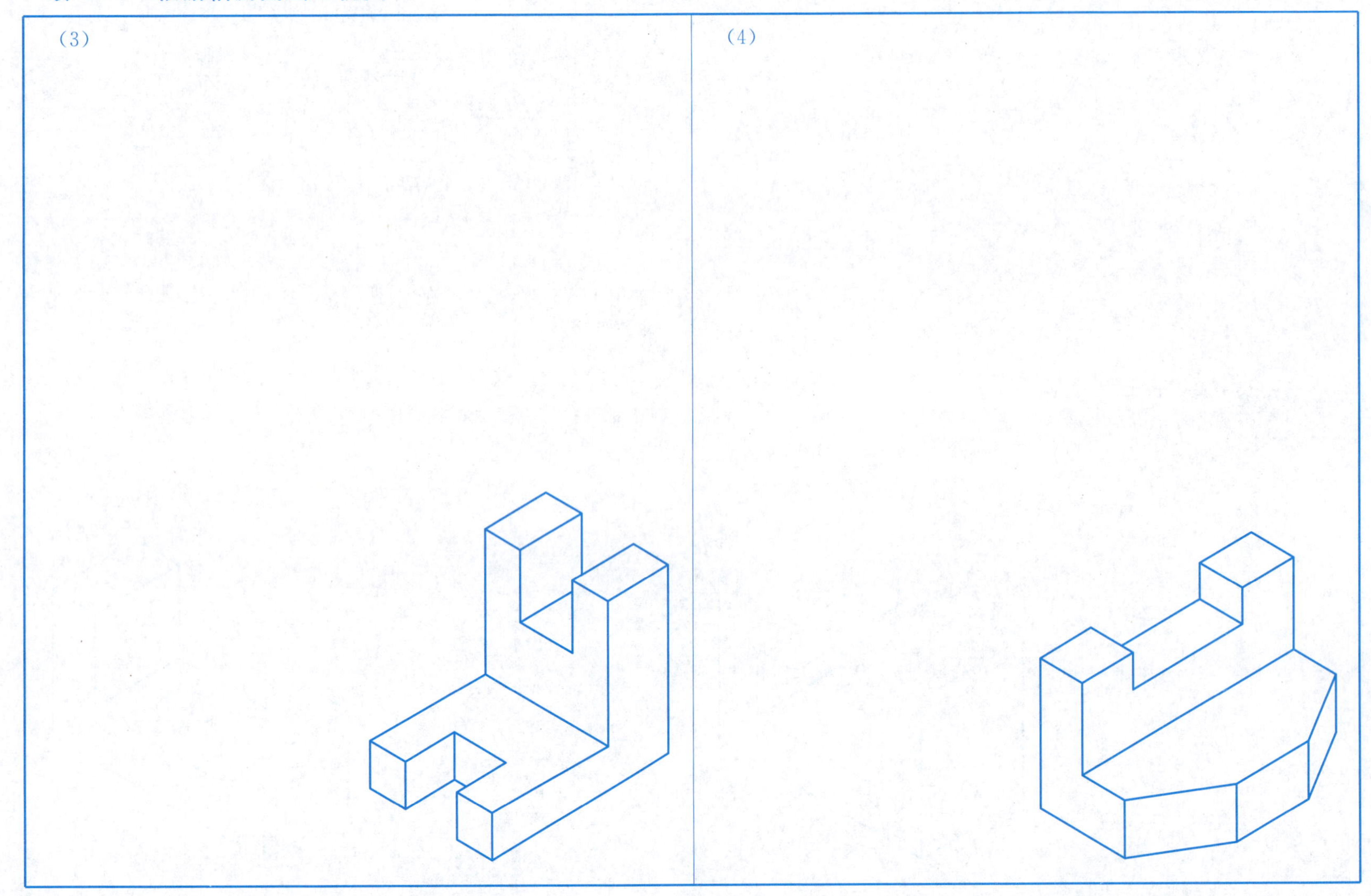

班级　　姓名　　学号

2-5 已知点的两面投影，求其第三面投影

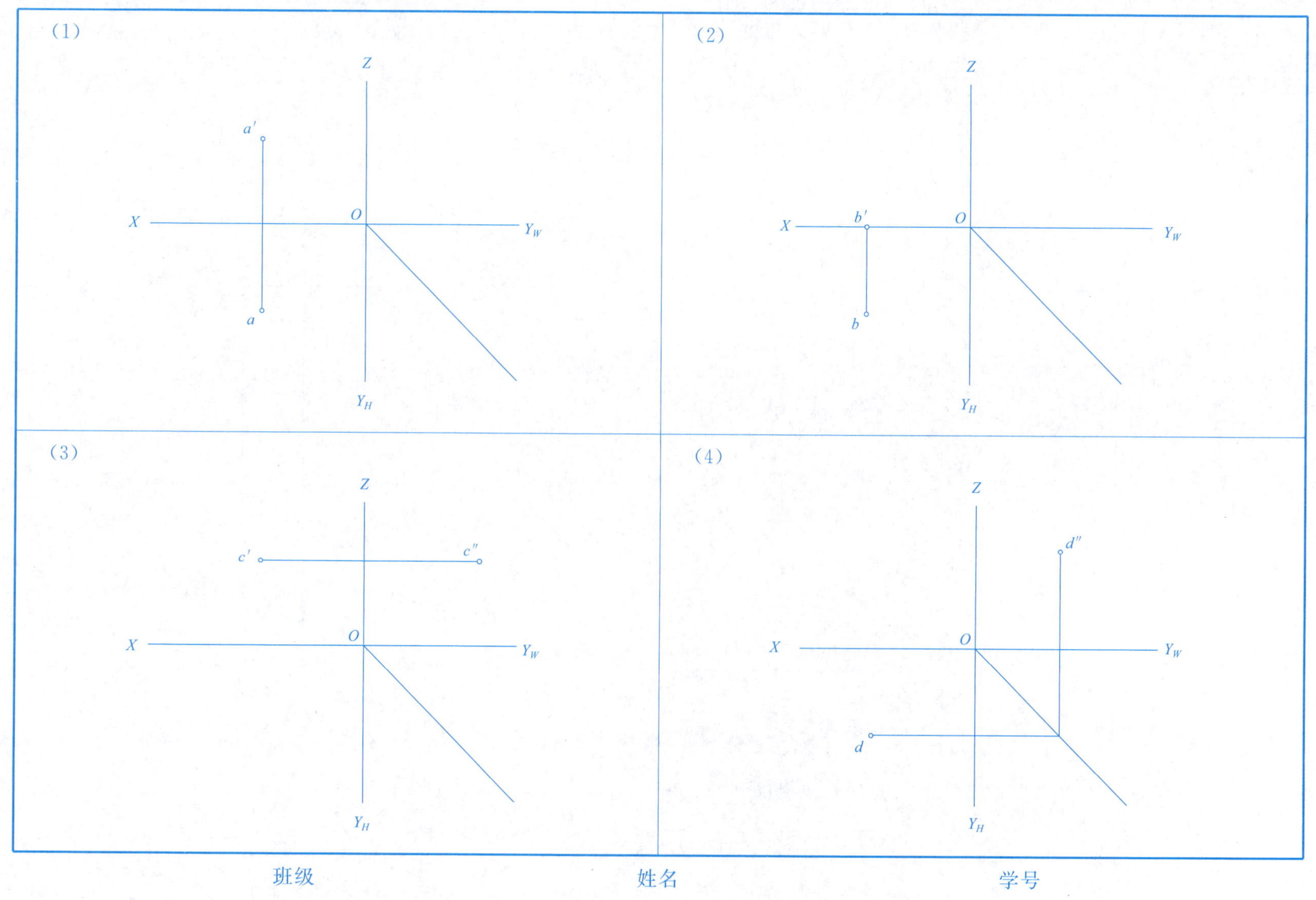

班级　　　　　　　　　　姓名　　　　　　　　　　学号

2-6 判别 A、B 两点的相对位置

(1)

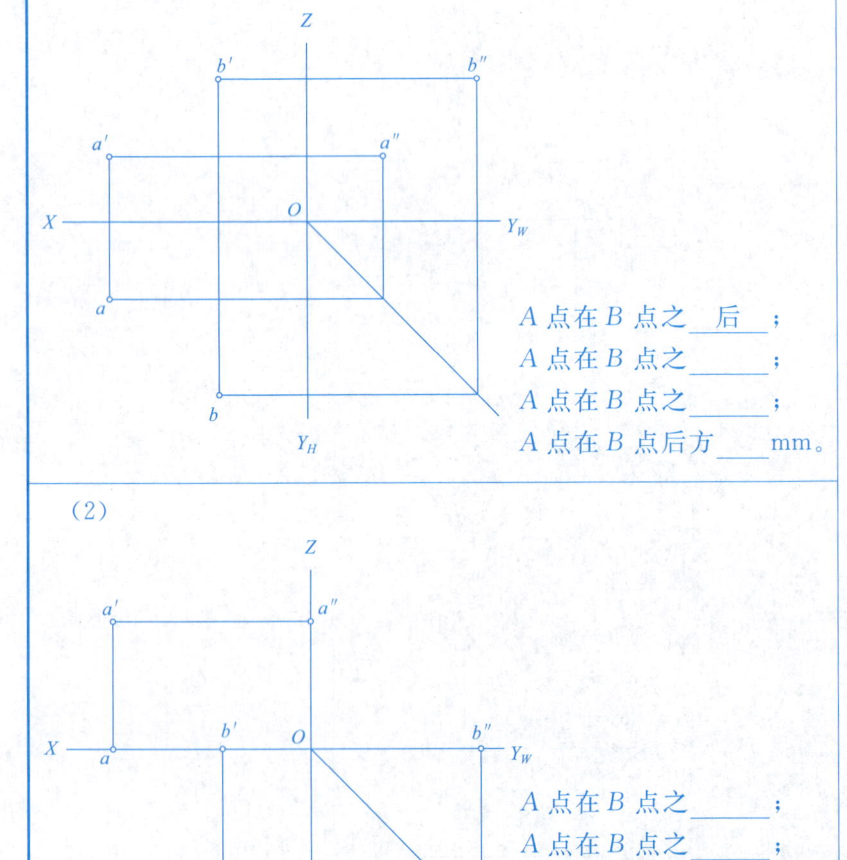

A 点在 B 点之 后 ；

A 点在 B 点之______；

A 点在 B 点之______；

A 点在 B 点后方____mm。

(2)

A 点在 B 点之______；

A 点在 B 点之______；

A 点在 B 点之______；

A 点比 B 点靠左____mm。

(3) 已知 B 点在 A 点之右 20 mm、前 20 mm、下 25 mm，求 B 点的三面投影。

Z

a′ a″

X O Y_W

a

Y_H

班级 姓名 学号

2－7　在三视图中指出立体上指定点的三面投影，画出它们每两面投影之间的投影连线，填空并回答问题

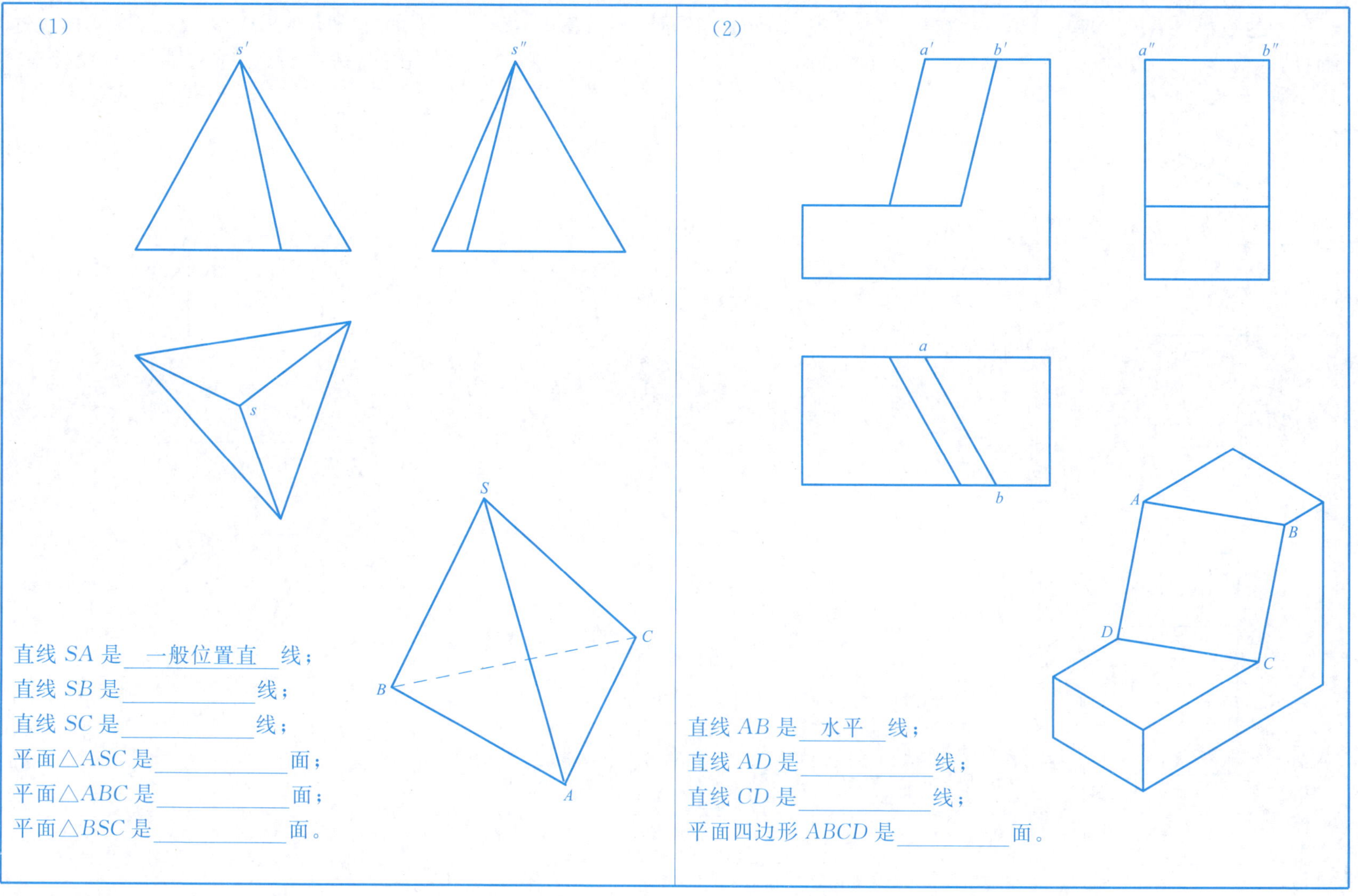

(1)

直线 SA 是＿一般位置直＿线；

直线 SB 是＿＿＿＿＿＿线；

直线 SC 是＿＿＿＿＿＿线；

平面△ASC 是＿＿＿＿＿＿面；

平面△ABC 是＿＿＿＿＿＿面；

平面△BSC 是＿＿＿＿＿＿面。

(2)

直线 AB 是＿水平＿线；

直线 AD 是＿＿＿＿＿＿线；

直线 CD 是＿＿＿＿＿＿线；

平面四边形 $ABCD$ 是＿＿＿＿＿面。

班级　　　　　　姓名　　　　　　学号

2-8 直线和平面的投影

（1）已知直线 AB 的两面投影，求第三面投影。

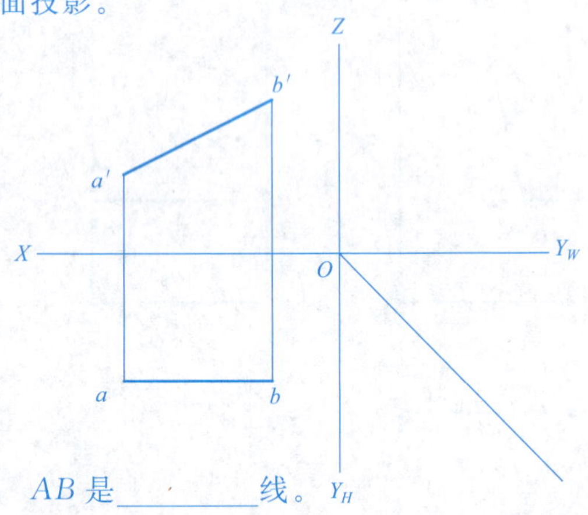

AB 是________线。

（2）已知直线 CD 的两面投影，求第三面投影。

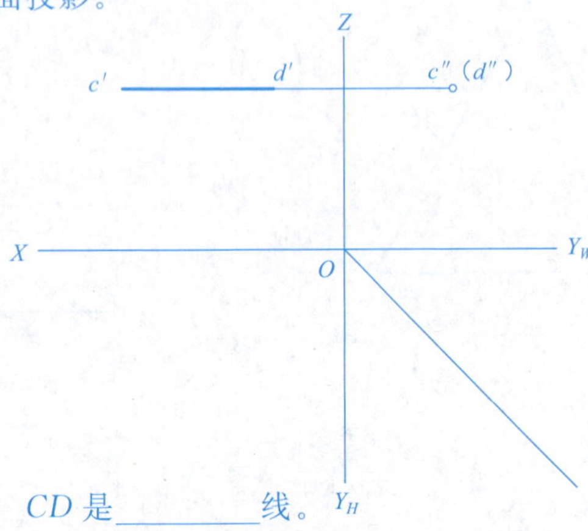

CD 是________线。

（3）已知水平线 AB 长 25 mm，点 B 在点 A 之右前方 10 mm，试完成其三面投影。

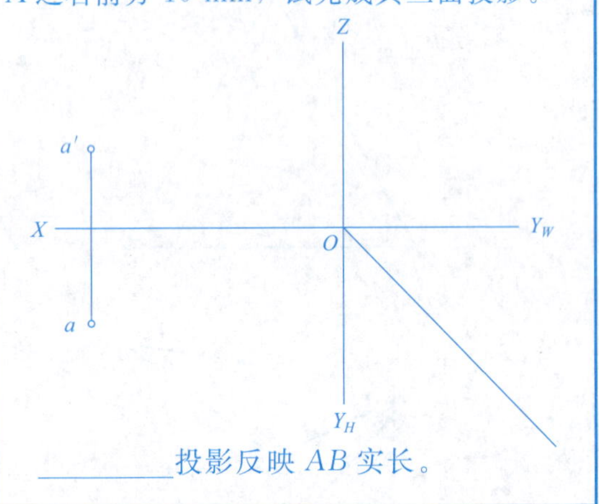

________投影反映 AB 实长。

（4）已知平面的两面投影，求第三面投影。

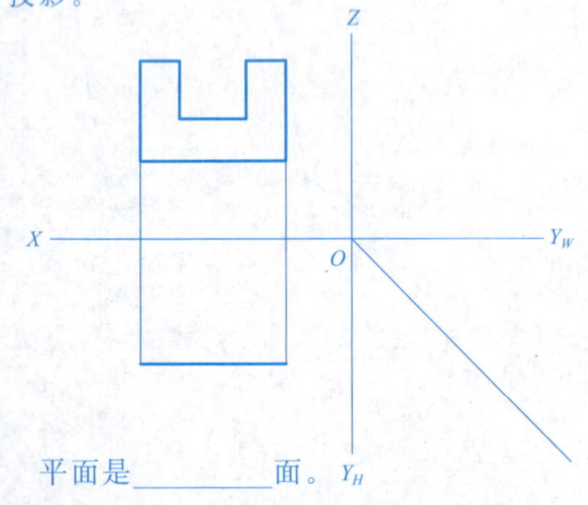

平面是________面。

（5）已知平面的两面投影，求第三面投影。

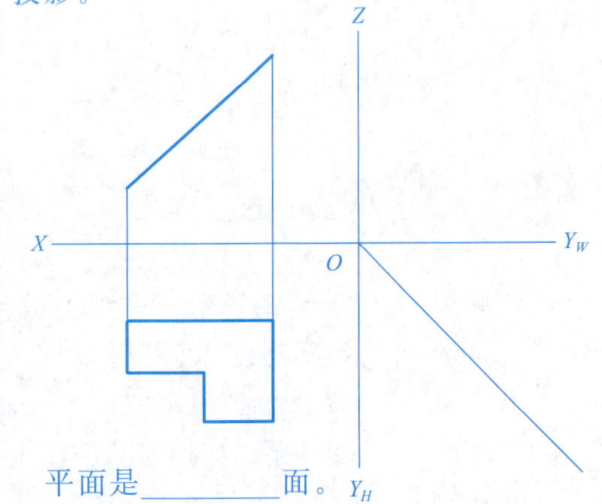

平面是________面。

（6）* 完成五边形的水平投影。

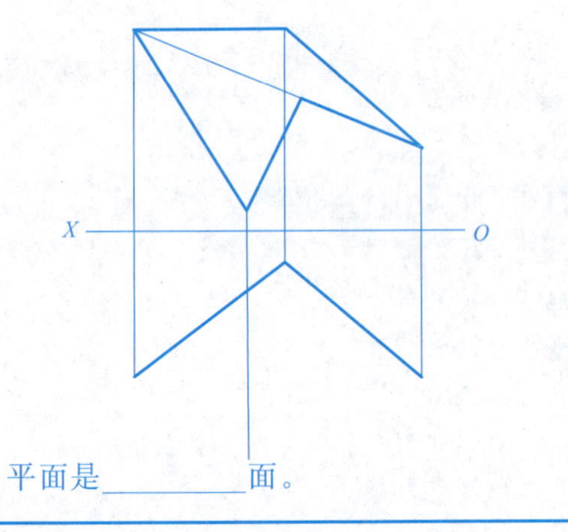

平面是________面。

班级　　　　姓名　　　　学号

2-9　根据轴测图和一个已知视图，画出其他两个视图

轴测图	已知主视图	已知左视图
(1) 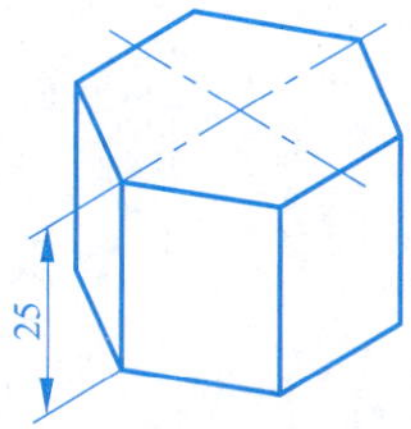	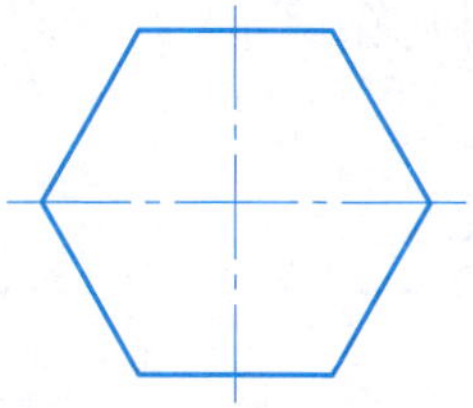	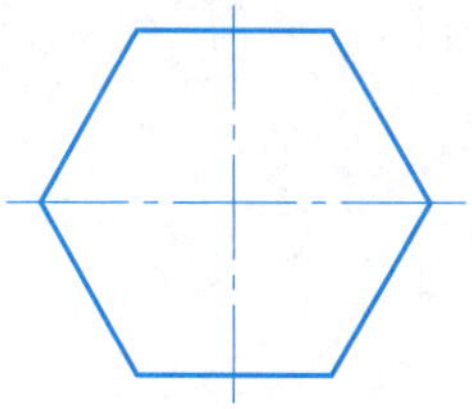
(2) 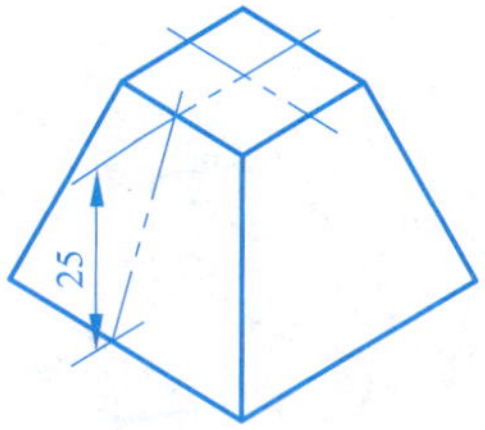	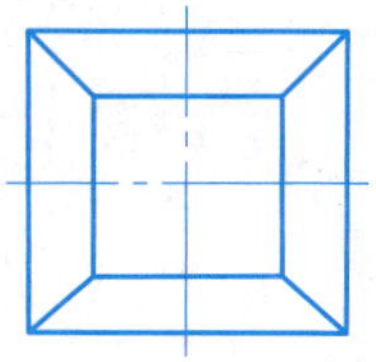	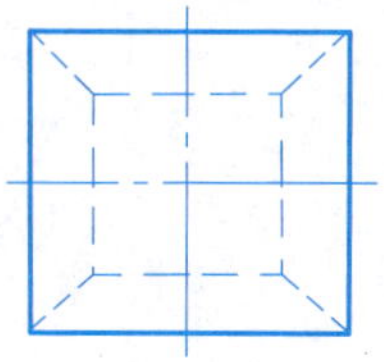

班级　　　　　　　　姓名　　　　　　　　学号

2－10　完成基本体的三视图，并作表面上指定点的另两个投影

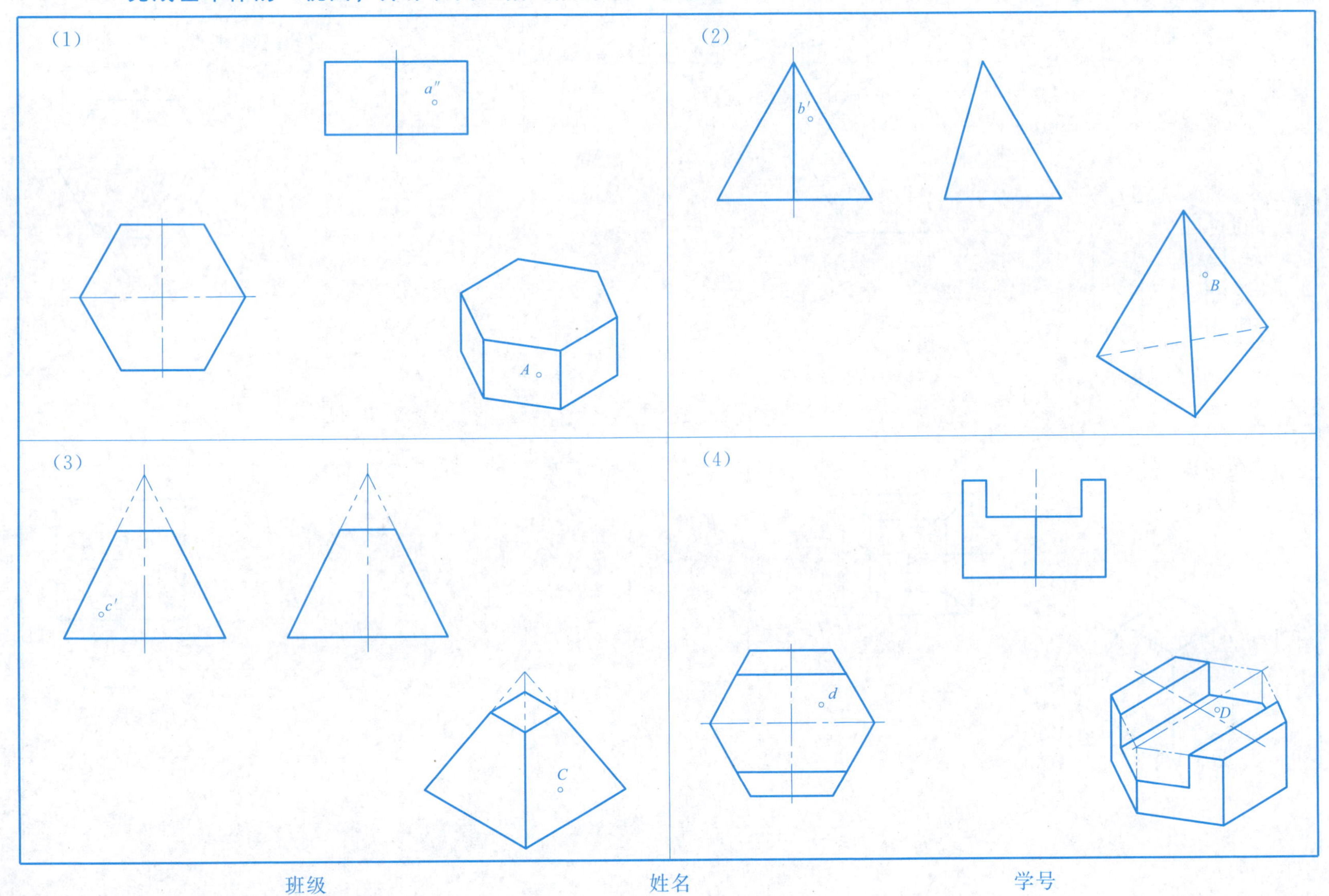

班级　　　　　　姓名　　　　　　学号

2-11 根据轴测图和一个已知视图，画出其他两个视图

轴测图	已知主视图	已知左视图
(1) 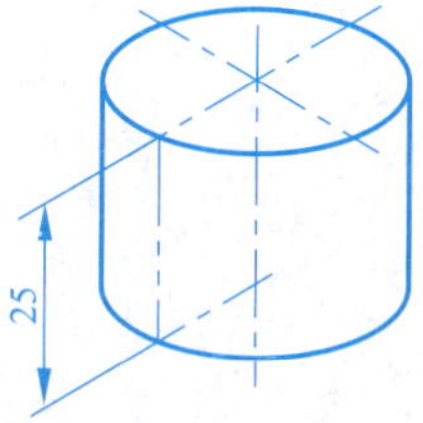 25	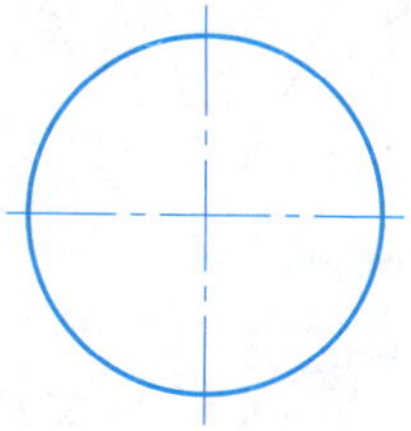	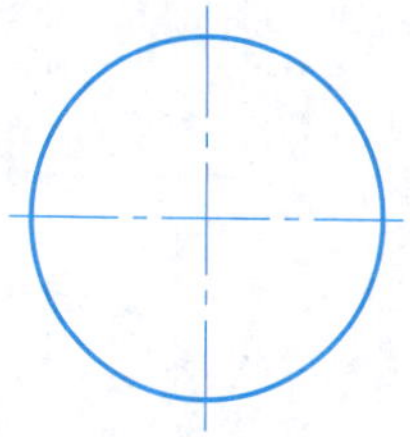
(2) 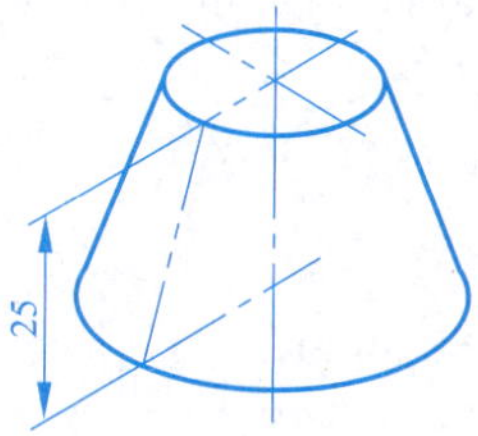 25	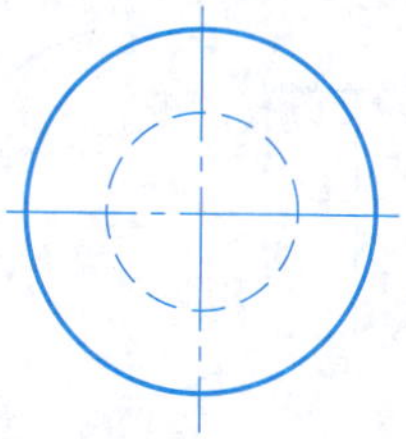	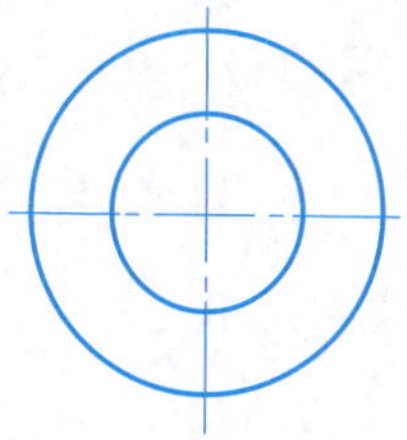

班级　　　　姓名　　　　学号

2－12 识别基本体，完成三视图，并求作回转体表面上点的三面投影

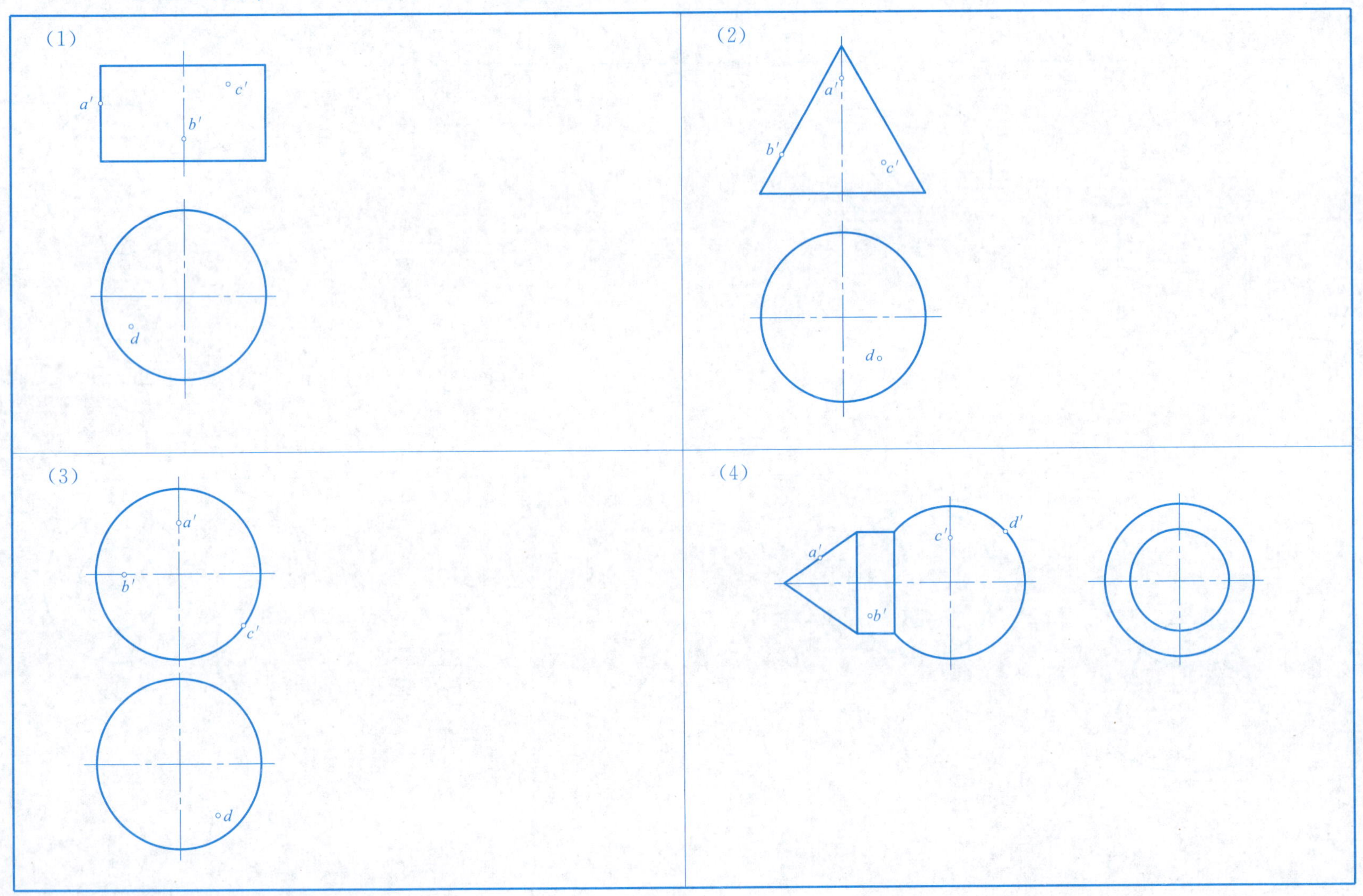

班级 姓名 学号

2-13 根据给出的主视图构思设计简单形体，试给出三个答案，并完成它们的三视图

1.

(1)

(2)

(3)

2.

(1)

(2)

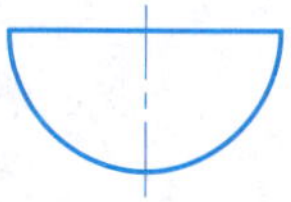

(3)

班级 姓名 学号

续 2-13 根据给出的主视图构思设计简单形体，试给出三个答案，并完成它们的三视图

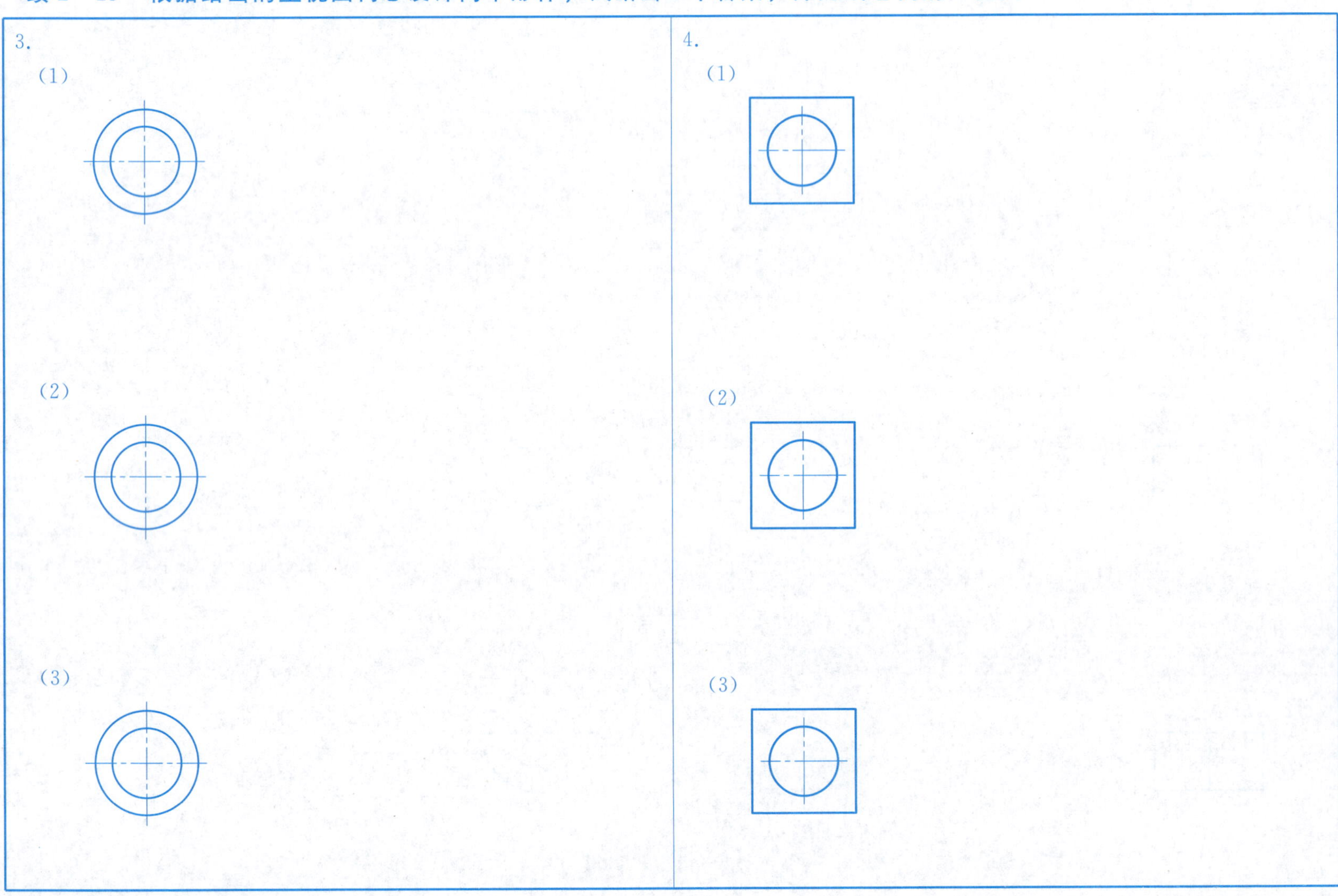

班级 姓名 学号

2-14 根据一面视图，按要求补画其他视图（两几何体间必须以平面相接触）

（1）根据主视图，补画俯、左视图（该立体由三个几何体组成）。

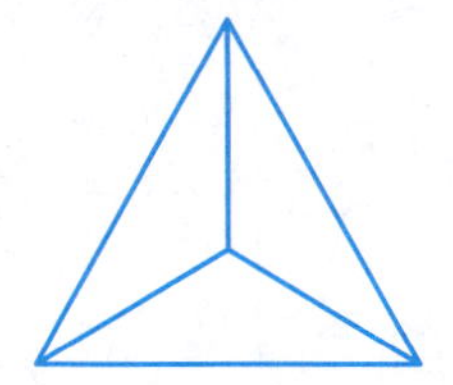

（2）根据左视图，补画主视图（该立体由四个几何体组成）。

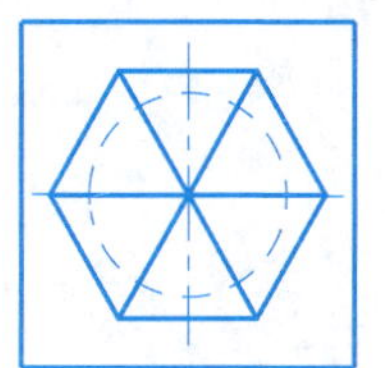

（3）根据俯视图，补画主、左视图（该立体由五个几何体组成）。

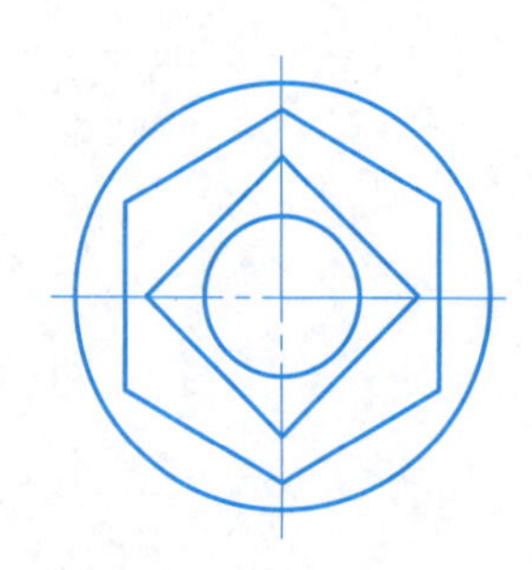

班级　　　　　　　　姓名　　　　　　　　学号

第三章　轴　测　图

3－1　根据平面立体的两面视图补画第三视图，并补画轴测图

(1)

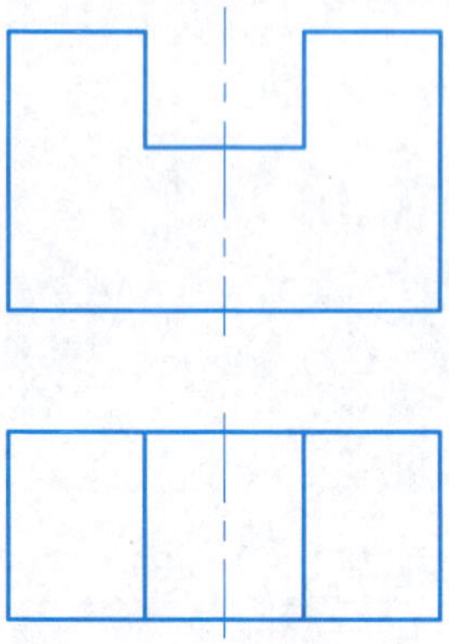

(2)

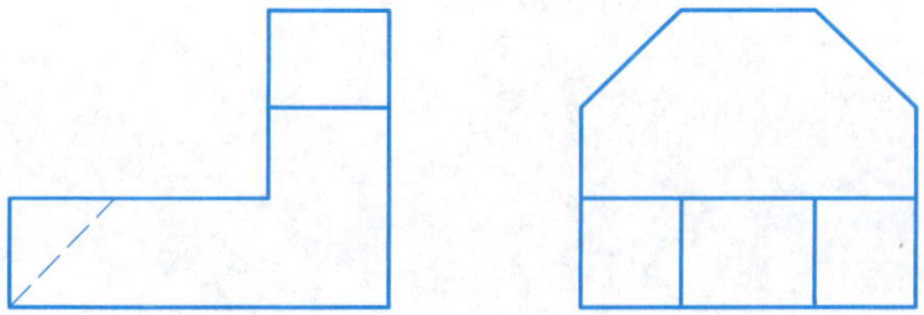

班级　　　　　　　　　　　　姓名　　　　　　　　　　　　学号

3-2 补画第三视图，并画正等测轴测图

(1)

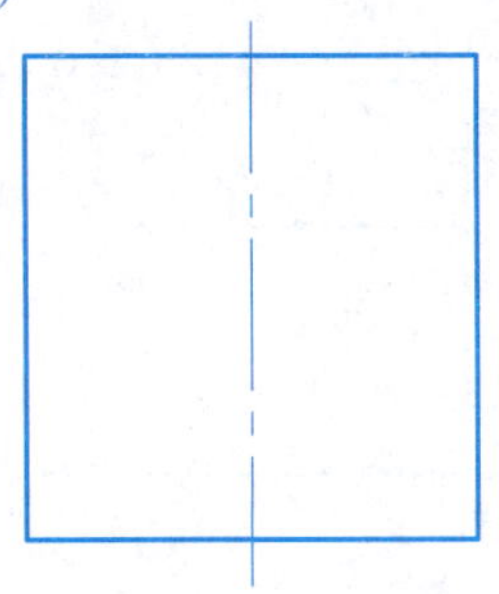

(2)

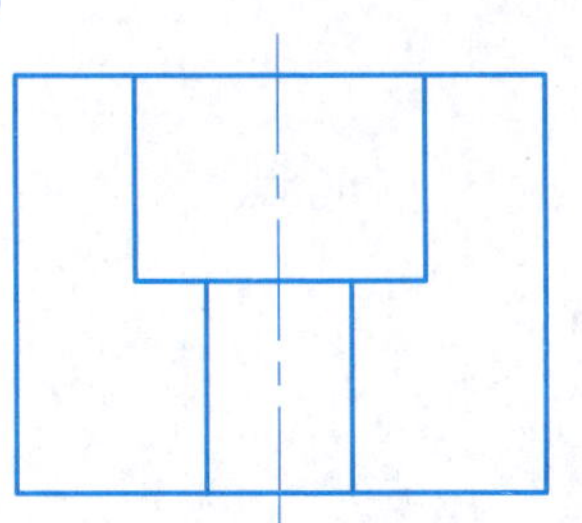

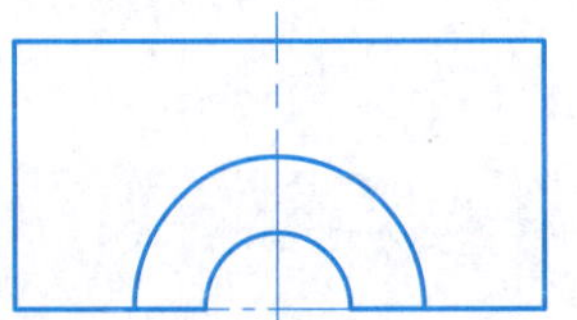

班级　　　　　　　　姓名　　　　　　　　学号

3-3 补画第三视图，并画斜二测轴测图

(1)

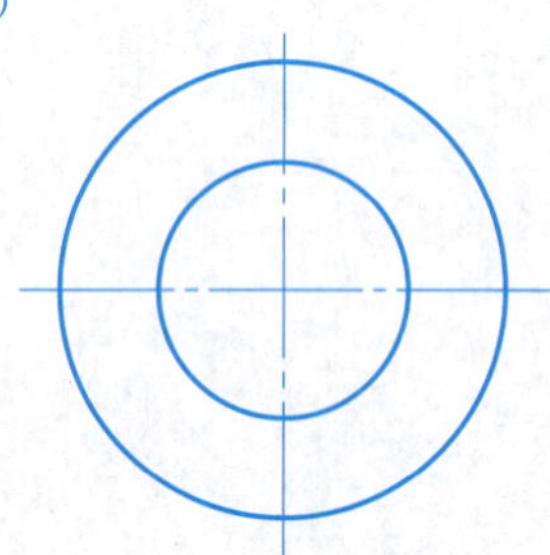

(2) 

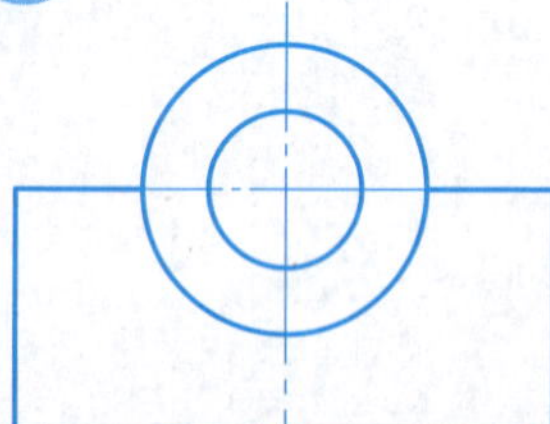

AR

班级　　　　姓名　　　　学号

3-4 读视图，并补画正等测轴测图

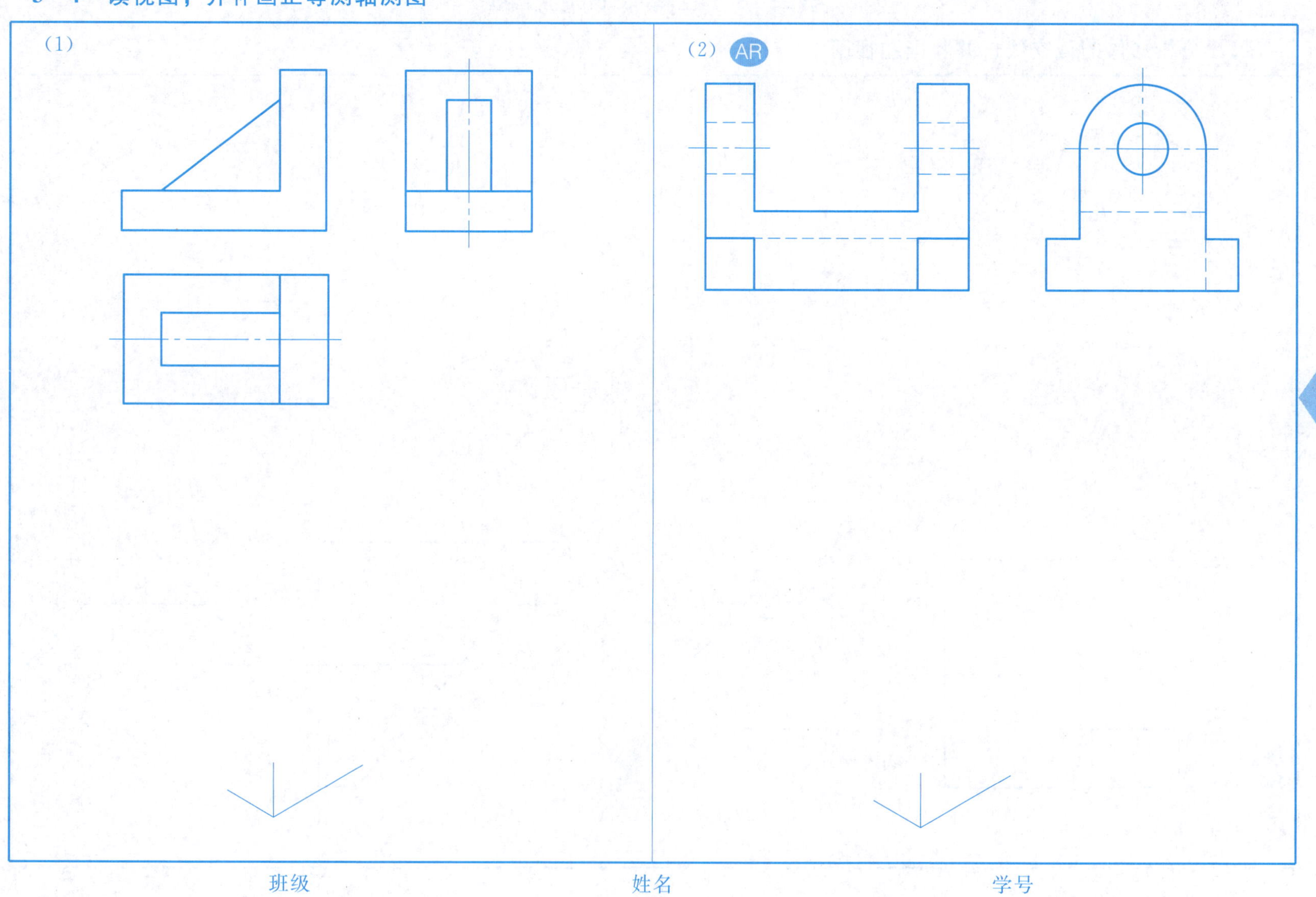

AR资源

班级 姓名 学号

第四章　立体表面的交线

4－1　分析形体的截交线，并补画左视图

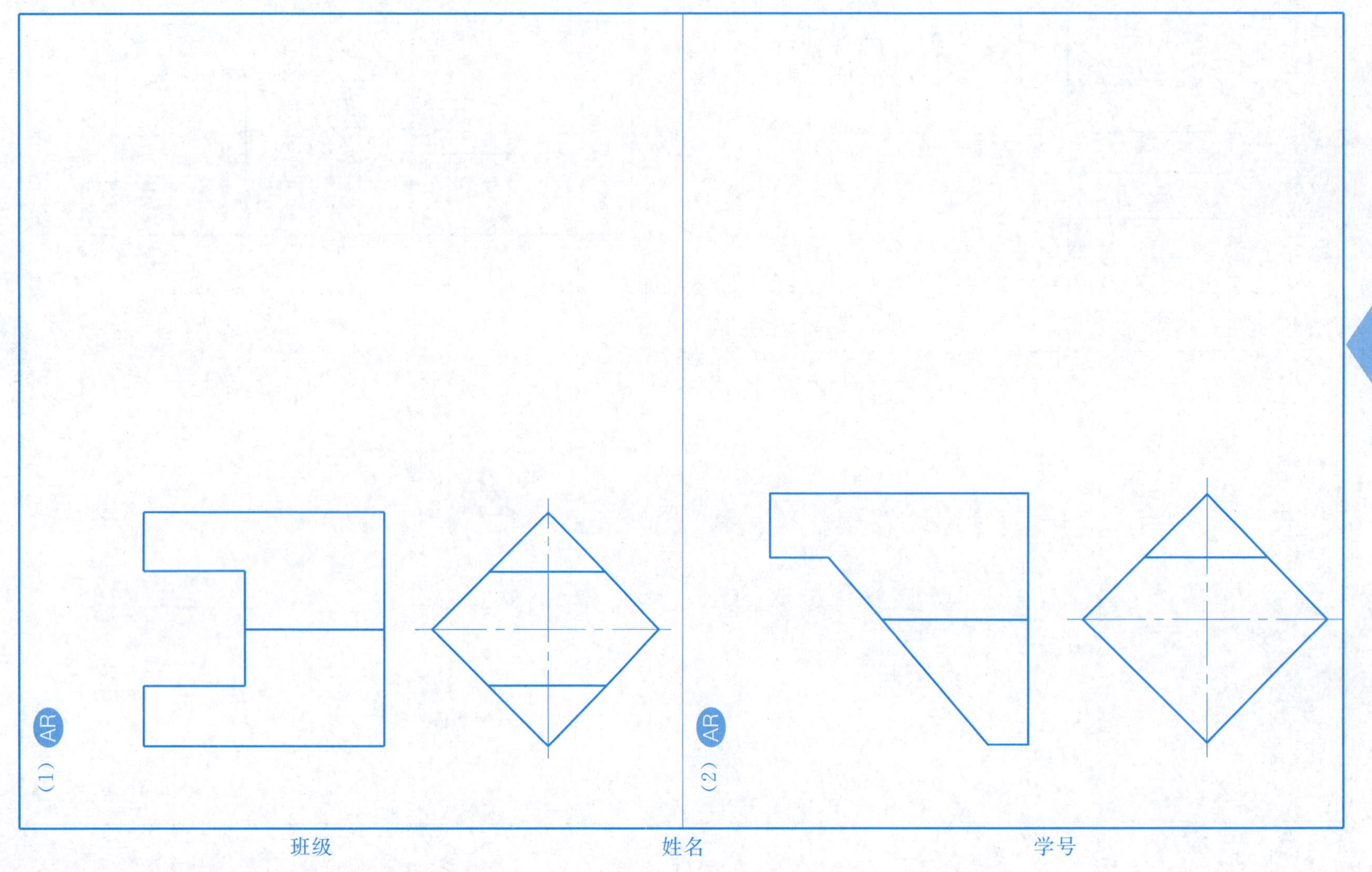

班级　　　　姓名　　　　学号

4－2　根据立体图分析形体的截交线，并补画俯视图

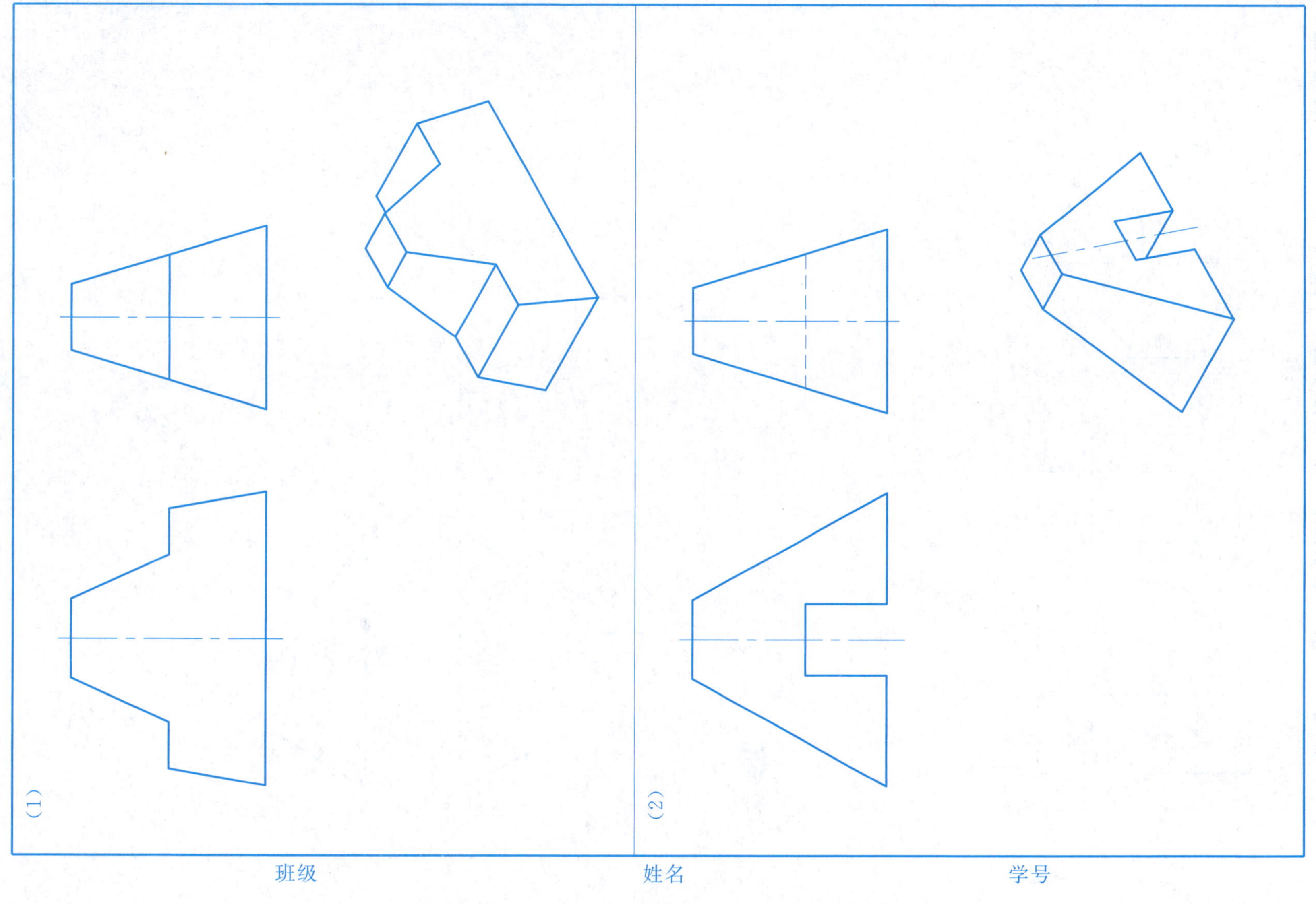

班级　　　　　　　　　　姓名　　　　　　　　　　学号

4－3 分析形体的截交线，并补画其投影，完成三视图

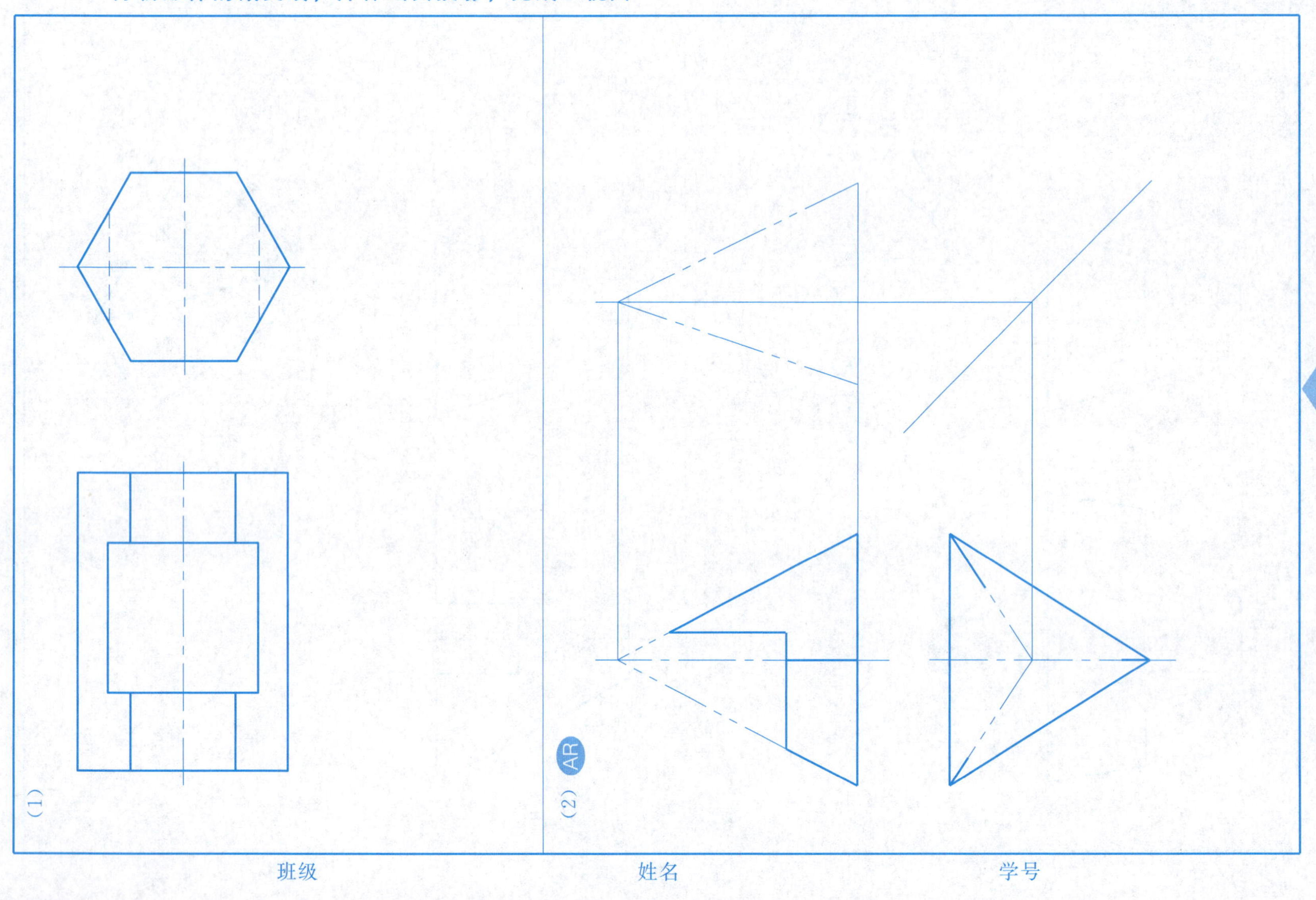

班级　　　　姓名　　　　学号

4-4 分析形体的截交线，完成三视图，并注出 *R* 面的另两面投影

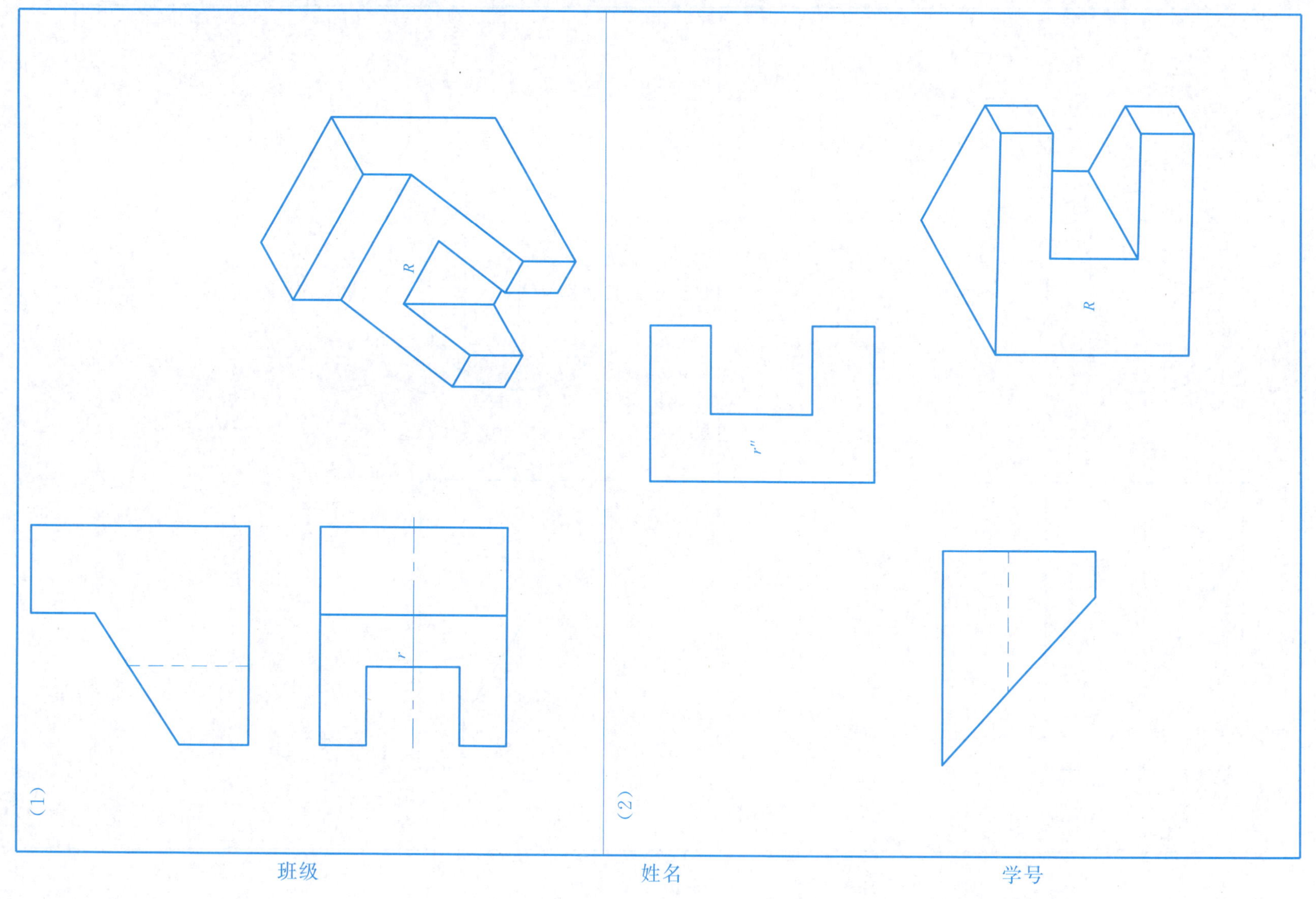

班级　　　　姓名　　　　学号

4-5　分析形体的截交线，并补画其俯视图

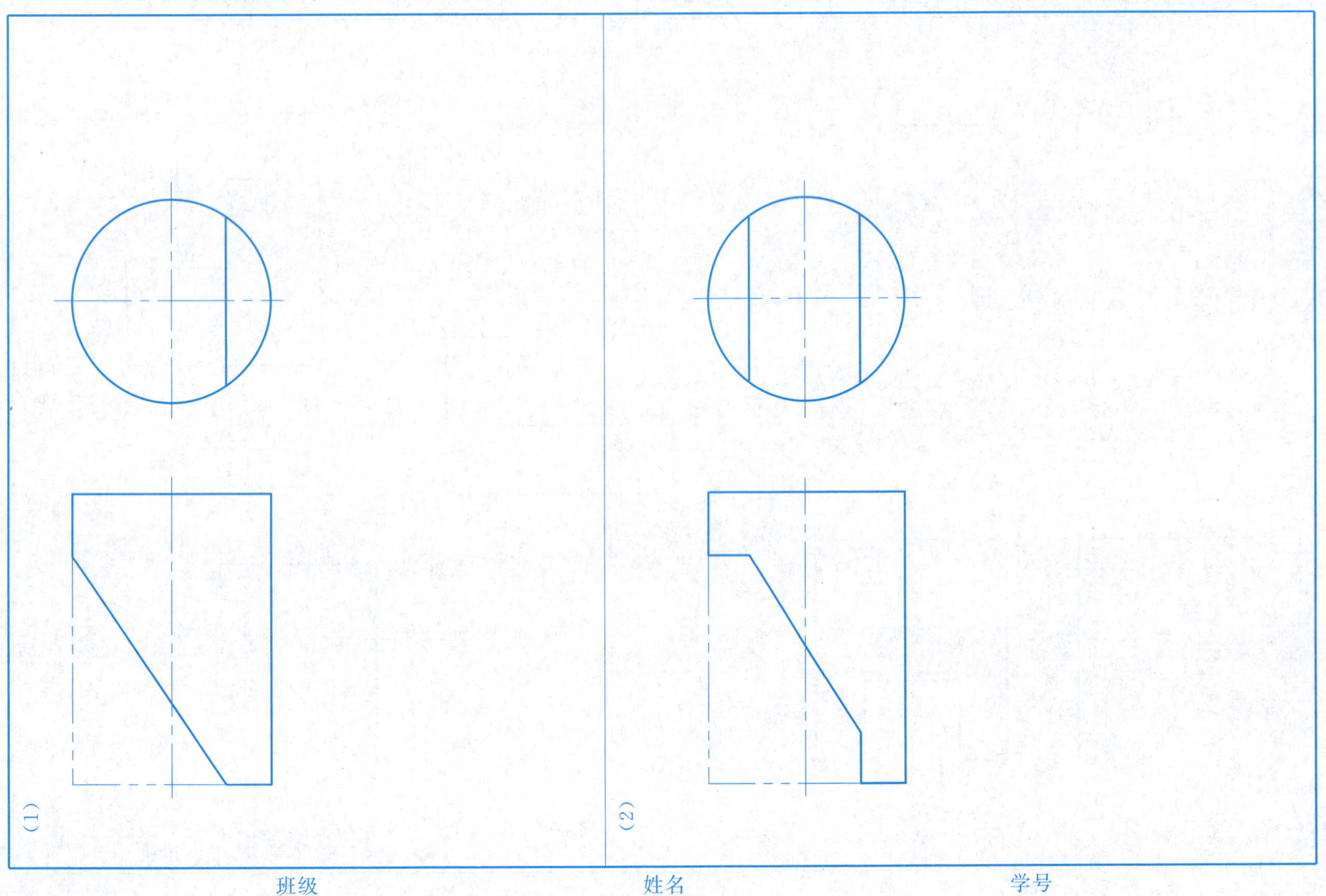

班级　　　　姓名　　　　学号

4-6 分析圆柱体表面的截交线，根据主、左两视图补画其俯视图

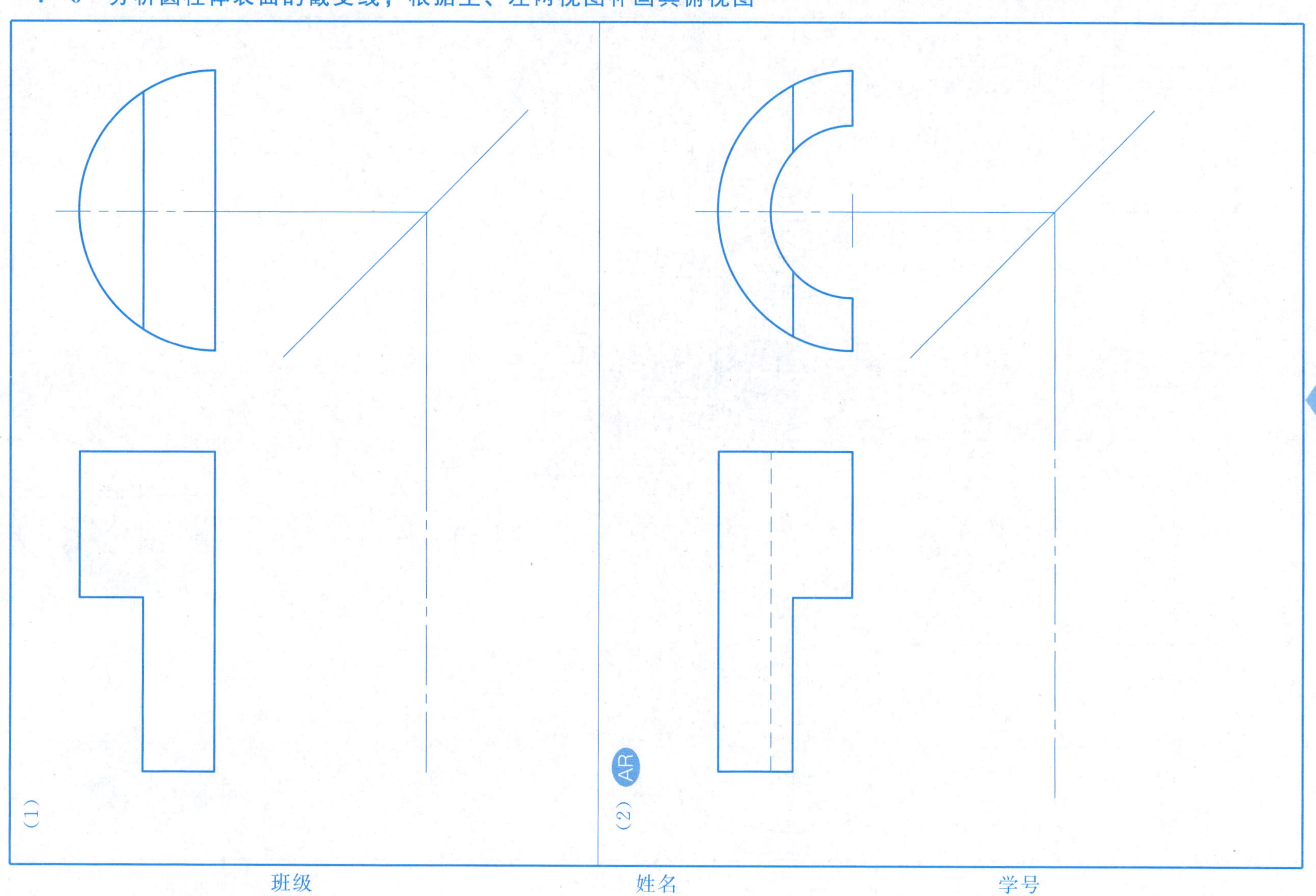

AR资源

班级　　　　姓名　　　　学号

4－7　分析形体的截交线，并补画其投影，完成三视图

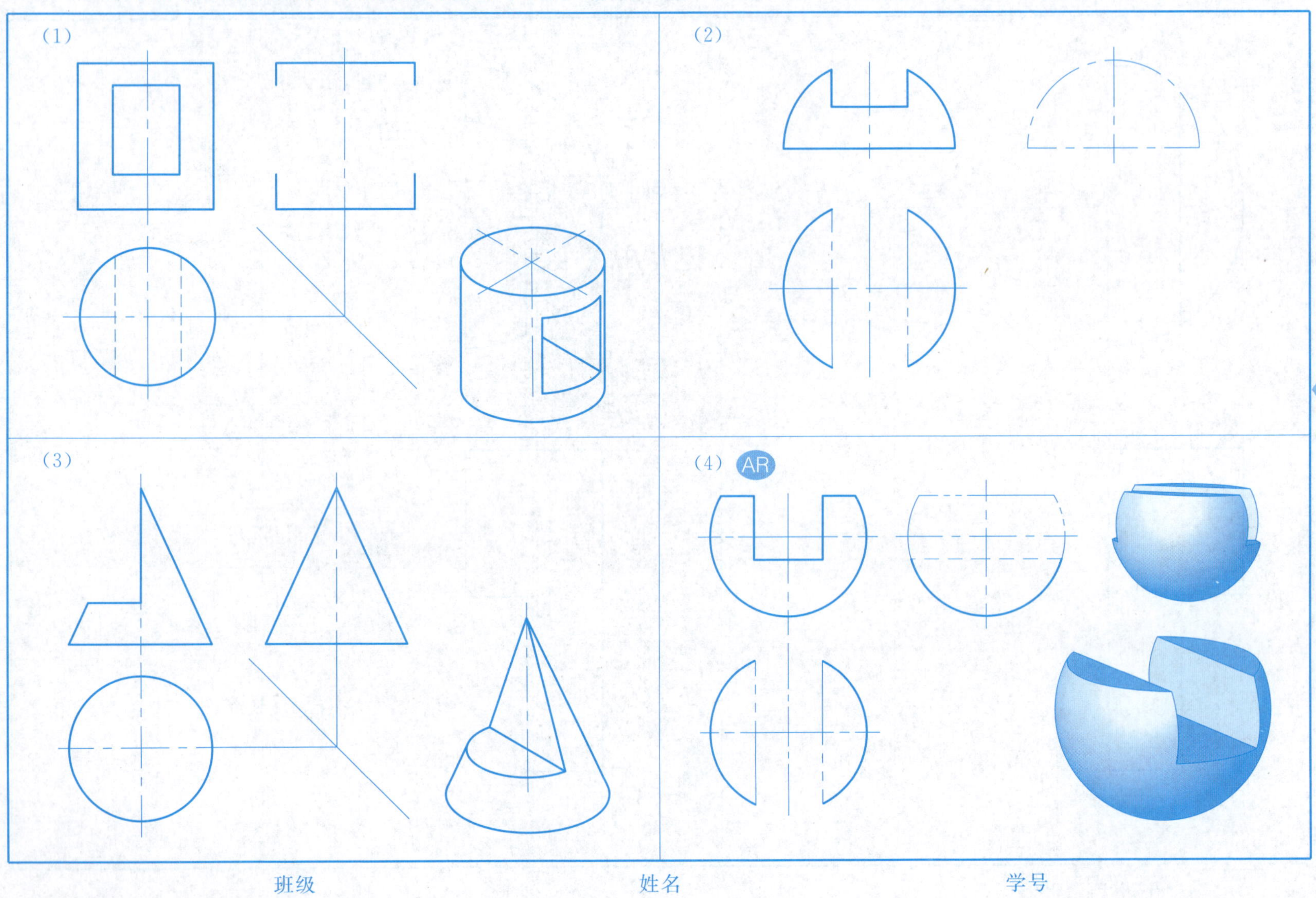

班级　　　　　　　　姓名　　　　　　　　学号

4-8 分析圆锥的截交线，并补画其投影，完成三视图

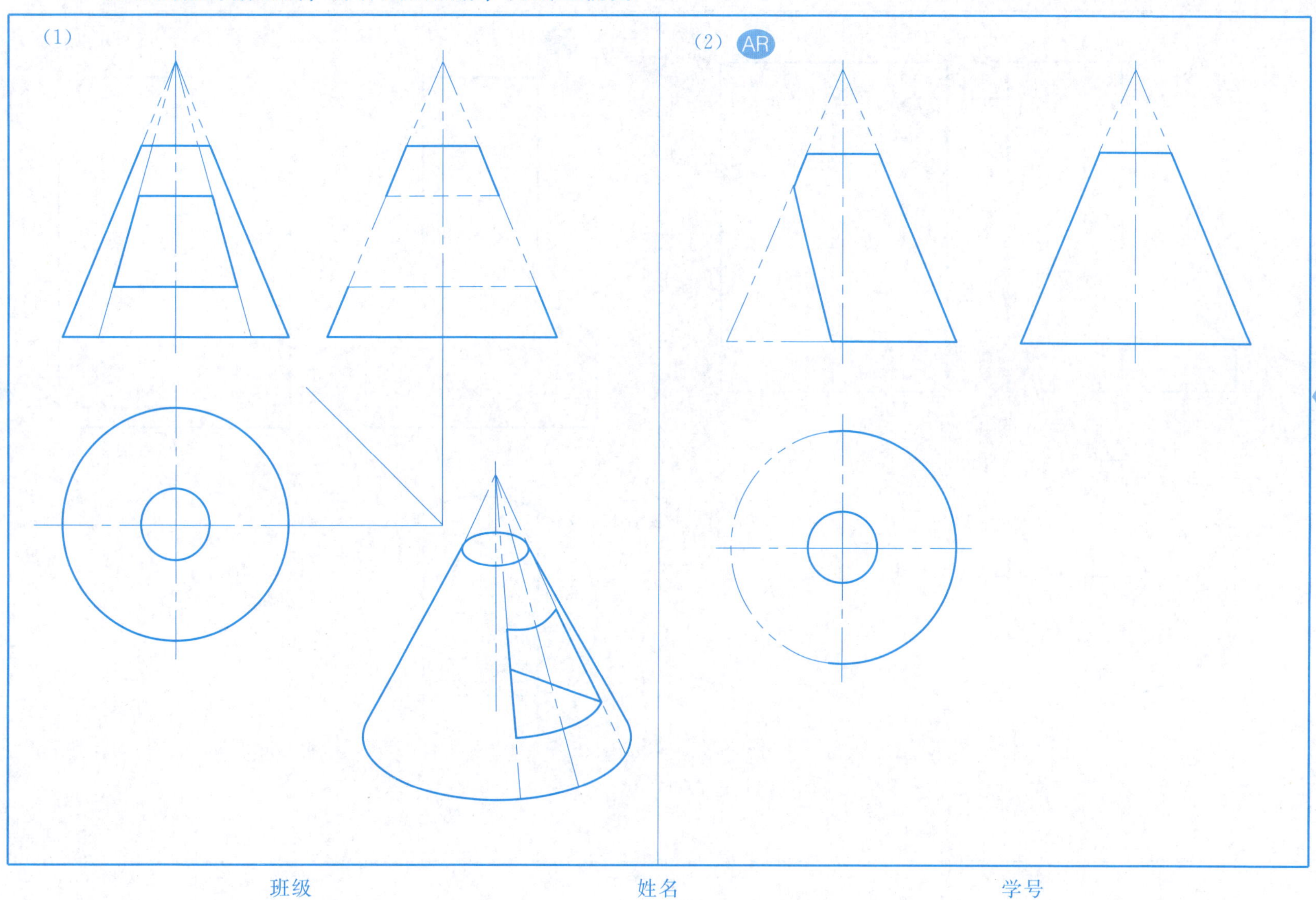

班级　　　　　　　　　　姓名　　　　　　　　　　学号

4－9　分析圆柱体的截交线，并完成其投影

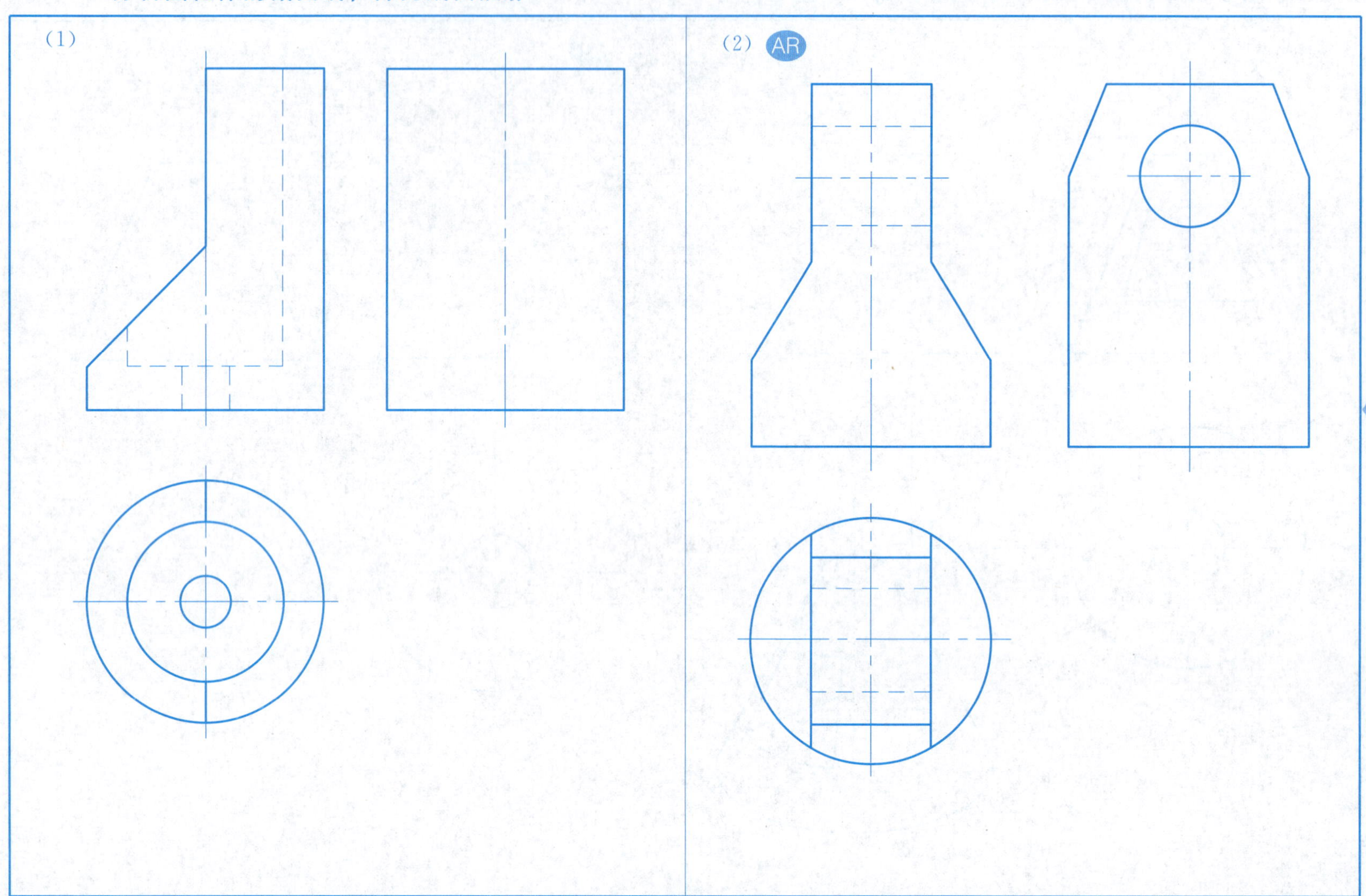

4-10 分析截交线形状，完成形体的三视图

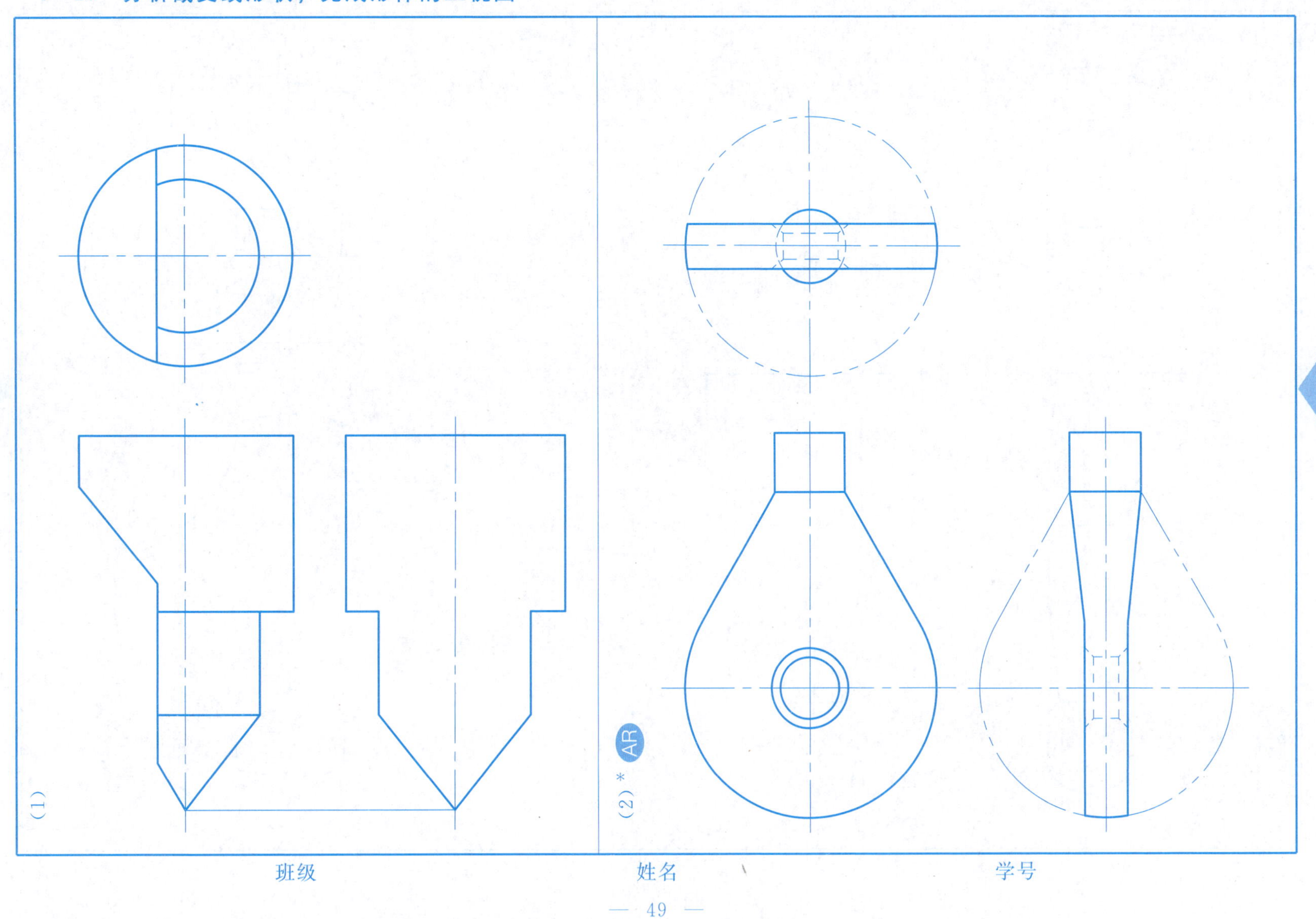

班级 姓名 学号

续 4-10　分析截交线形状，完成形体的三视图

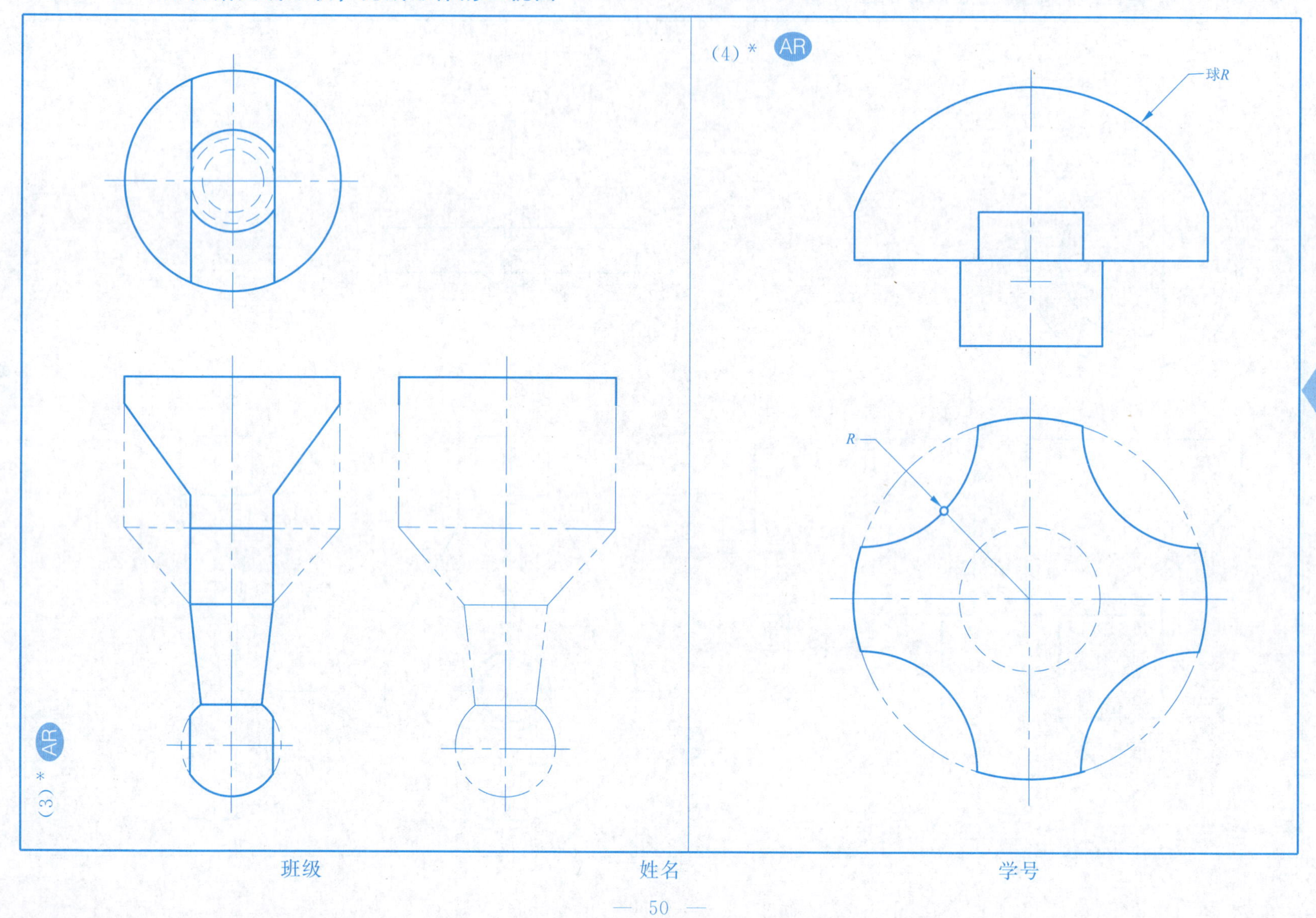

班级　　　　姓名　　　　学号

4-11 分析形体的相贯线，完成第三视图并标注交线上特殊点的三面投影

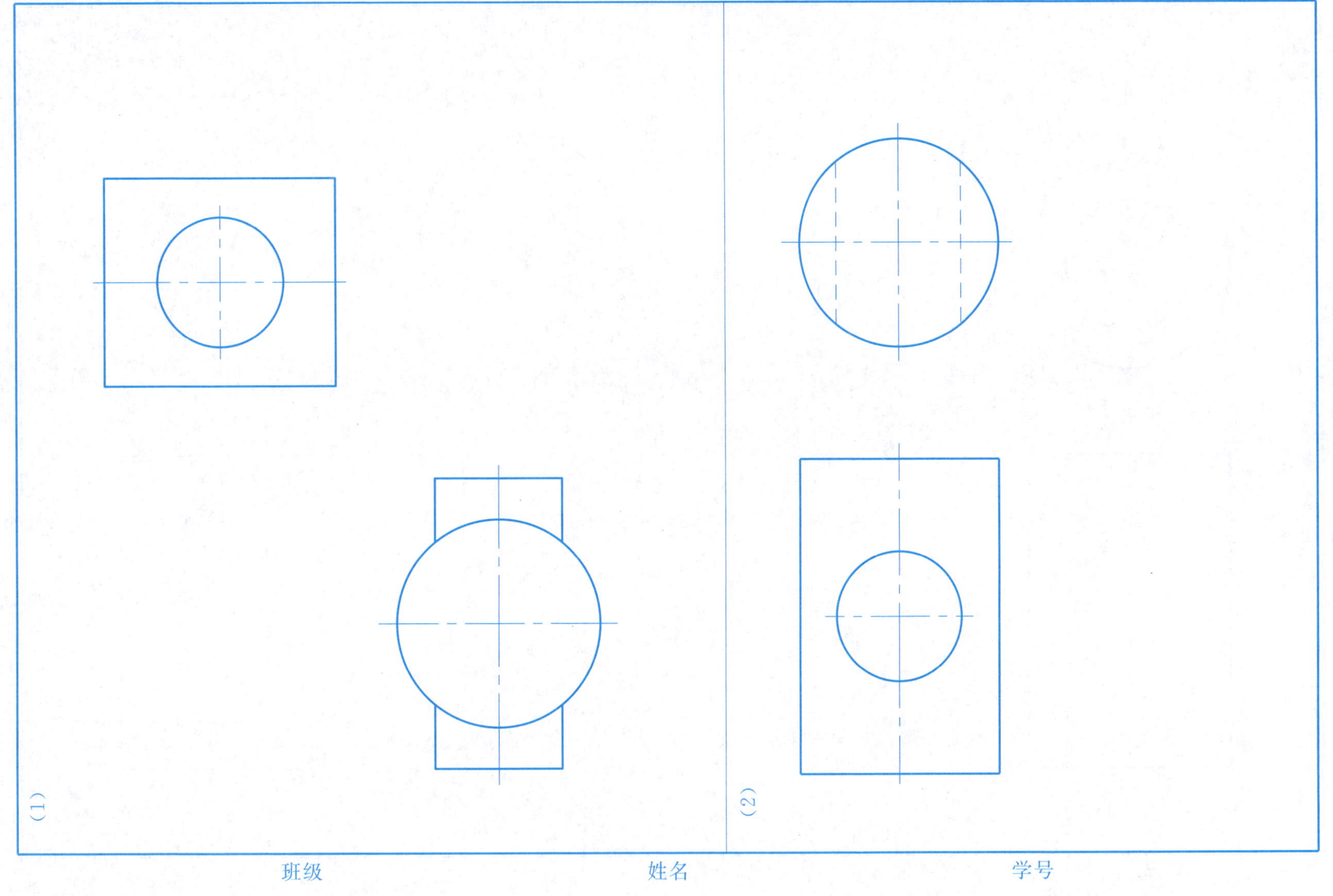

班级 姓名 学号

续 4－11　分析形体的相贯线，完成第三视图并标注交线上特殊点的三面投影

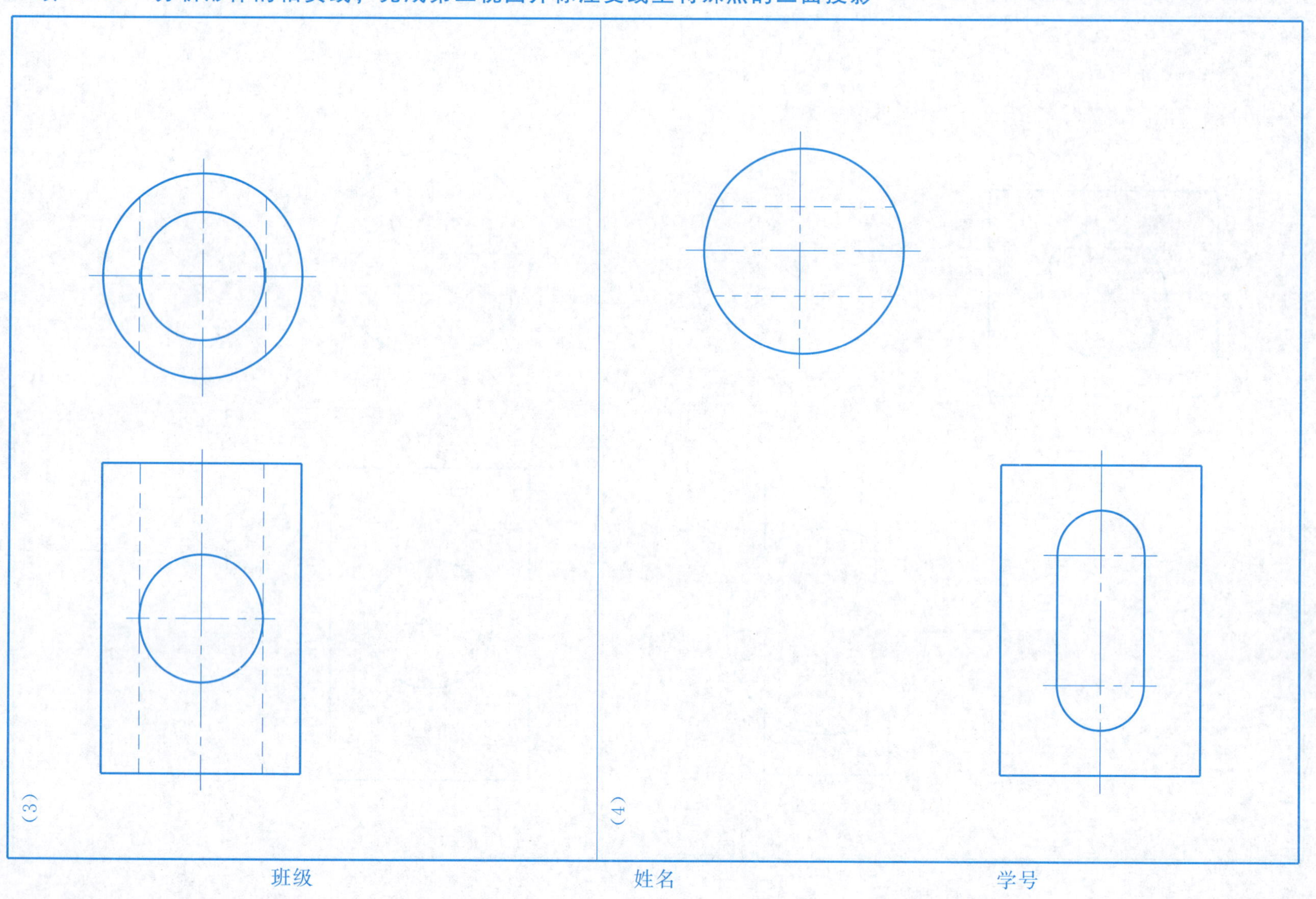

班级　　　　　　　　　　姓名　　　　　　　　　　学号

4－12 根据左、俯视图，补画主视图中的相贯线

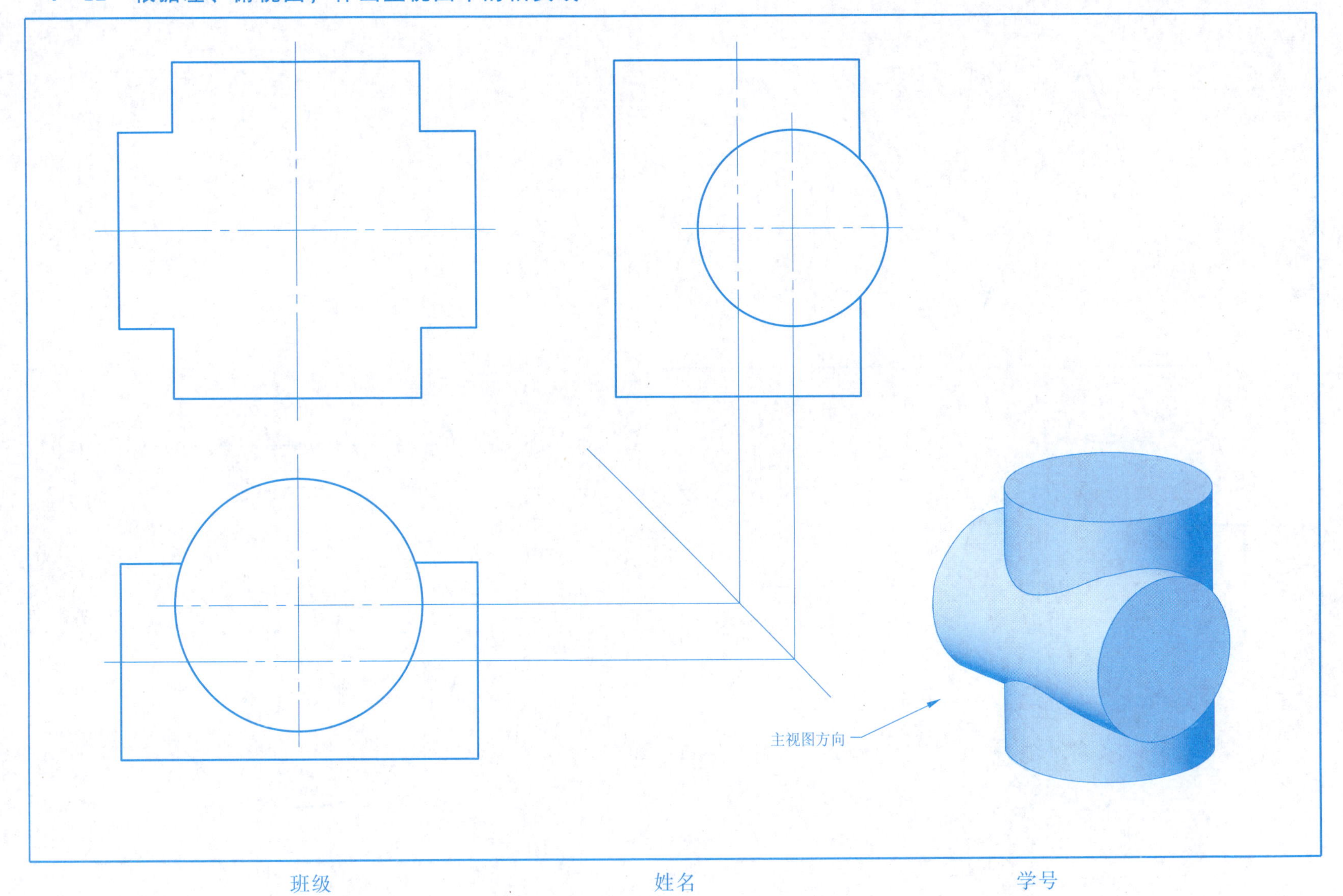

班级　　　　姓名　　　　学号

4－13　求圆柱与圆锥的相贯线投影

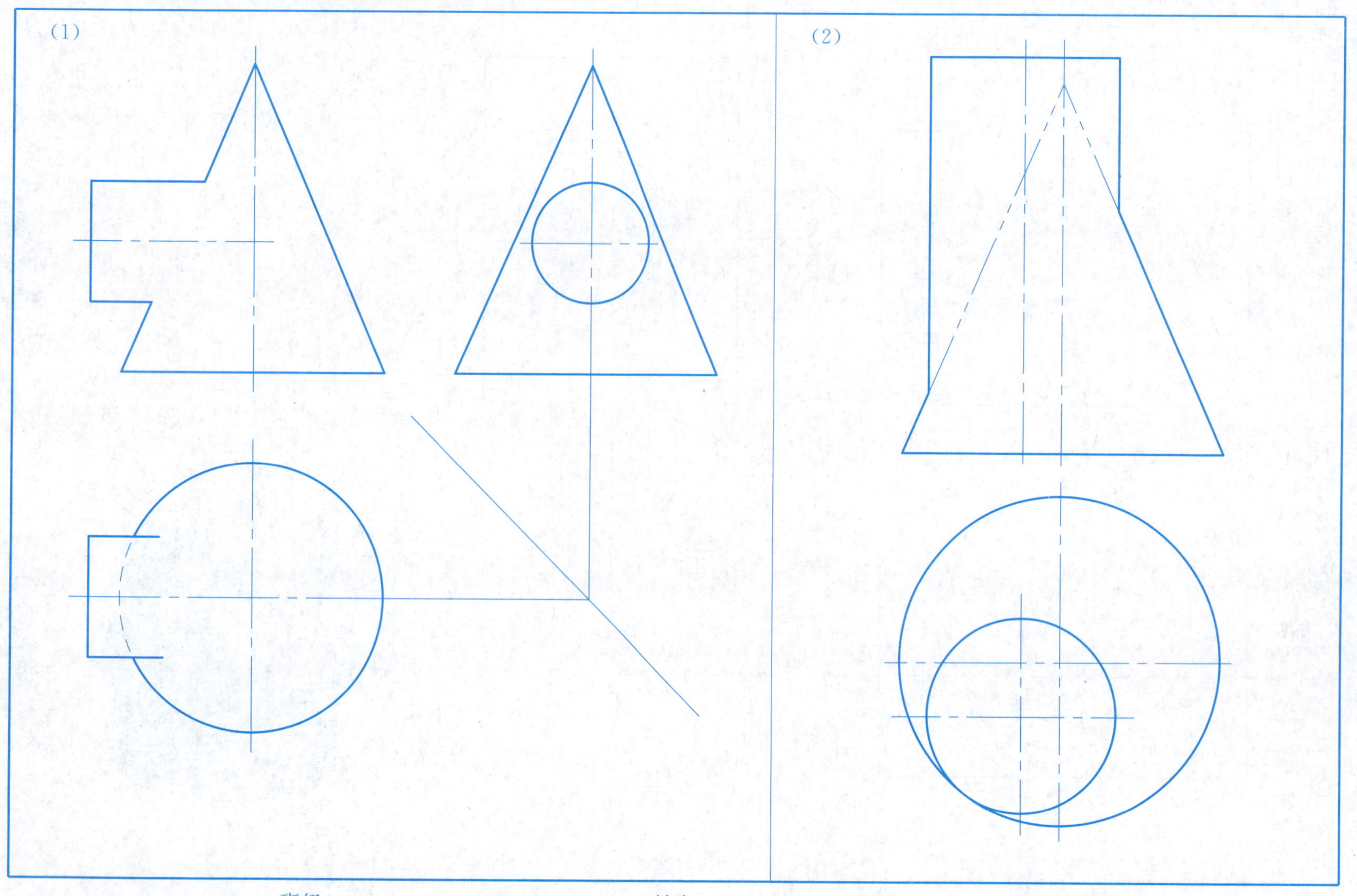

班级　　　　姓名　　　　学号

4－14　求圆柱与圆球的相贯线投影

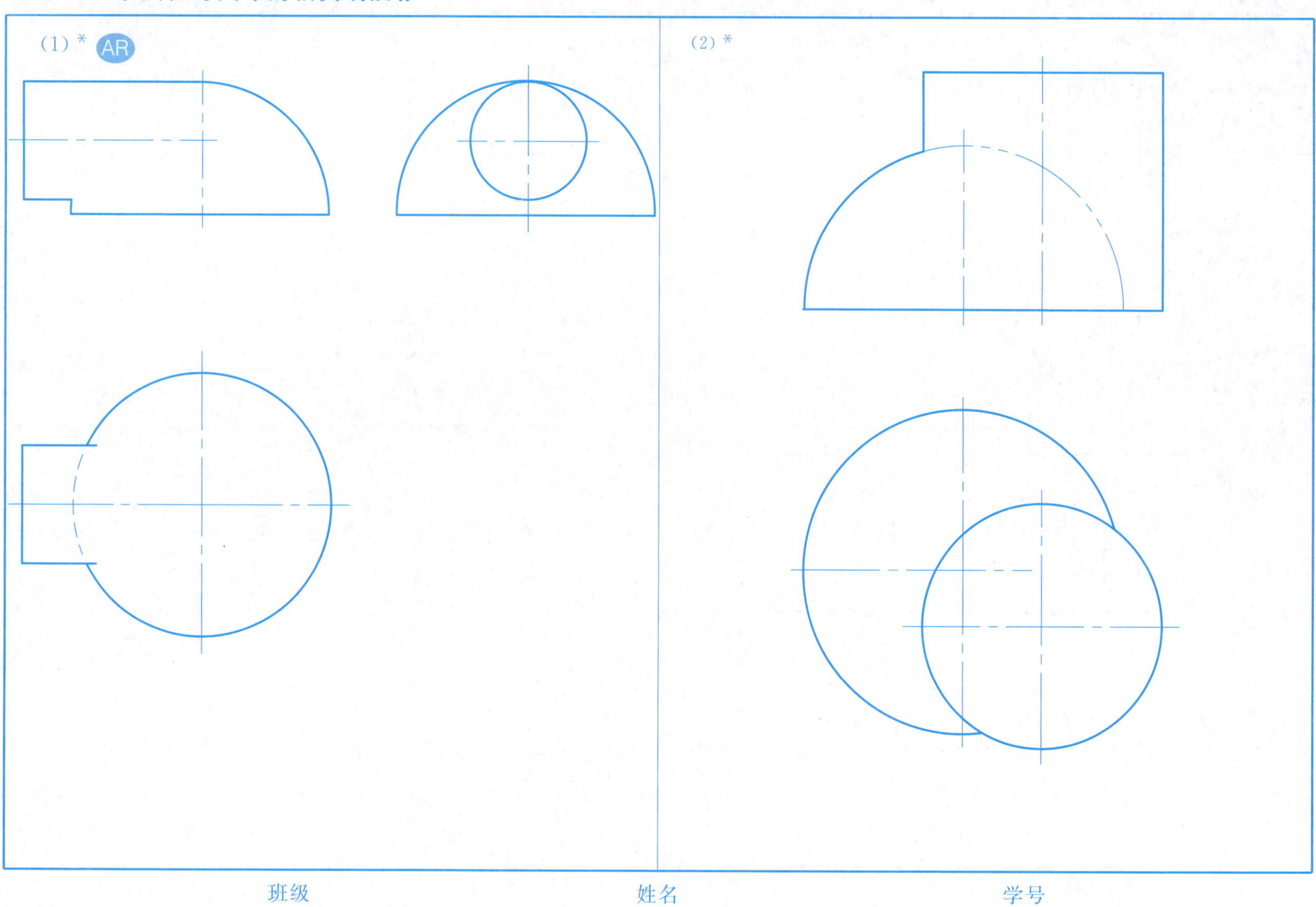

班级　　　　　　　　　　姓名　　　　　　　　　　学号

4-15　分析形体，补画视图中所缺图线

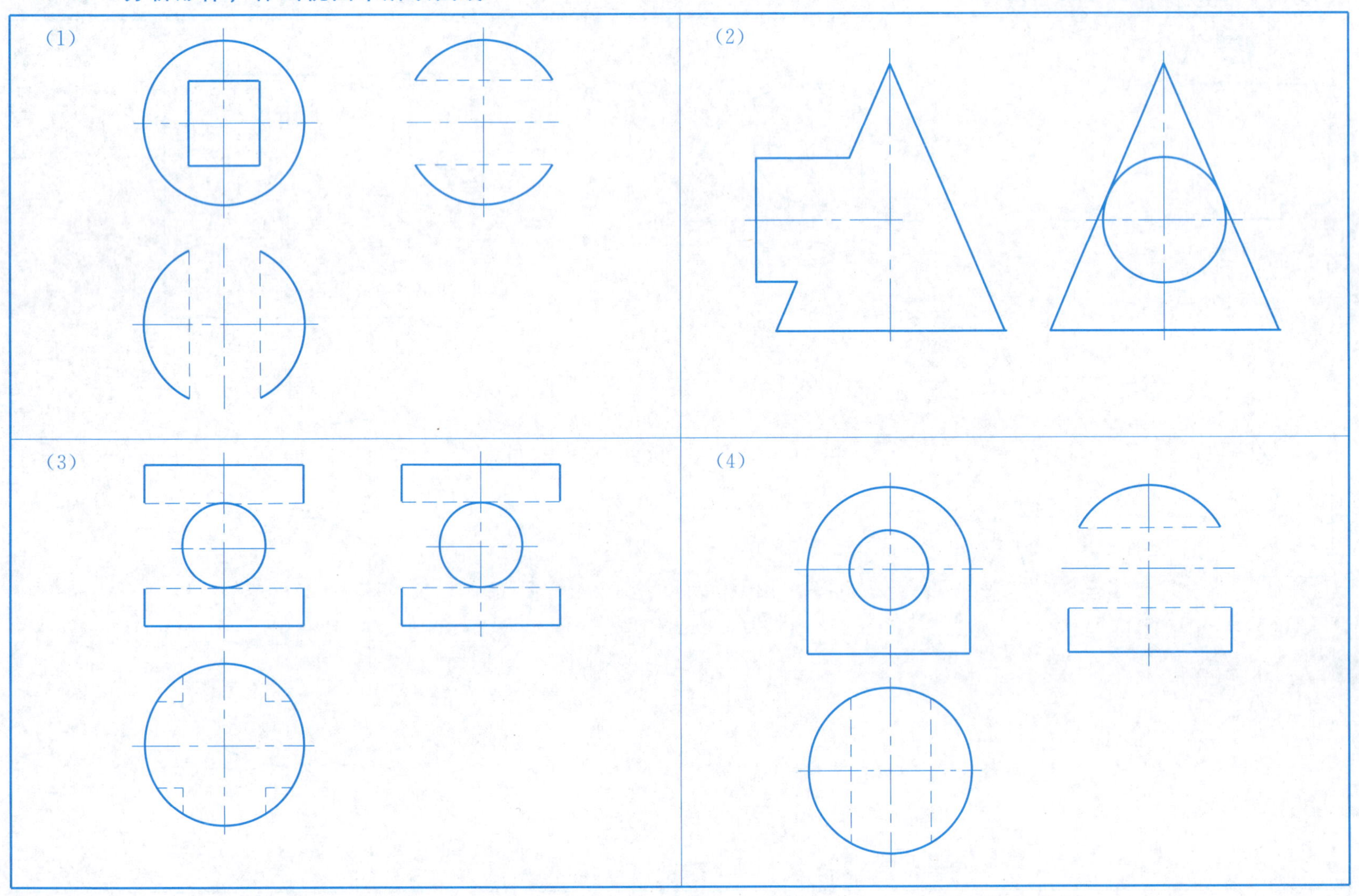

班级　　　　　　　　　　姓名　　　　　　　　　　学号

续 4－15　分析形体，补画视图中所缺图线

(5)

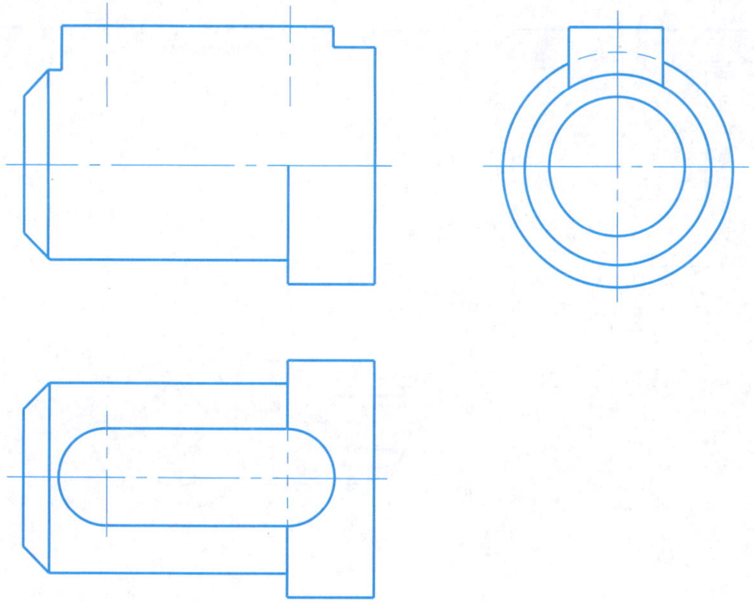

(6)* AR

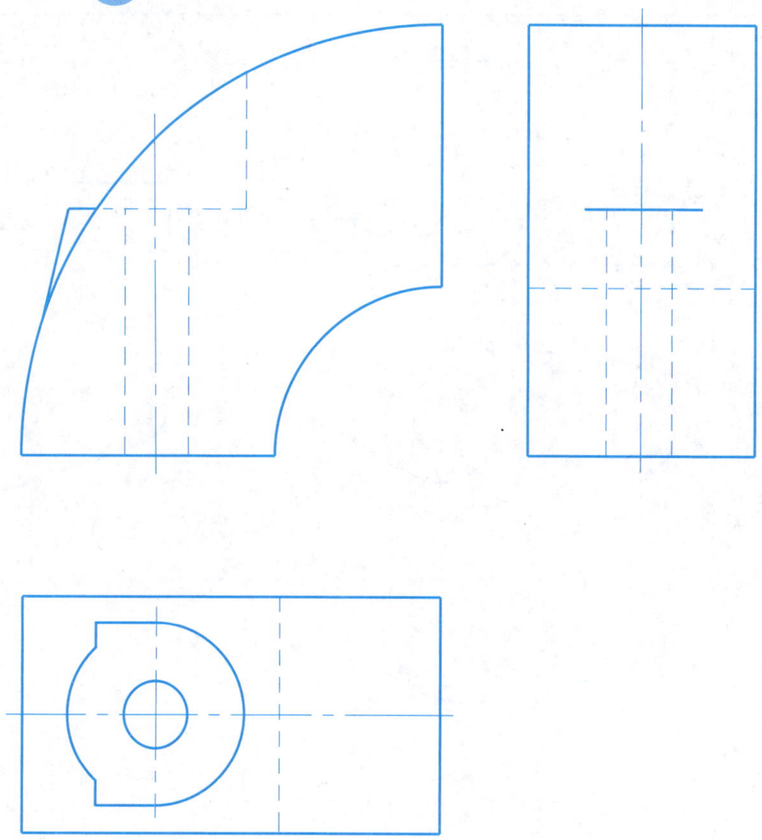

AR资源

班级　　　　姓名　　　　学号

第五章 组 合 体

5-1 补画主视图中的漏线

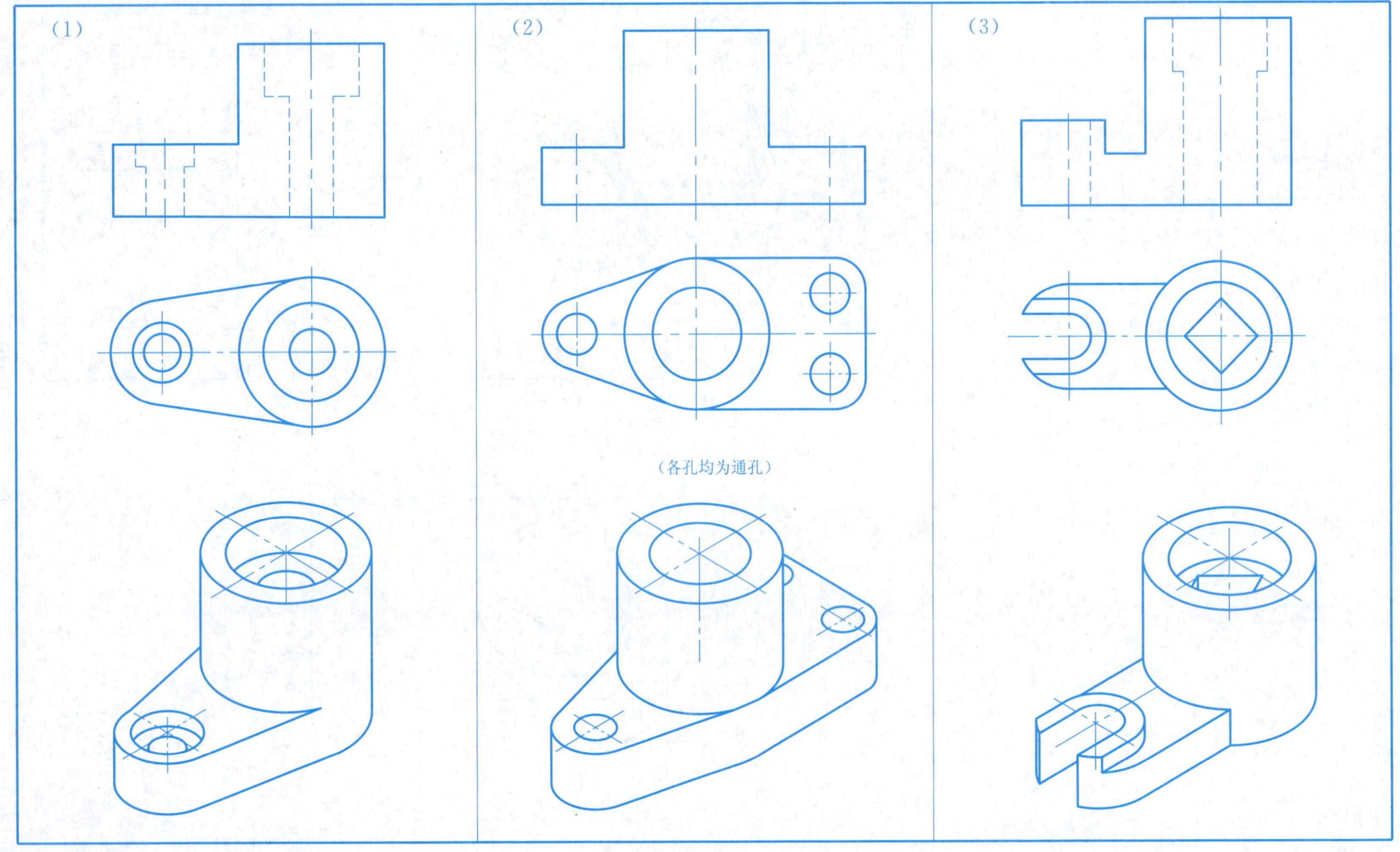

班级　　　　姓名　　　　学号

续 5-1　补画主视图中的漏线

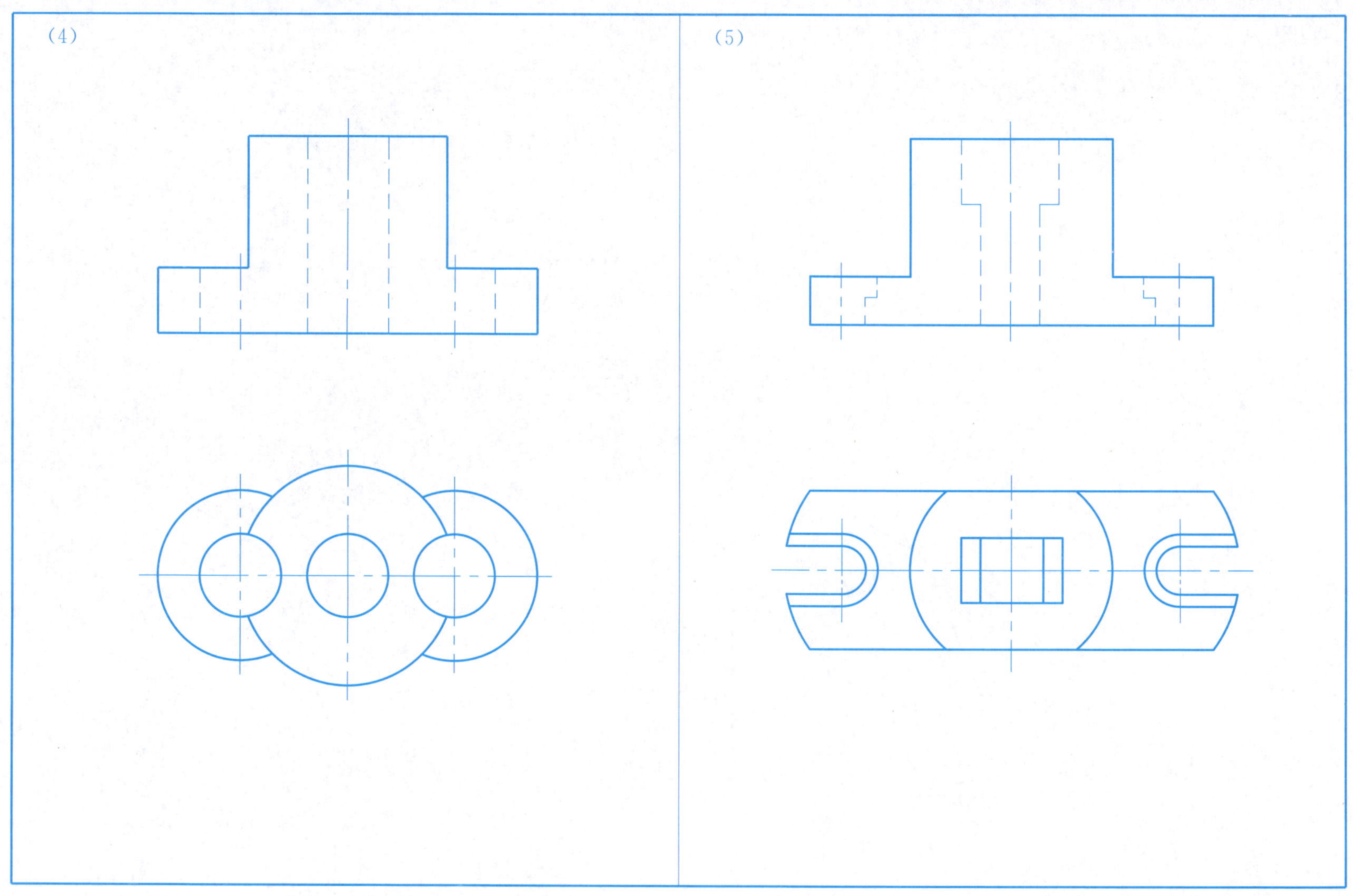

5-2 根据轴测图画三视图，尺寸从图中量取（1:1）

（1）

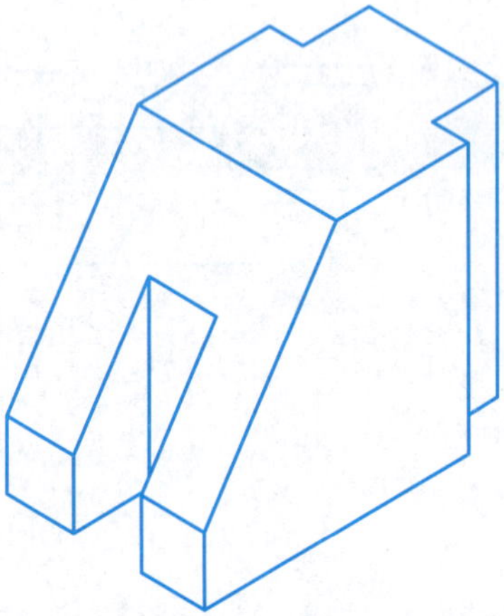

（2）

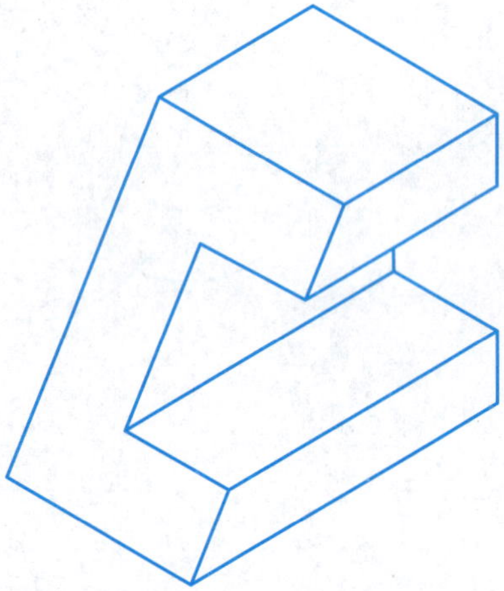

班级　　　　姓名　　　　学号

续 5－2　根据轴测图画三视图，尺寸从图中量取（1∶1）

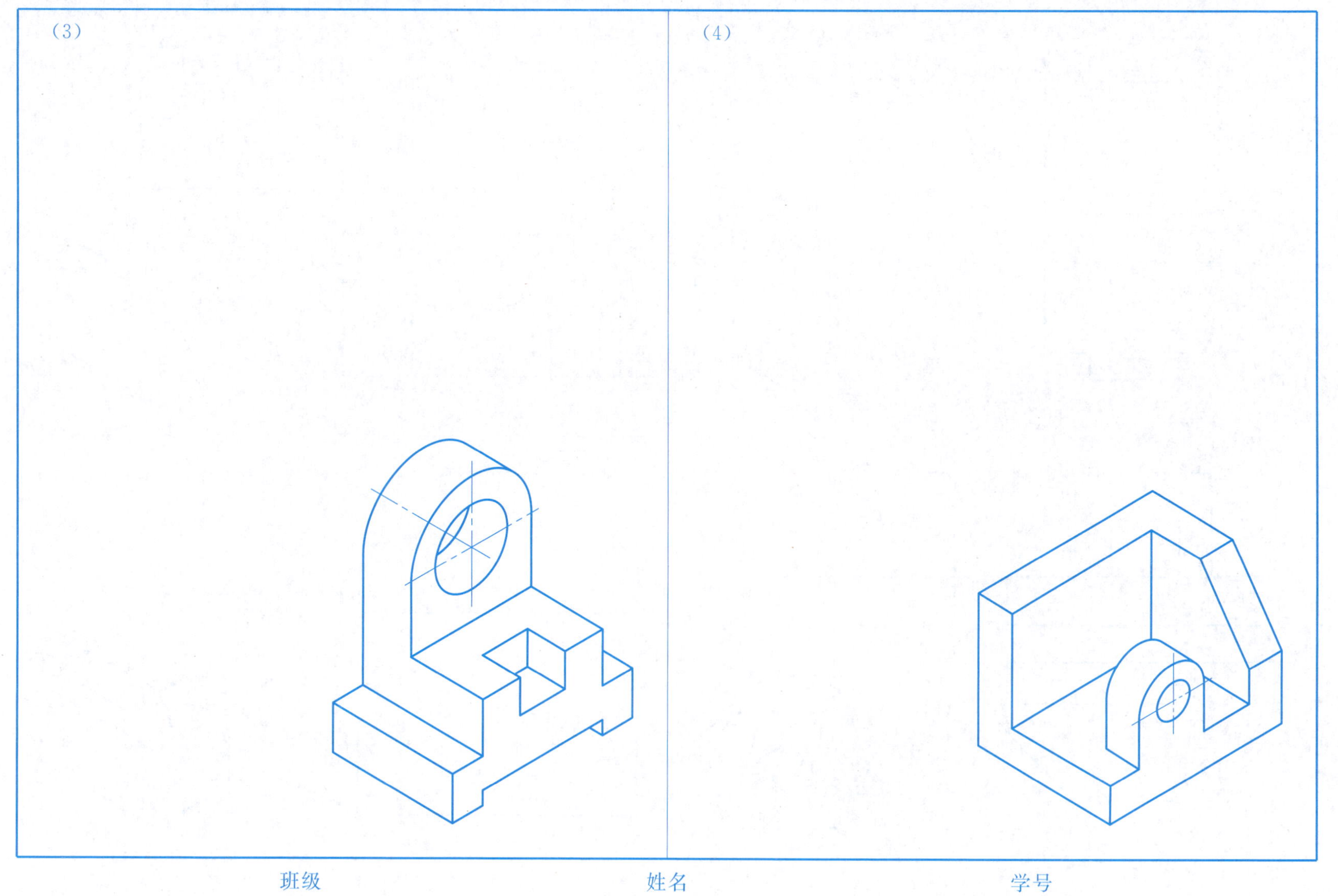

班级　　　　姓名　　　　学号

5-3 参照轴测图补画图中的漏线

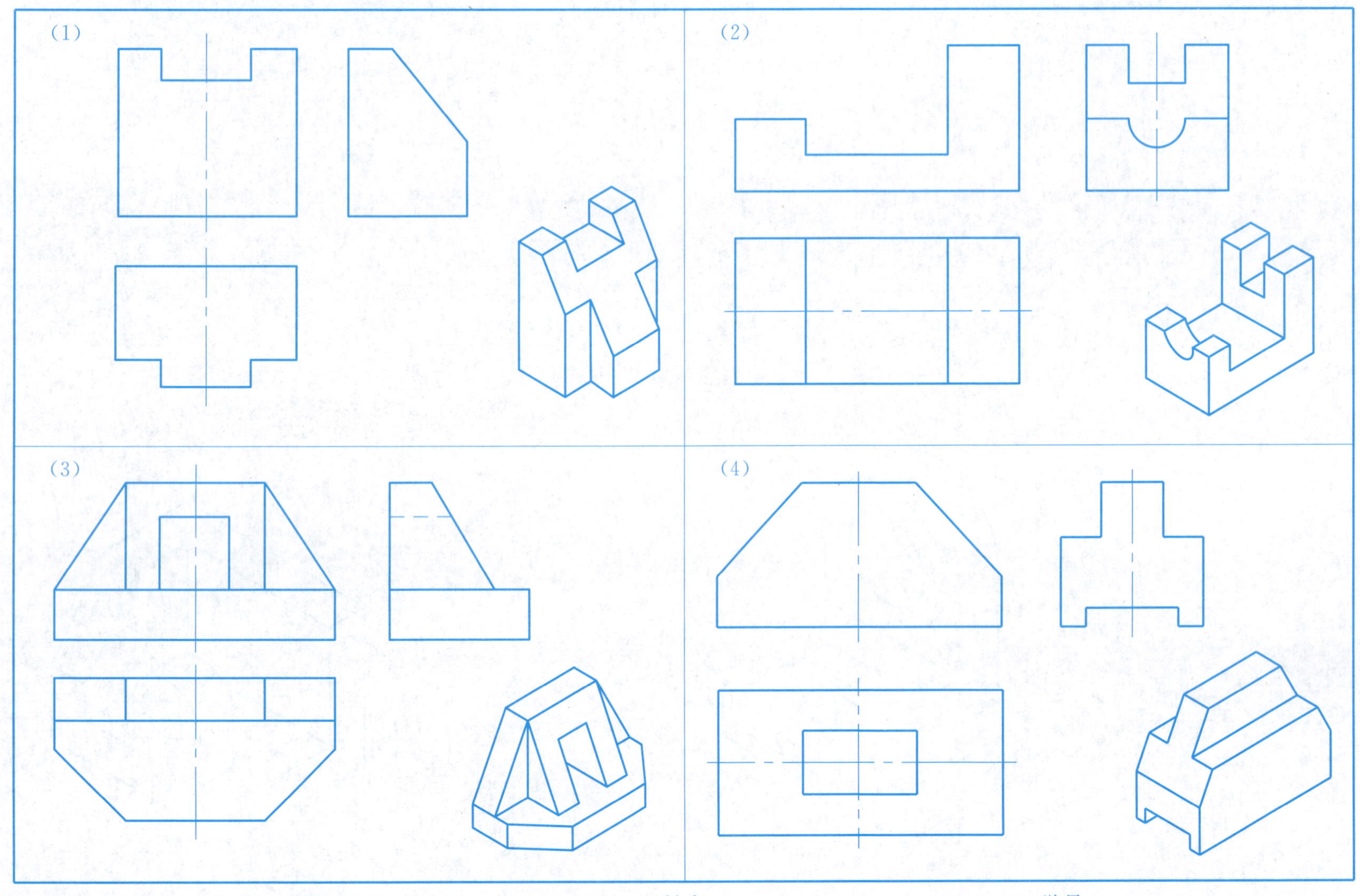

班级　　　　　　　　姓名　　　　　　　　学号

5-4 根据两视图，参照轴测图补画第三视图

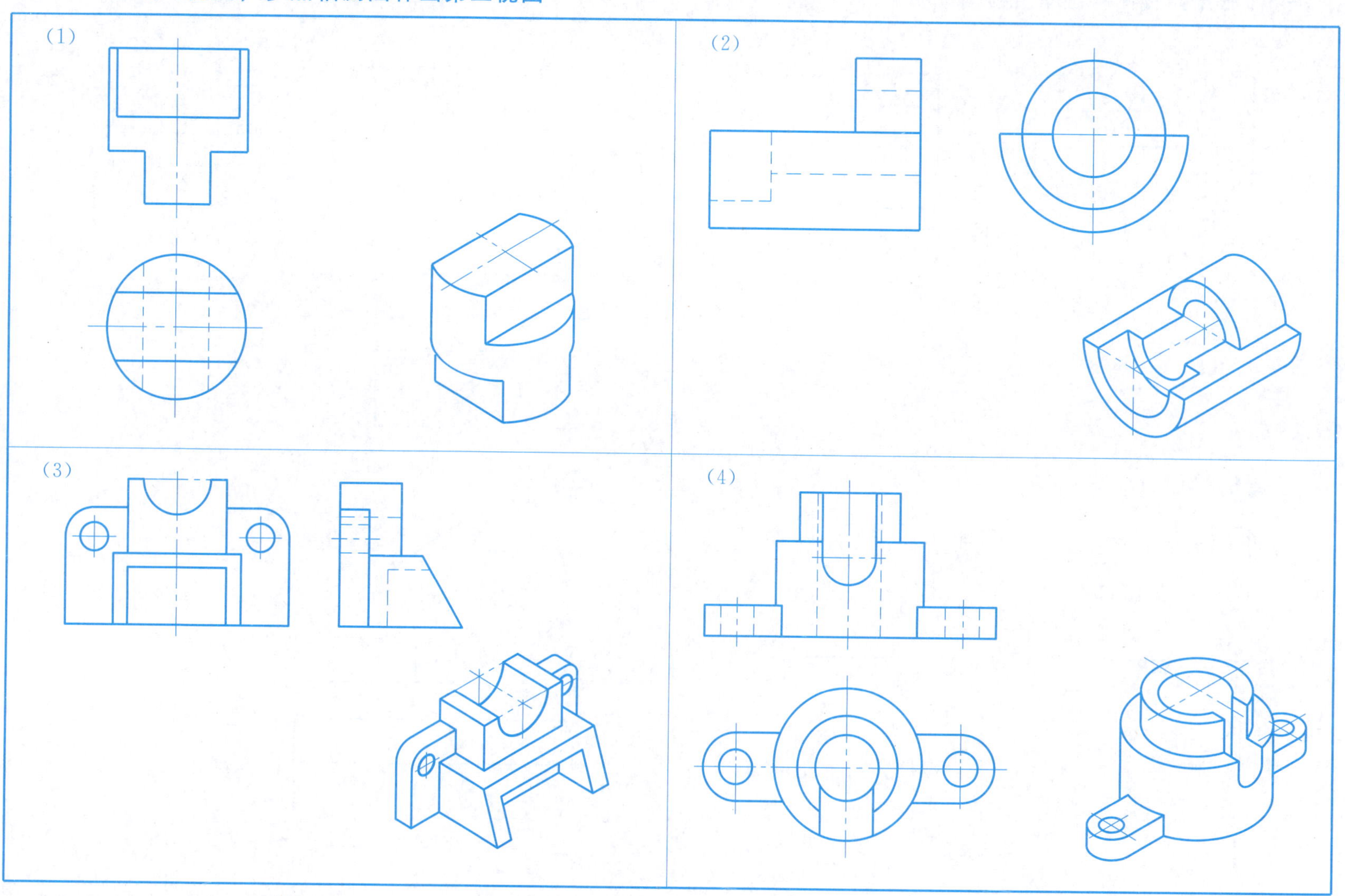

班级　　　　　　姓名　　　　　　学号

5-5 根据两视图补画第三视图

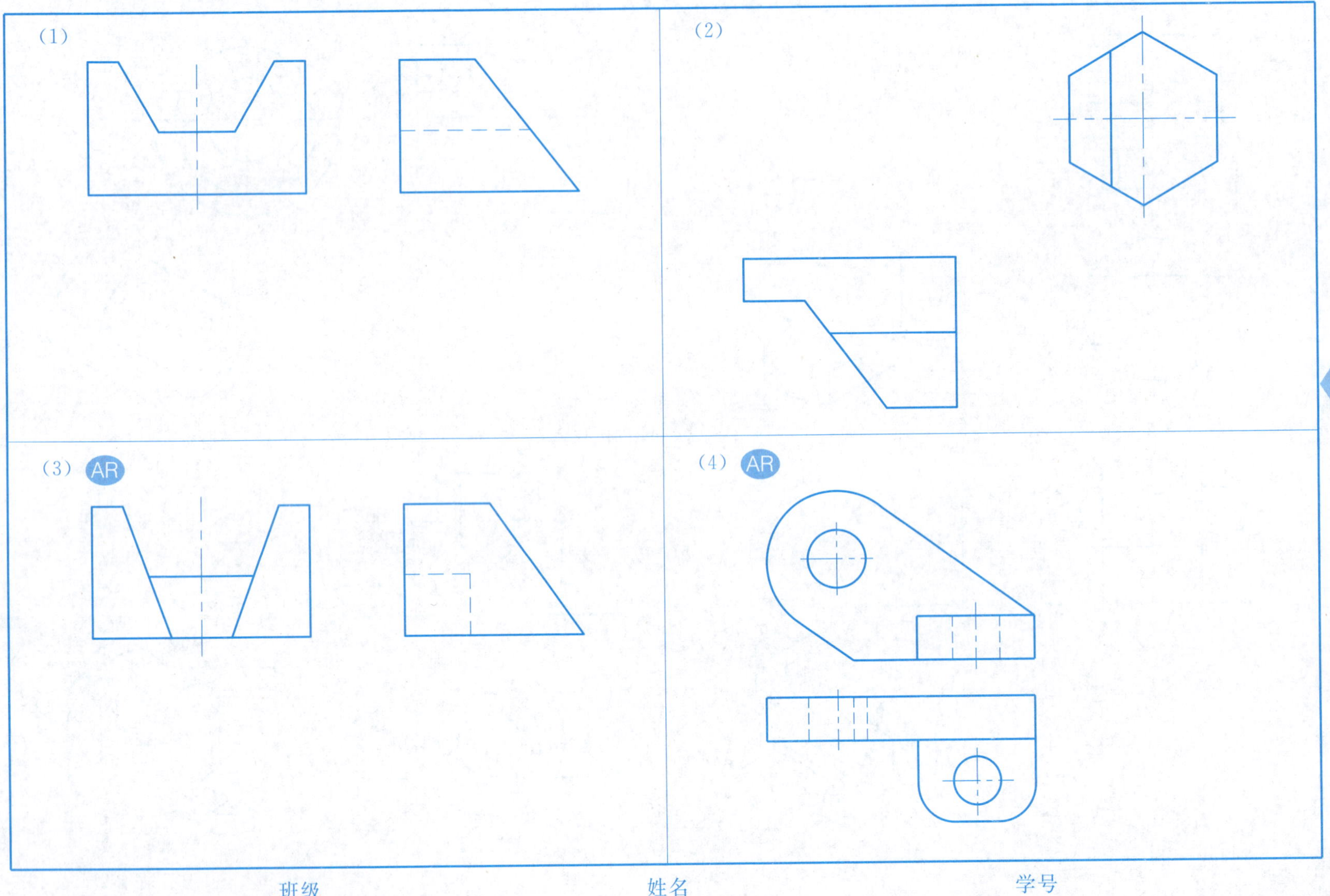

班级　　　　　　　　　　姓名　　　　　　　　　　学号

续 5-5 根据两视图补画第三视图

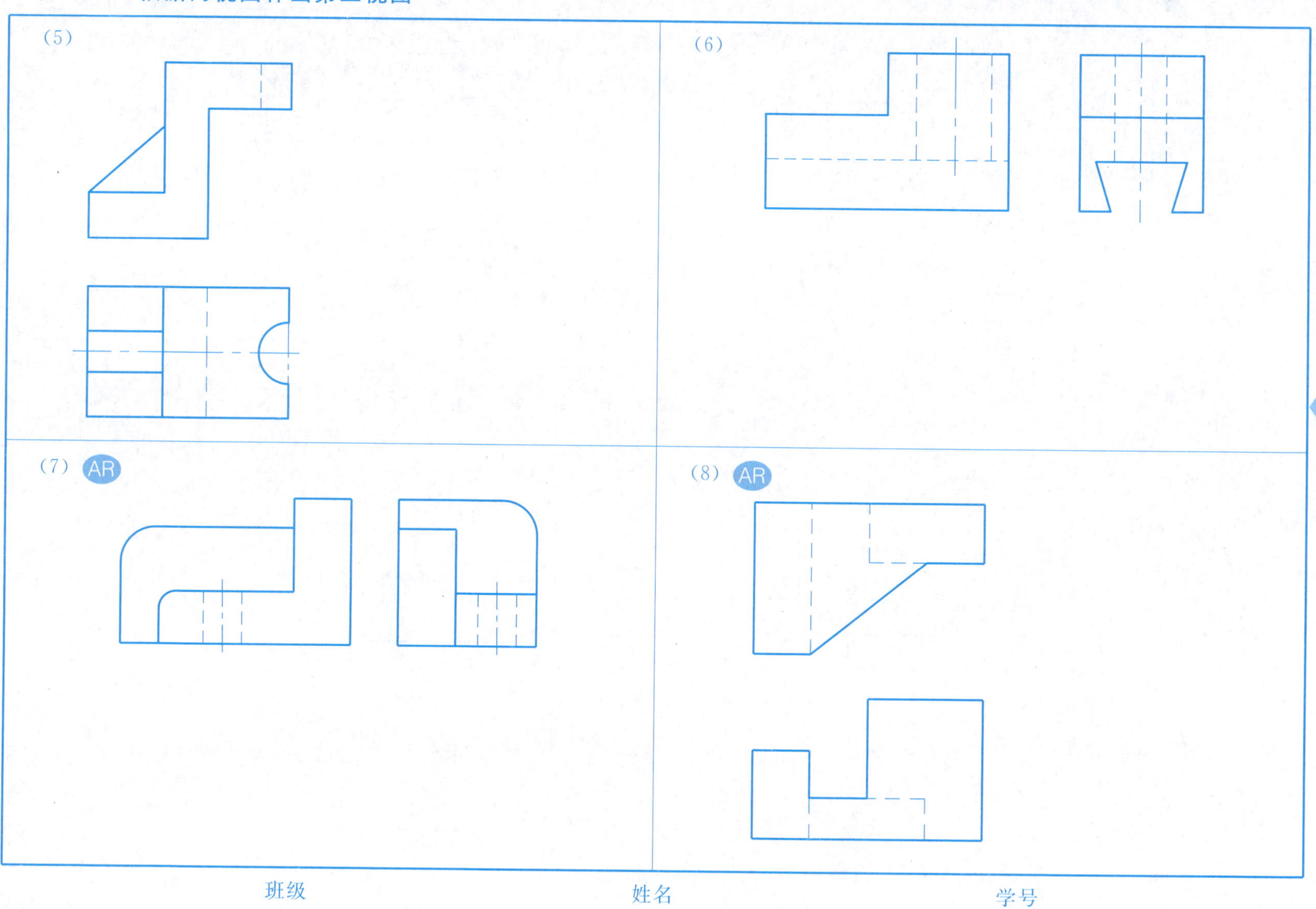

班级 姓名 学号

续 5-5 根据两视图补画第三视图

(9)

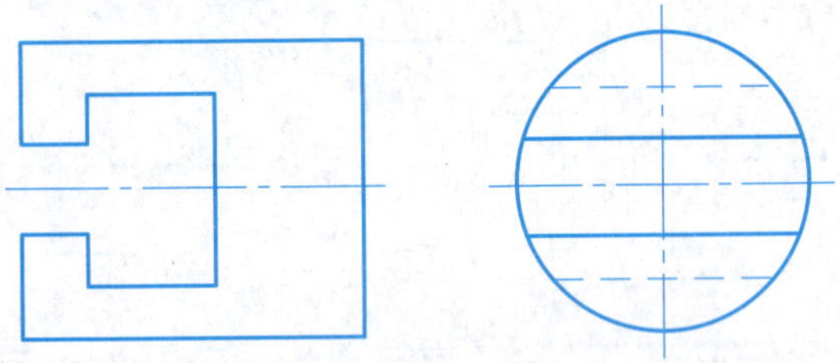

(10) AR

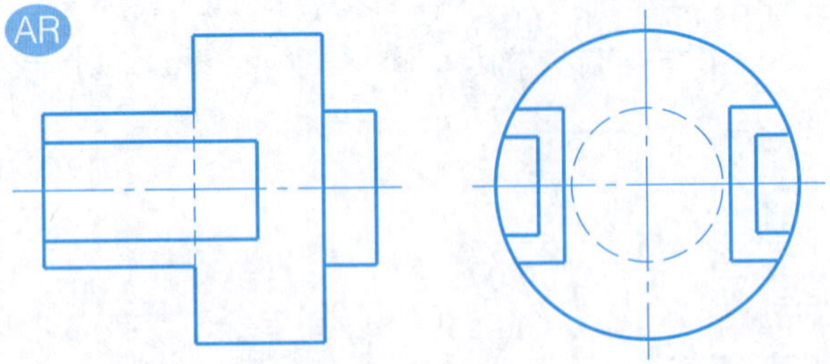

(11)

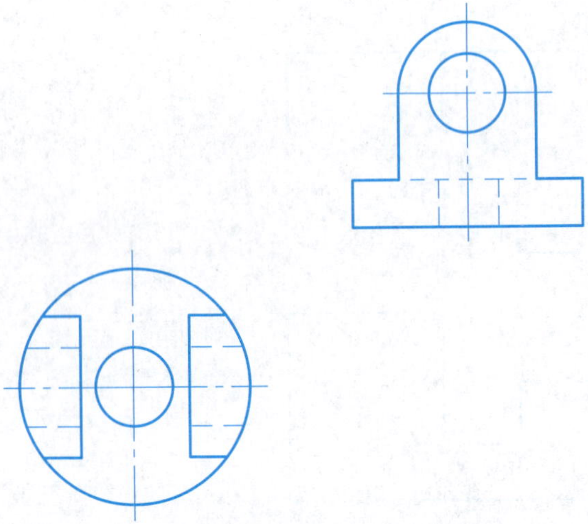

(12) AR

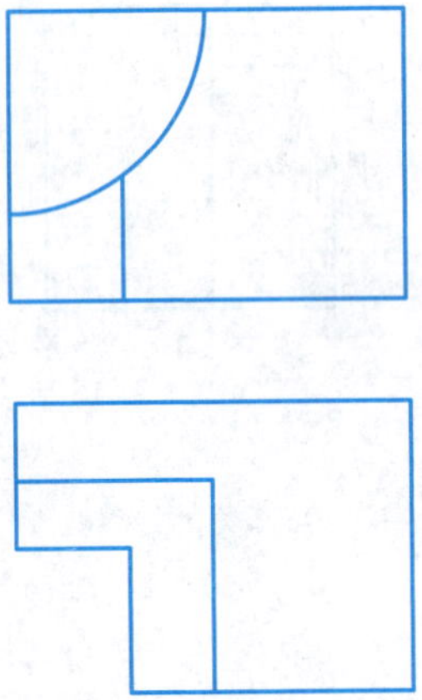

AR

班级 姓名 学号

5-6 根据主视图构思四种不同形状的组合体，并补画出它们的俯、左视图和立体图

(1)

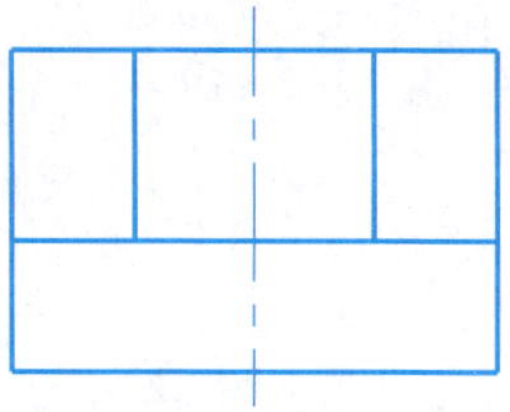

(2)

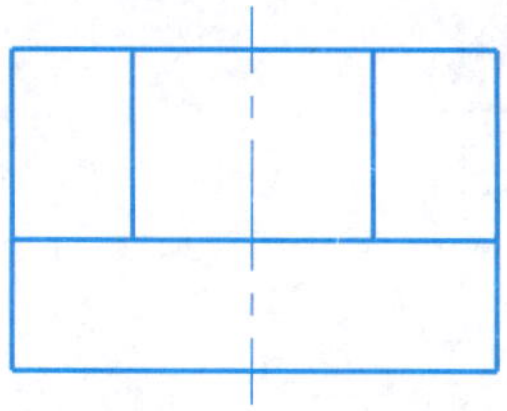

(3)

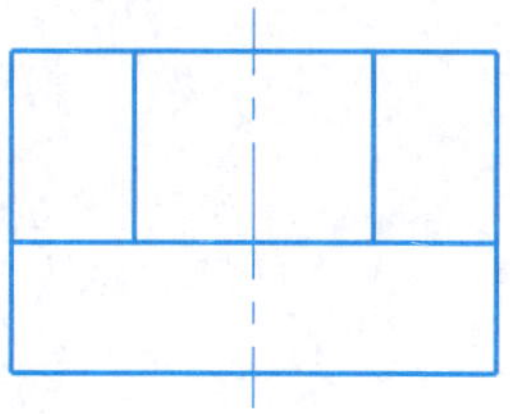

(4)

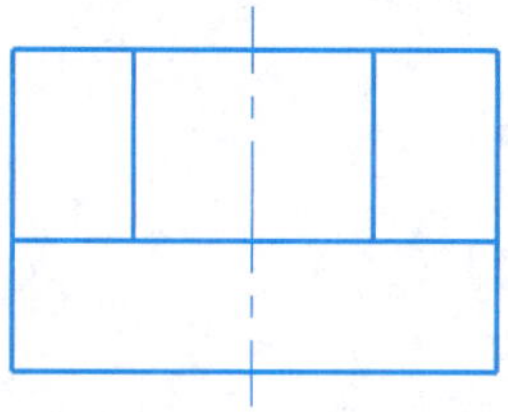

班级 姓名 学号

5-7 根据两视图补画第三视图

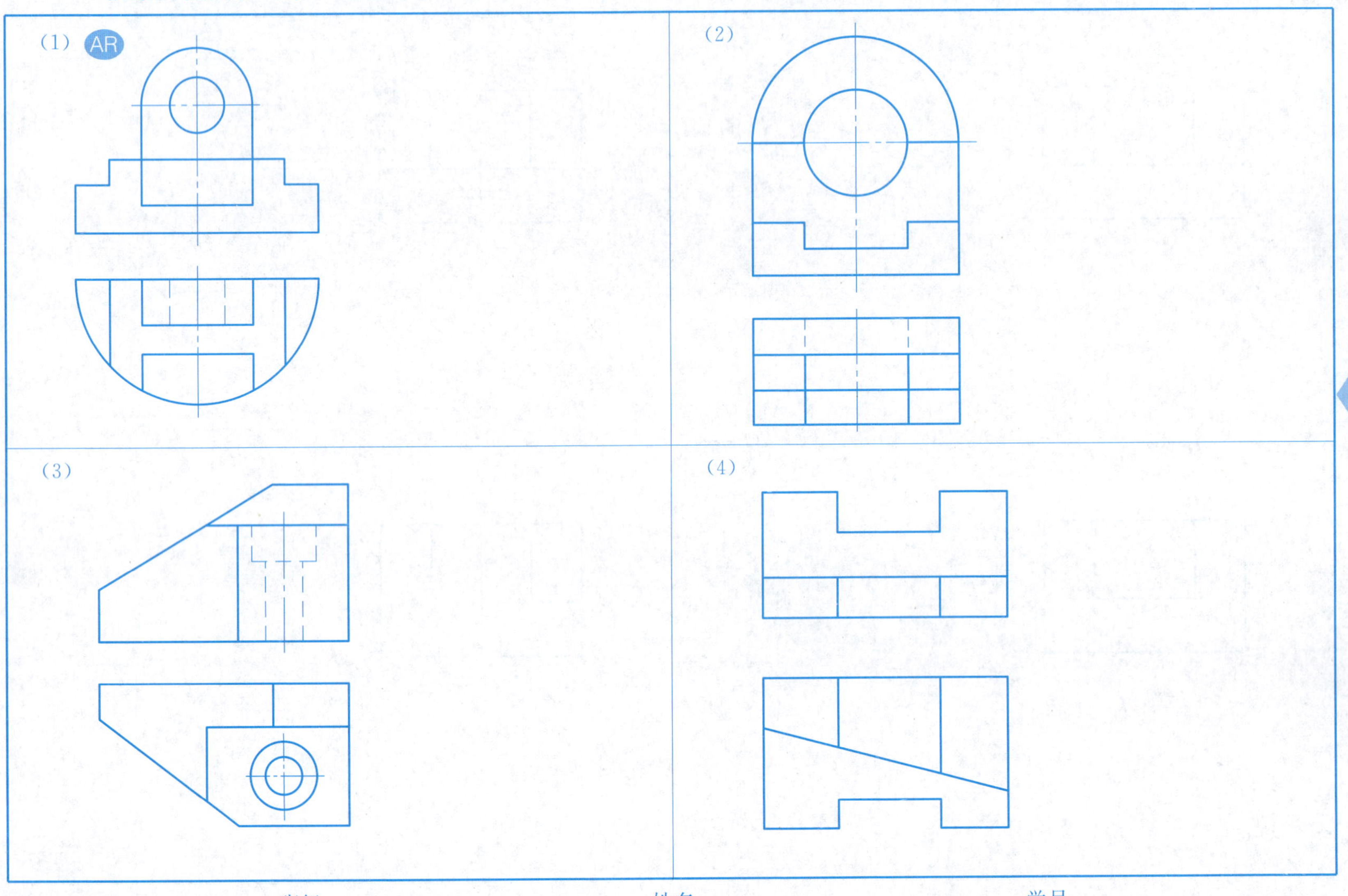

班级　　　　　　　　　　　　姓名　　　　　　　　　　　　学号

5-8 根据两视图补画第三视图，并画出轴测图

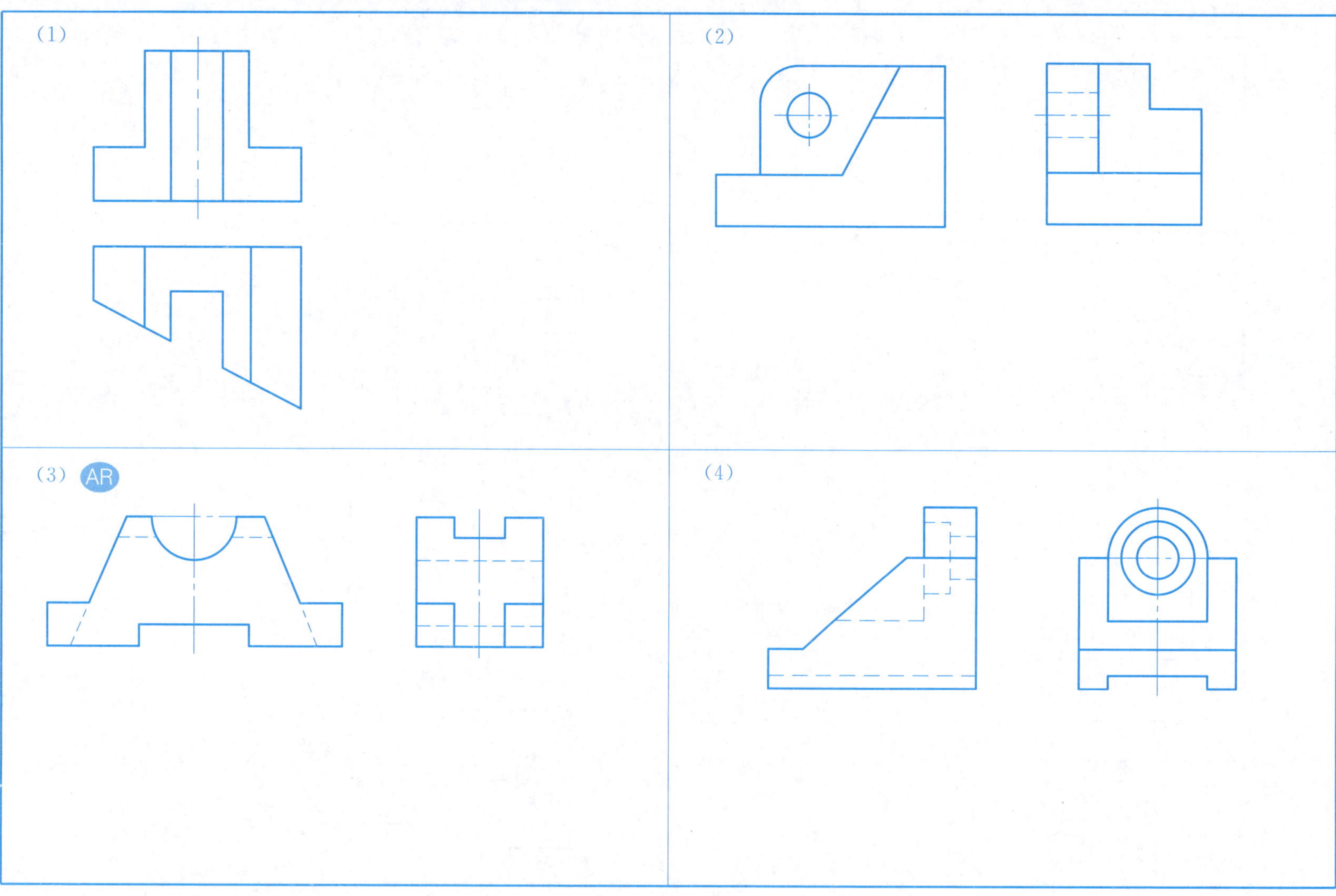

班级 姓名 学号

5-9 根据两视图补画第三视图

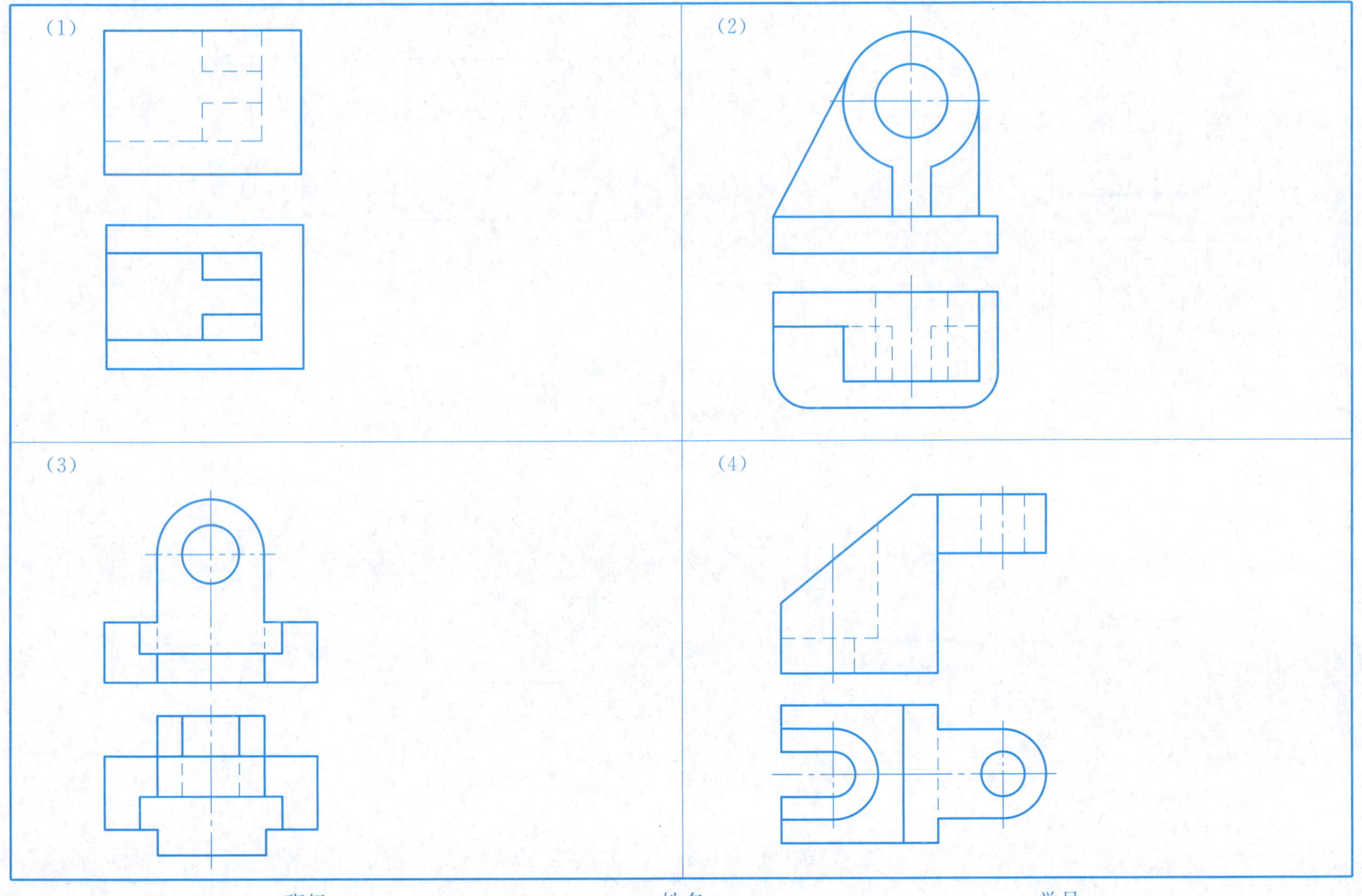

班级　　　　姓名　　　　学号

5-10 看懂三视图，补画视图中的漏线

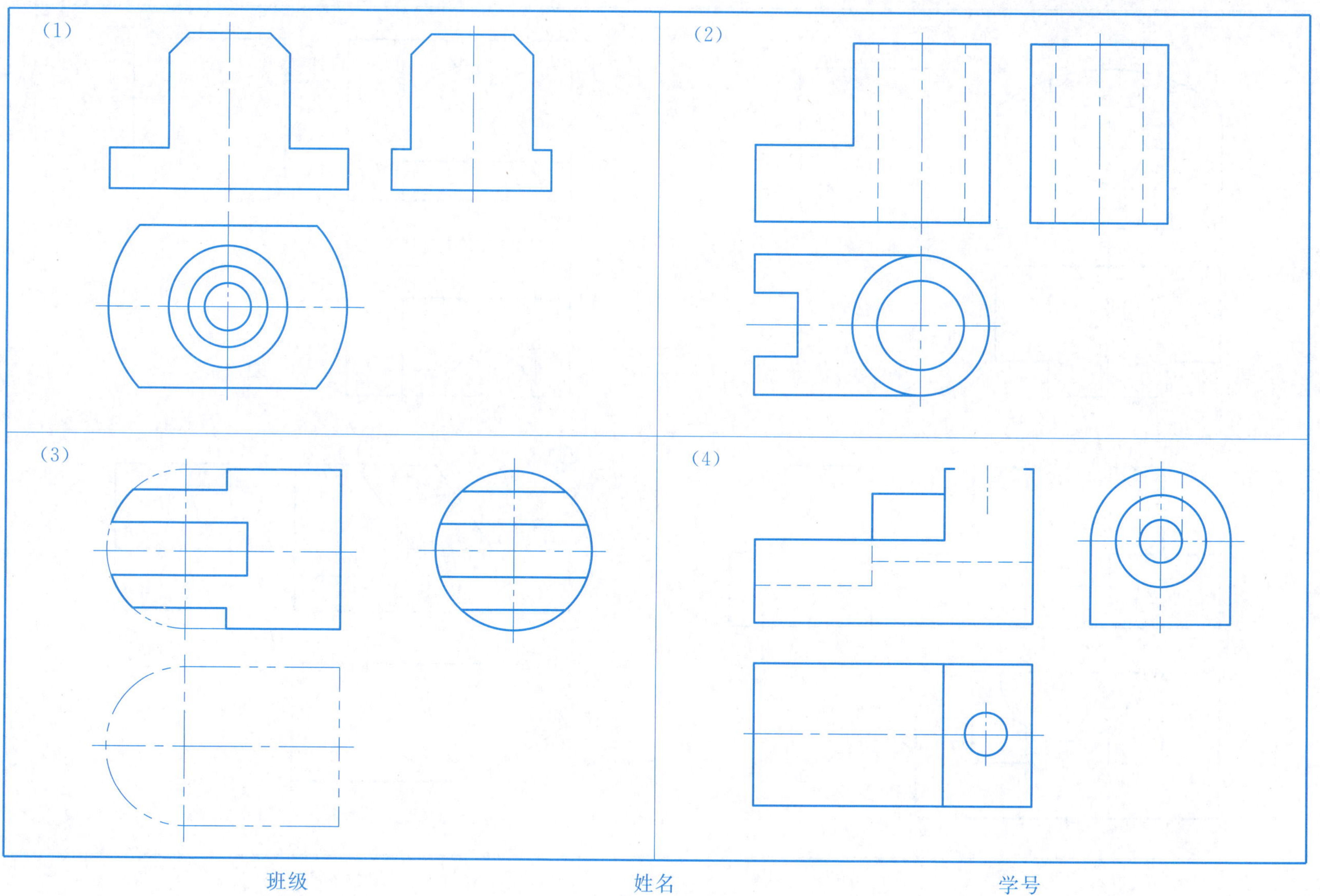

班级　　　　　　　　姓名　　　　　　　　学号

续 5－10　看懂三视图，补画视图中的漏线

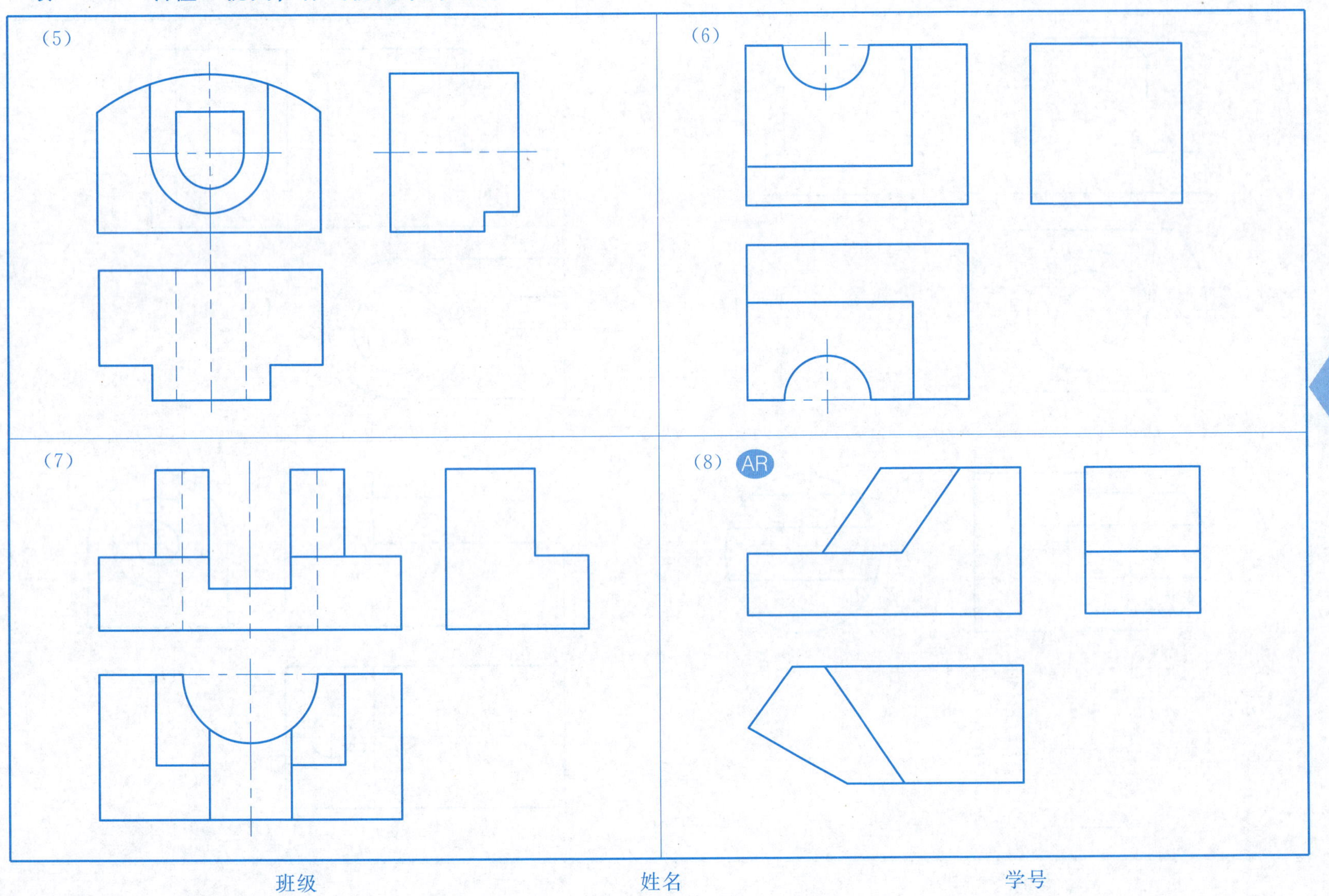

班级　　　　　　　　　　姓名　　　　　　　　　　学号

5-11 根据两视图补画第三视图

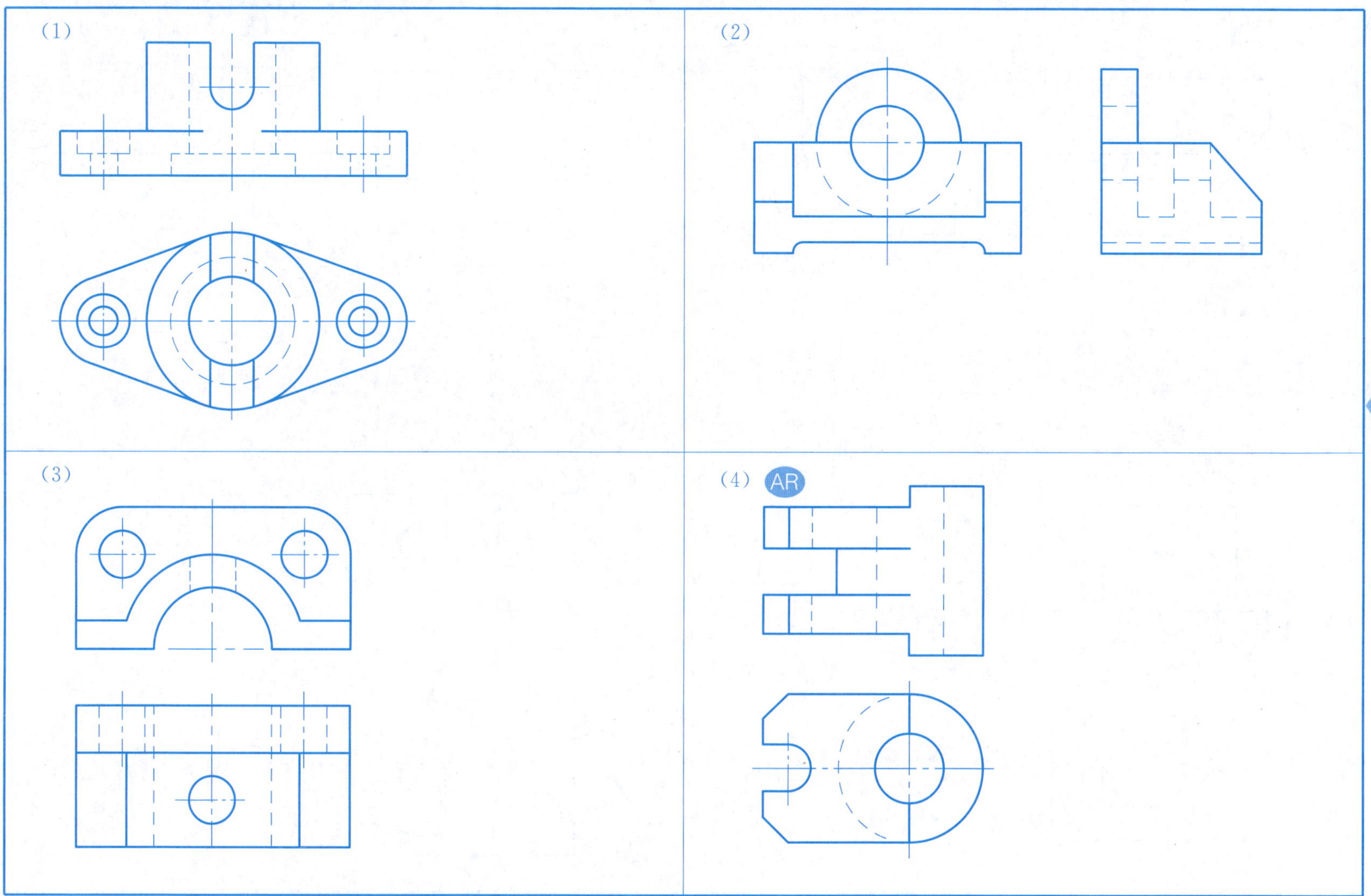

AR资源

班级　　　　姓名　　　　学号

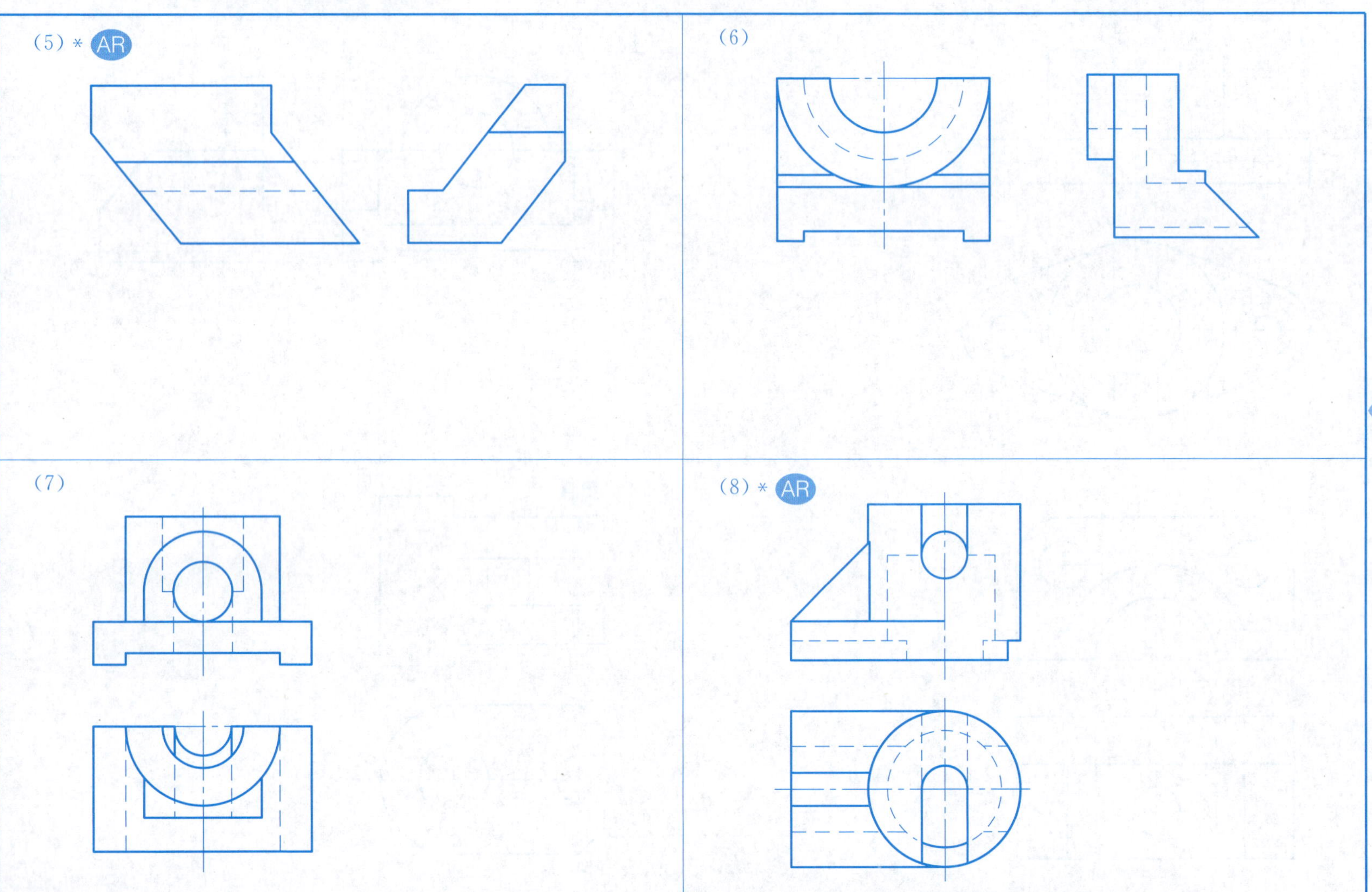

班级 姓名 学号

5－12　根据已知视图想象立体形状，并标注尺寸（尺寸数值从图中量取）

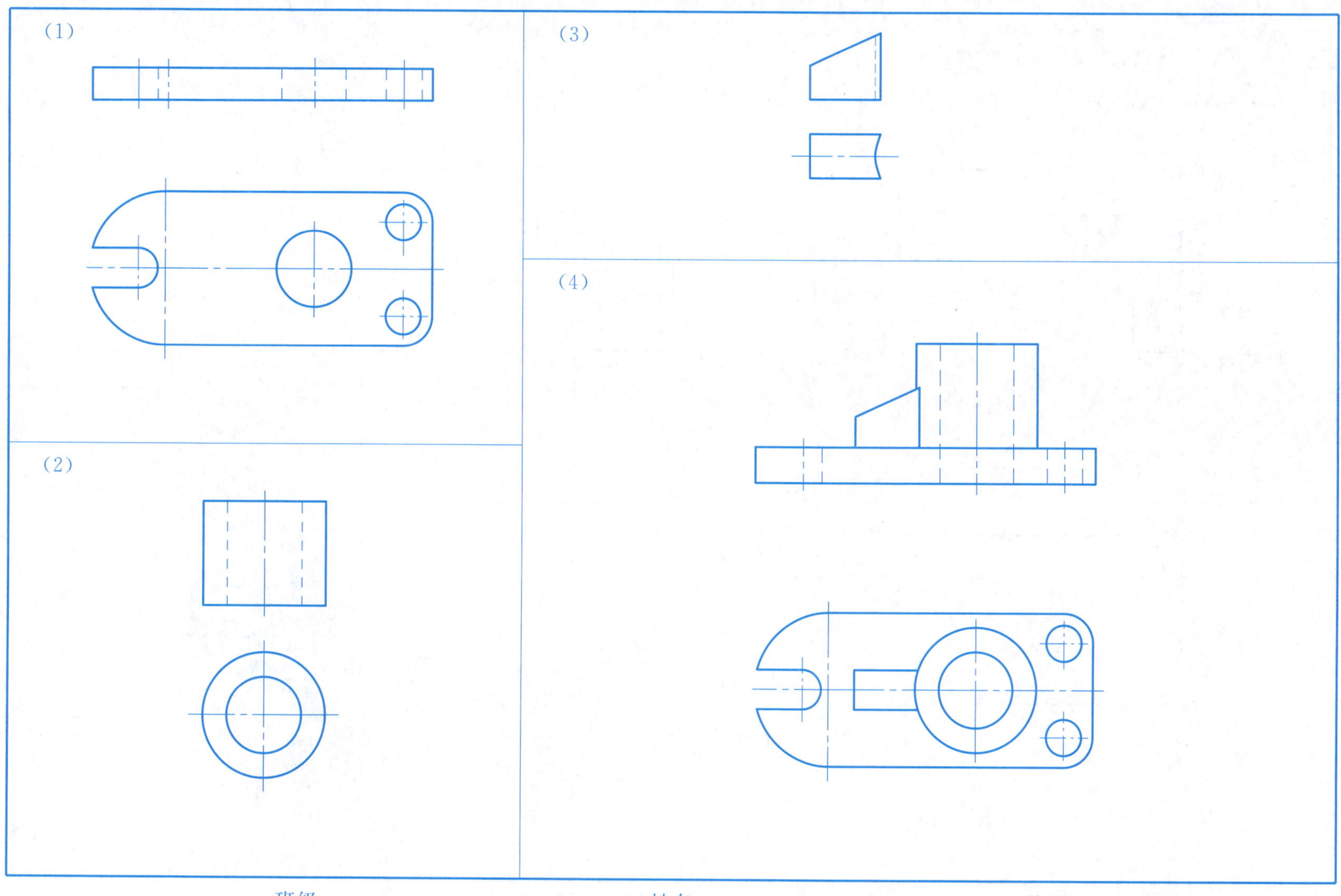

班级　　　　姓名　　　　学号

5－13　根据已知视图和立体图，标注尺寸（尺寸数值从图中量取）

(1)

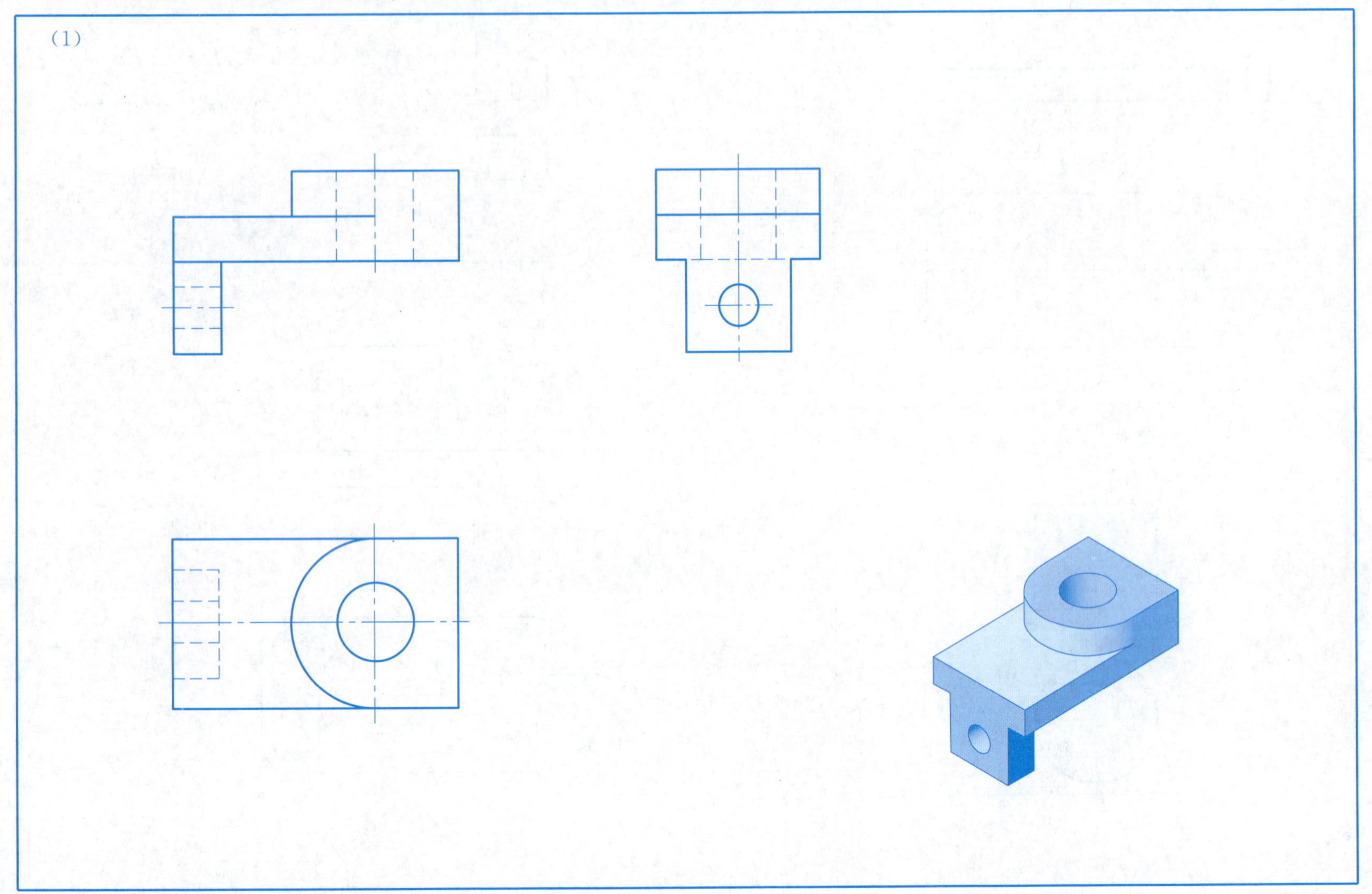

班级　　　　　　　　姓名　　　　　　　　学号

续 5－13 根据已知视图和立体图，标注尺寸（尺寸数值从图中量取）

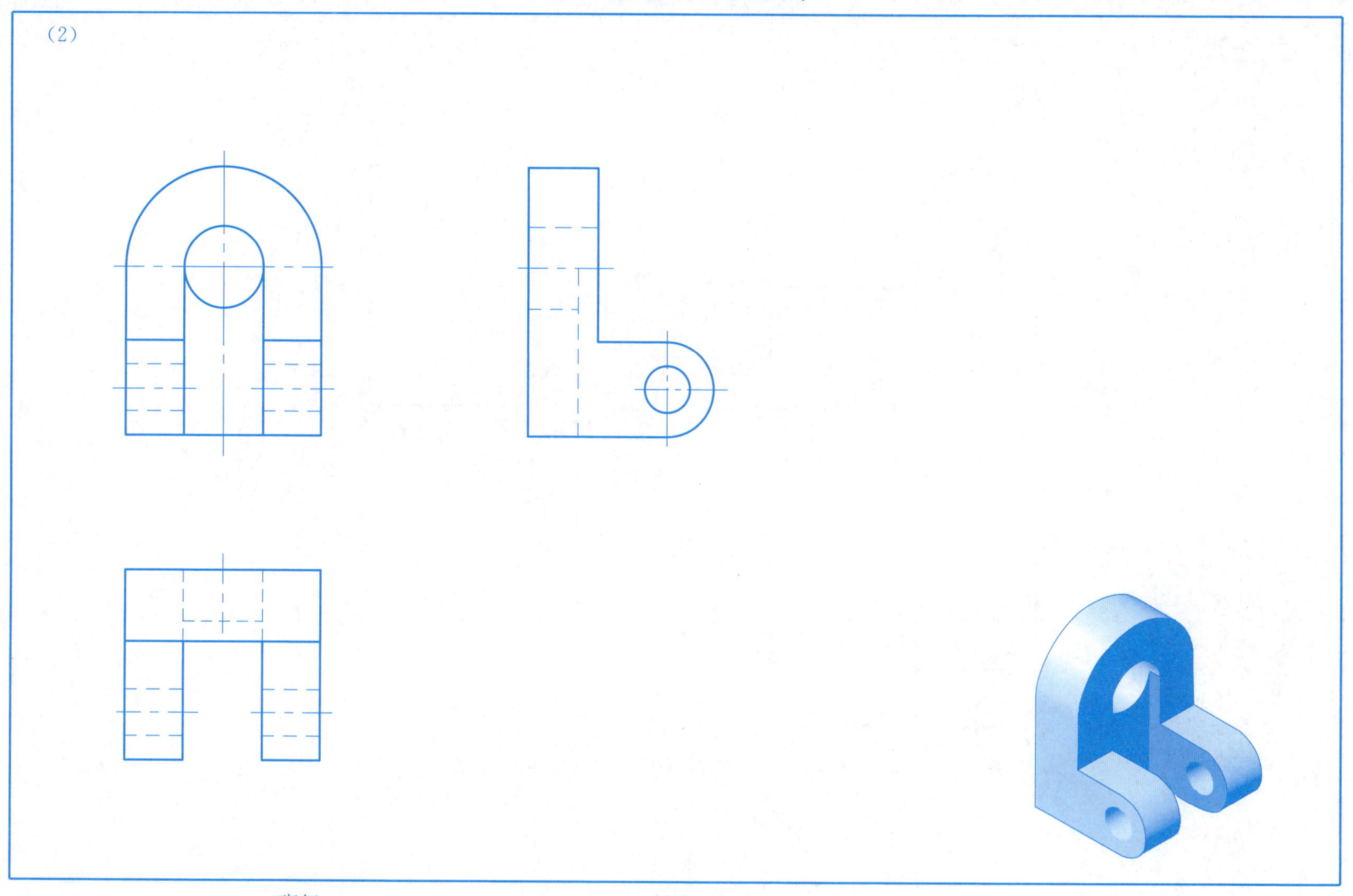

班级　　　　姓名　　　　学号

5－14　根据已知视图想象立体形状，并标注尺寸（尺寸数值从图中量取）

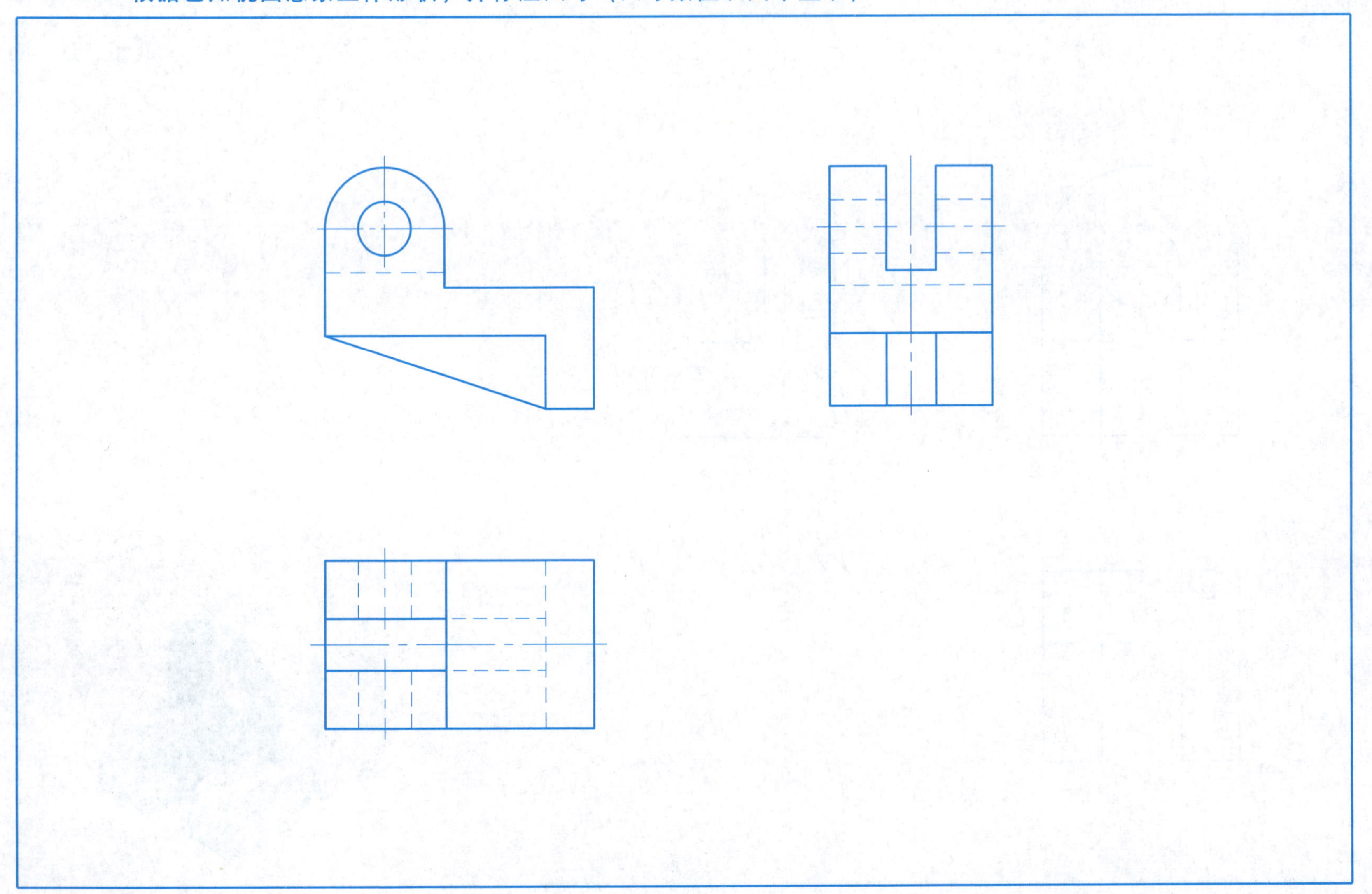

班级　　　　　　　　　　姓名　　　　　　　　　　学号

5-15 根据立体图画三视图，并标注尺寸（比例 2∶1）

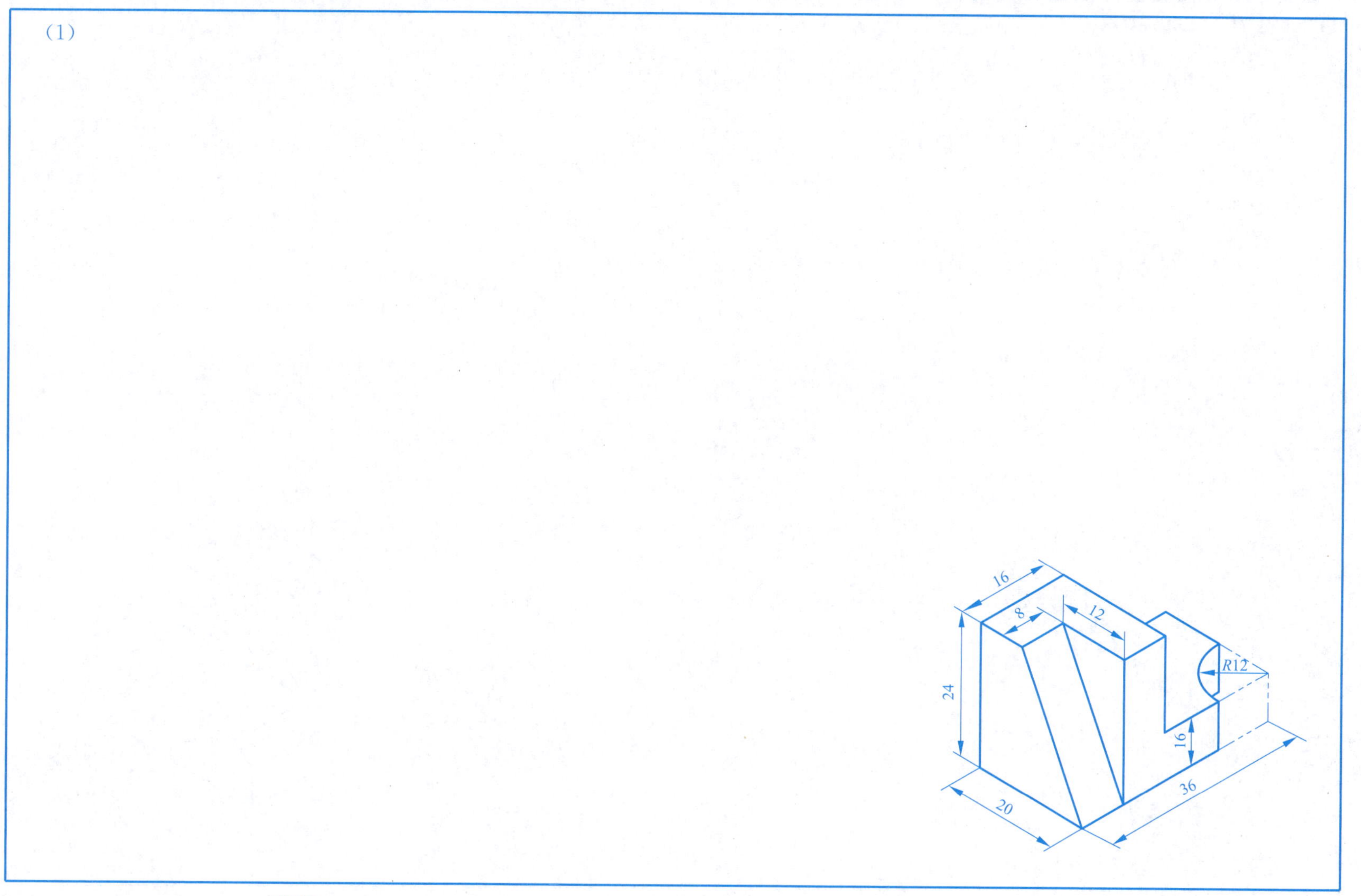

班级 姓名 学号

续 5-15　根据立体图画三视图，并标注尺寸（比例 2∶1）

（2）

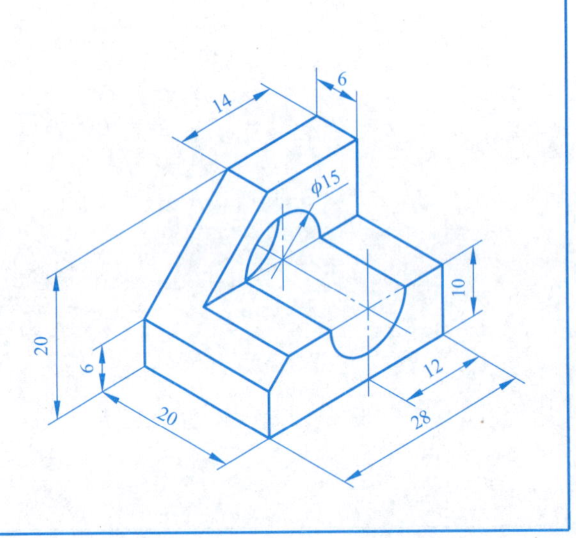

班级　　　　　　姓名　　　　　　学号

5-16 根据立体图选用恰当的图幅画三视图，并标注尺寸

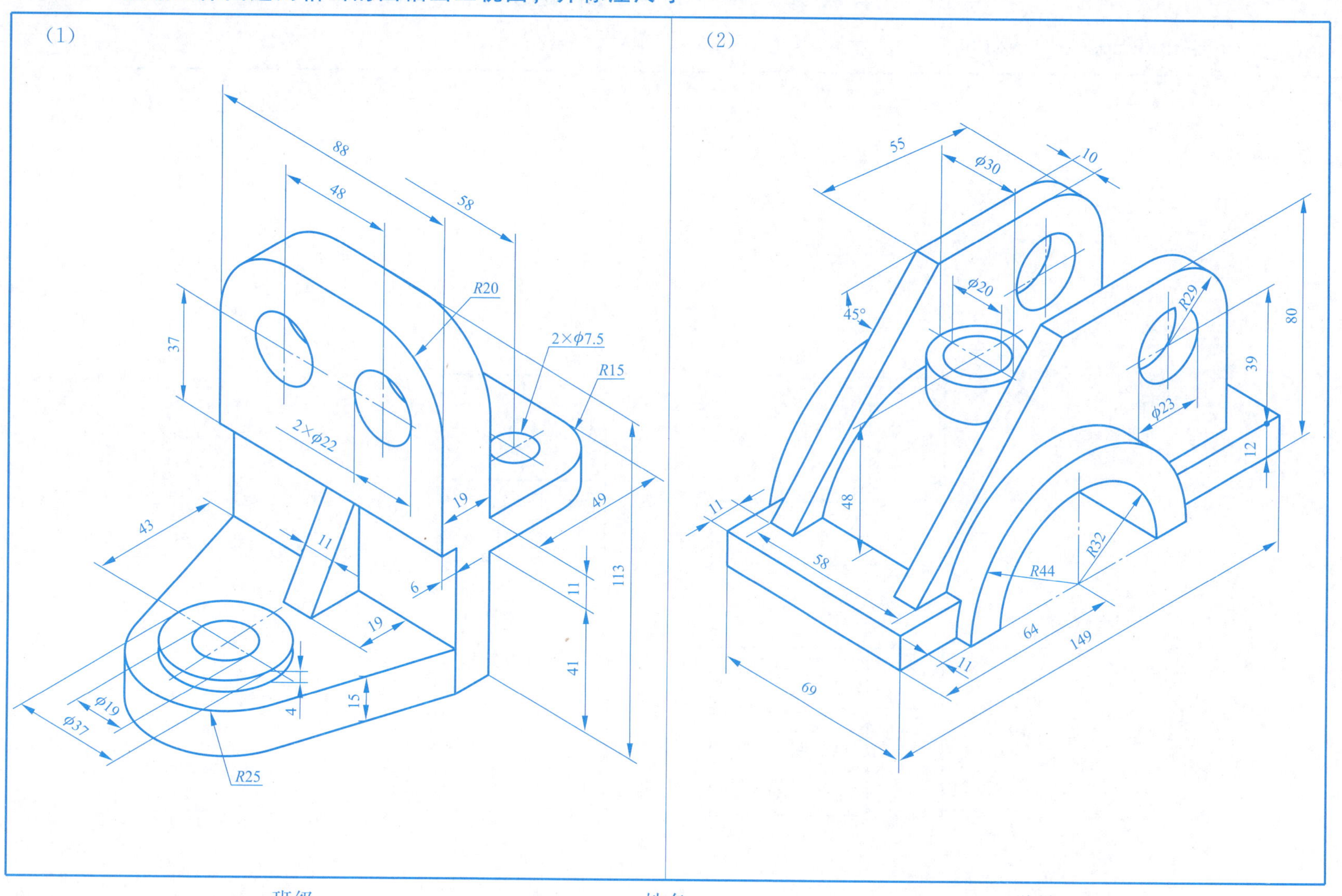

班级　　　　　　　　　　姓名　　　　　　　　　　学号

第六章　机件的常用表达方法

6－1　补全机件的六个基本视图

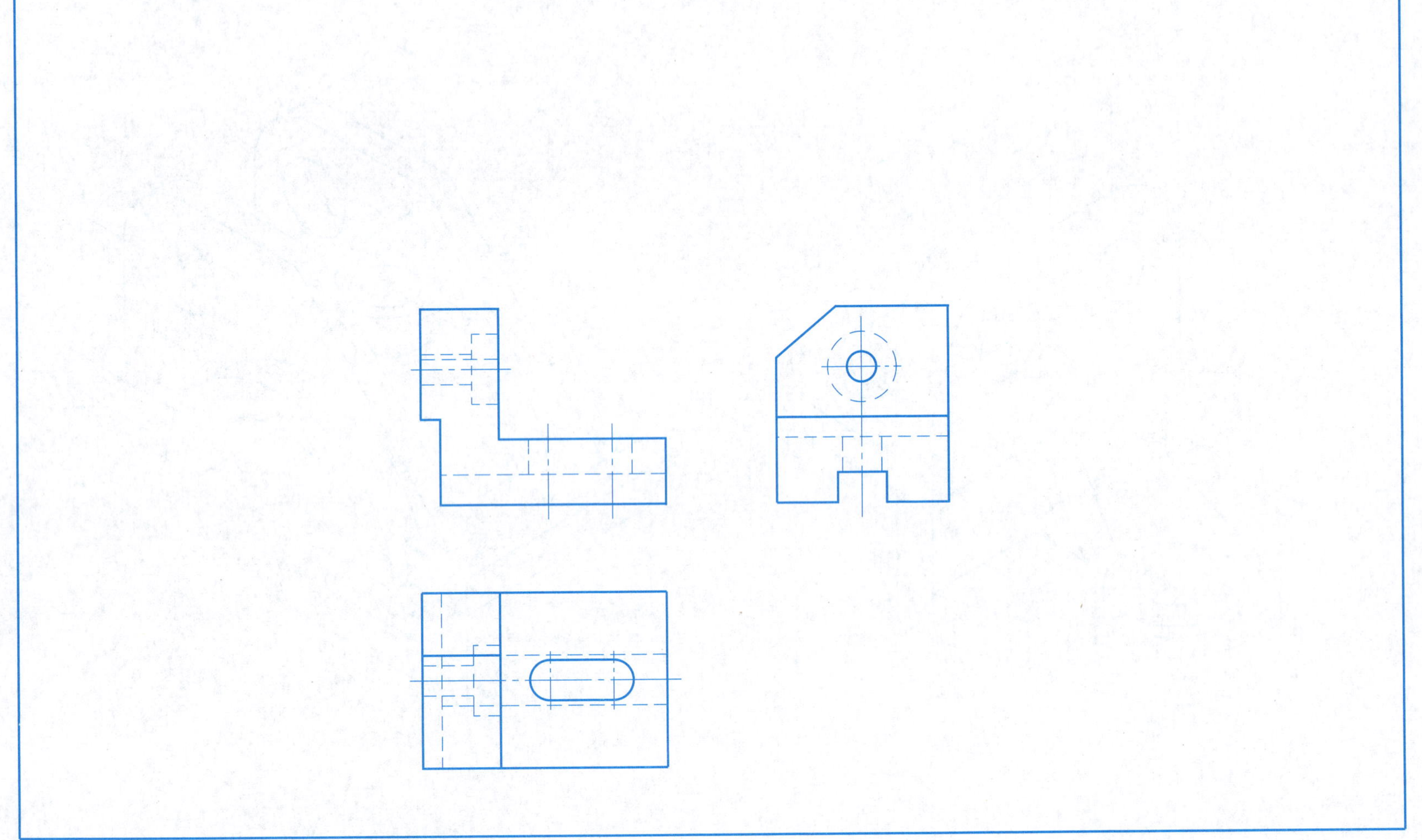

班级　　　　姓名　　　　学号

6－2　根据主、俯、左视图画出其余三个基本视图

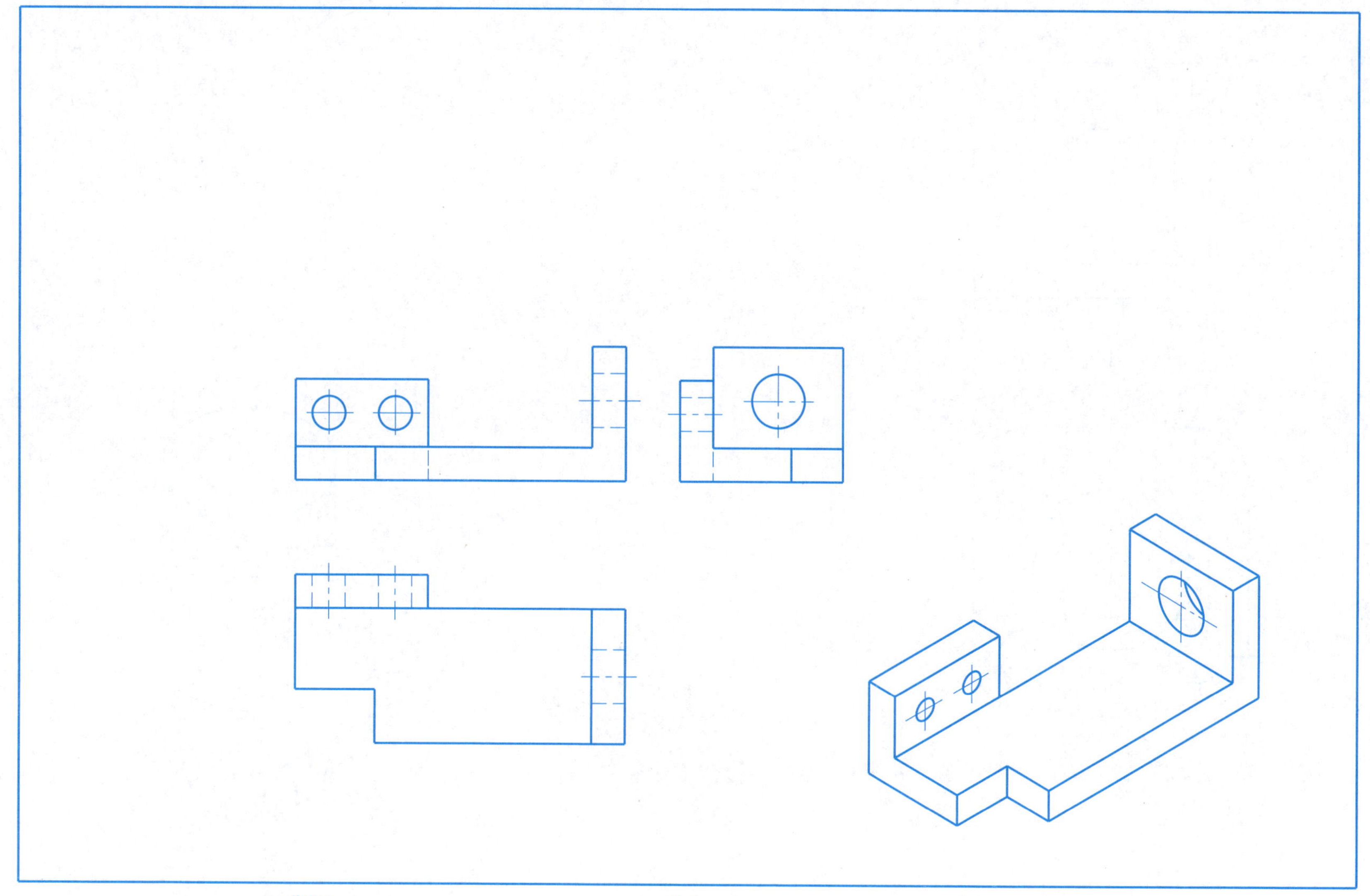

班级　　姓名　　学号

6-3 对照机件立体图，补画 *A* 向、*B* 向局部视图

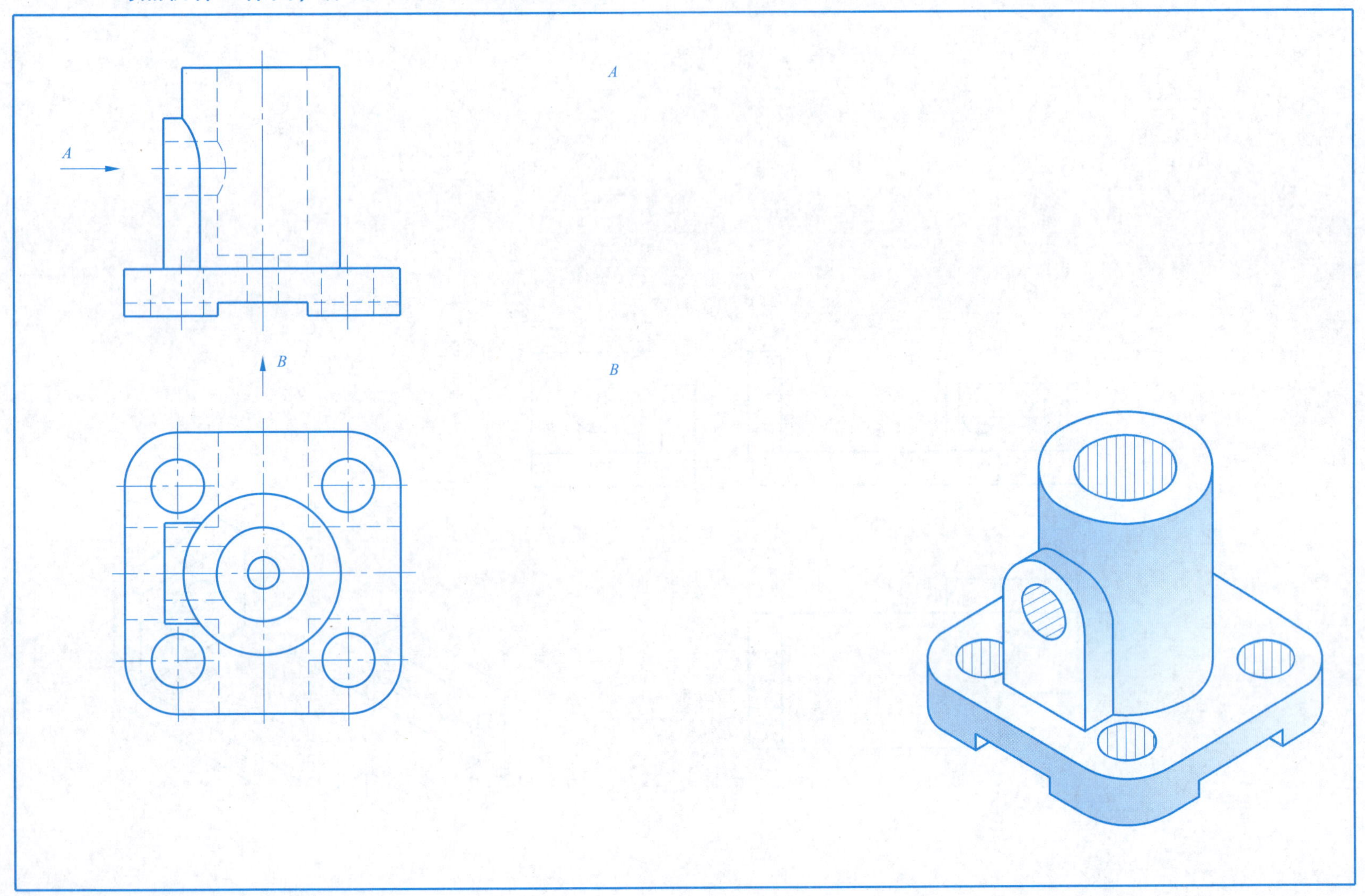

班级 姓名 学号

6-4 画 *A* 向斜视图和 *B* 向局部视图

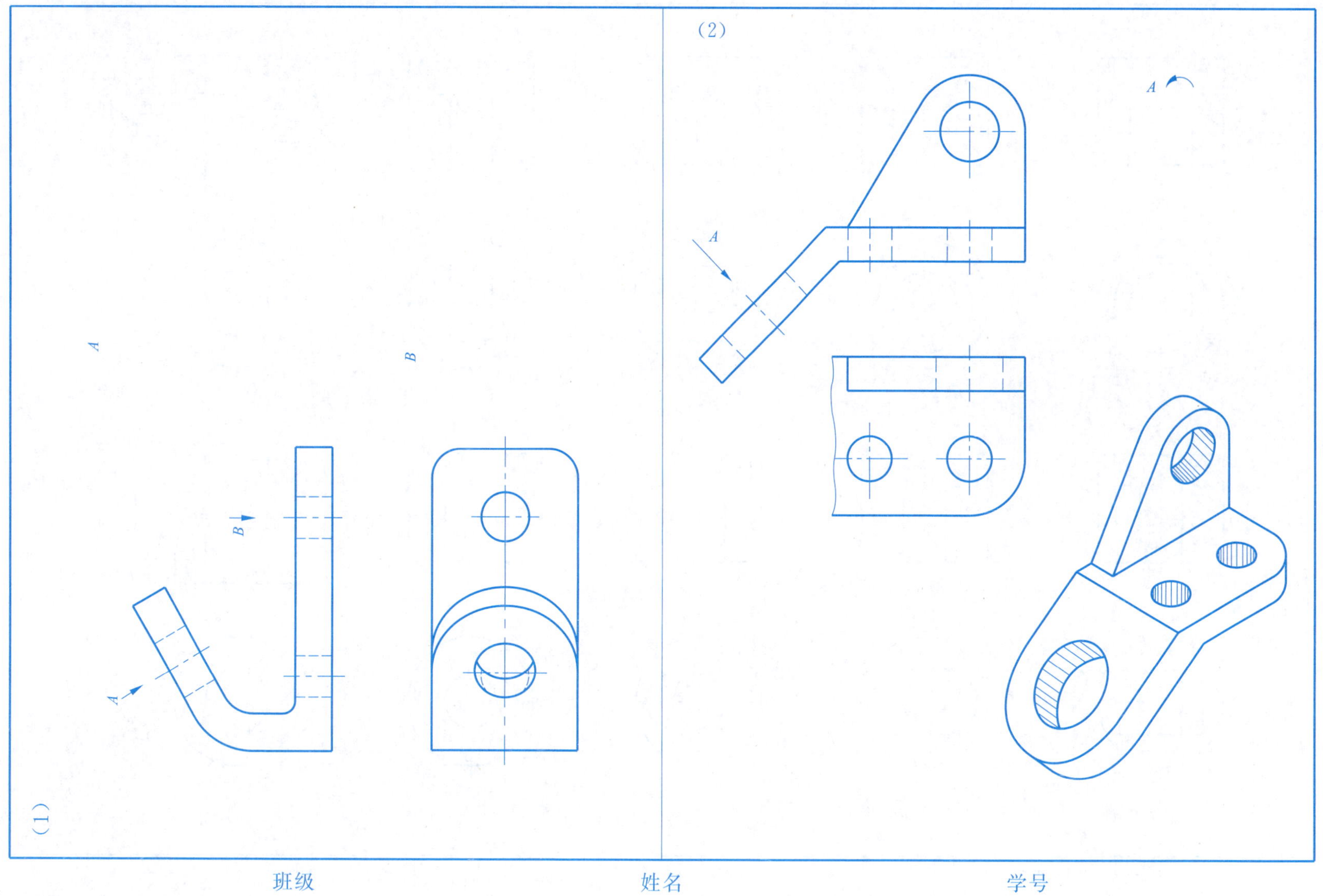

班级 姓名 学号

6-5 补画下列全剖视图中的漏线

班级　　　　姓名　　　　学号

6－6　补画下列全剖视图中的漏线

6－7　找出并补画下列半剖视图中所缺的图线

班级　　　　　　　　　　姓名　　　　　　　　　　学号

6-8 将主视图改为全剖视图（画在细实线框内）

(1)

(2) AR

AR

班级 姓名 学号

续 6-8　将主视图改画成全剖视图（画在细实线框内）

（3） AR

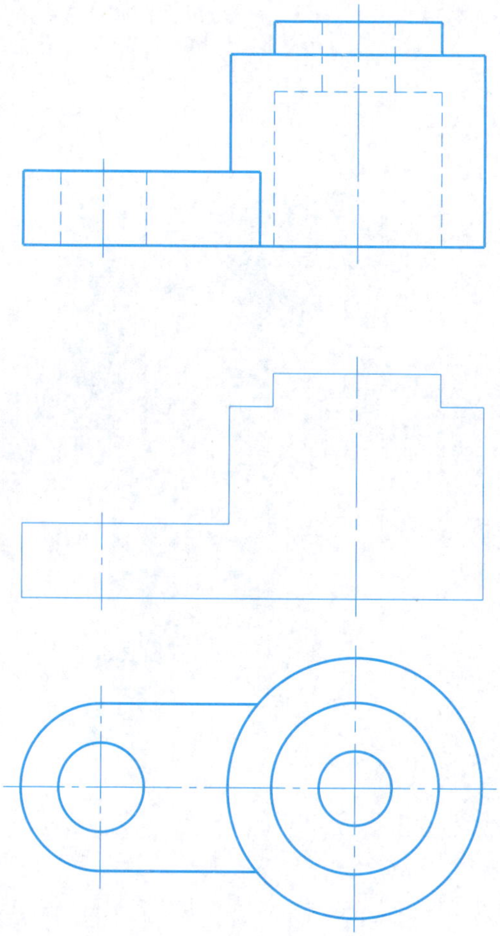

（4）

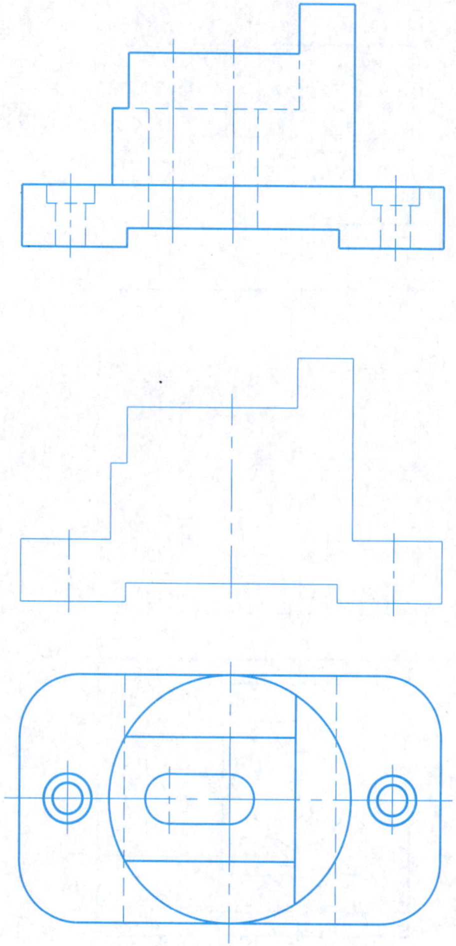

AR资源

班级　　　　　　　　　　姓名　　　　　　　　　　学号

6-9　将主视图改画成半剖视图，左视图画成全剖视图

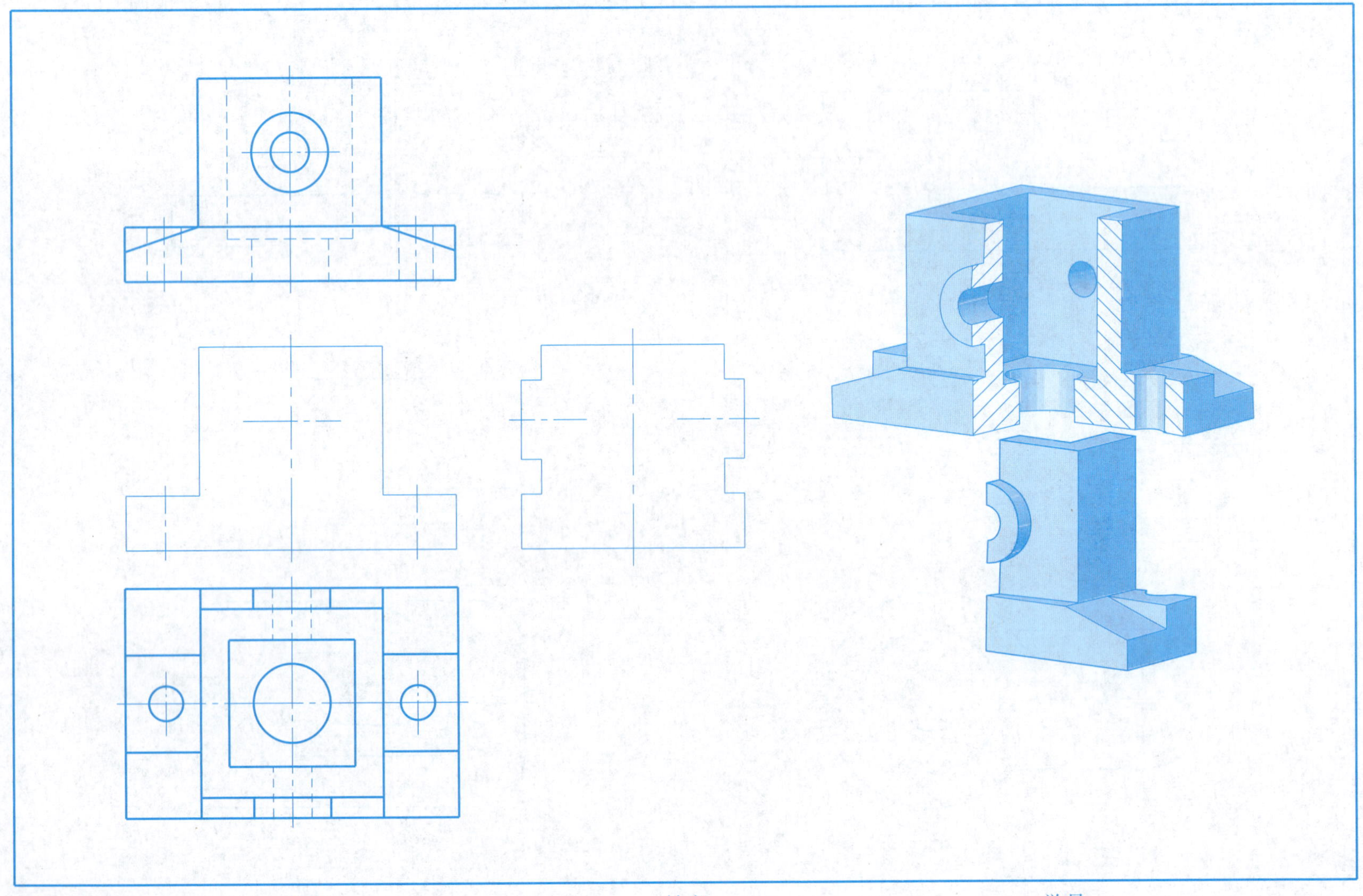

班级　　　　　　　　　　　　　　姓名　　　　　　　　　　　　　　学号

6-10 把主视图、俯视图画成半剖视图，并补画全剖的左视图

6-11 将主视图画成半剖视图，并将左视图画成全剖视图

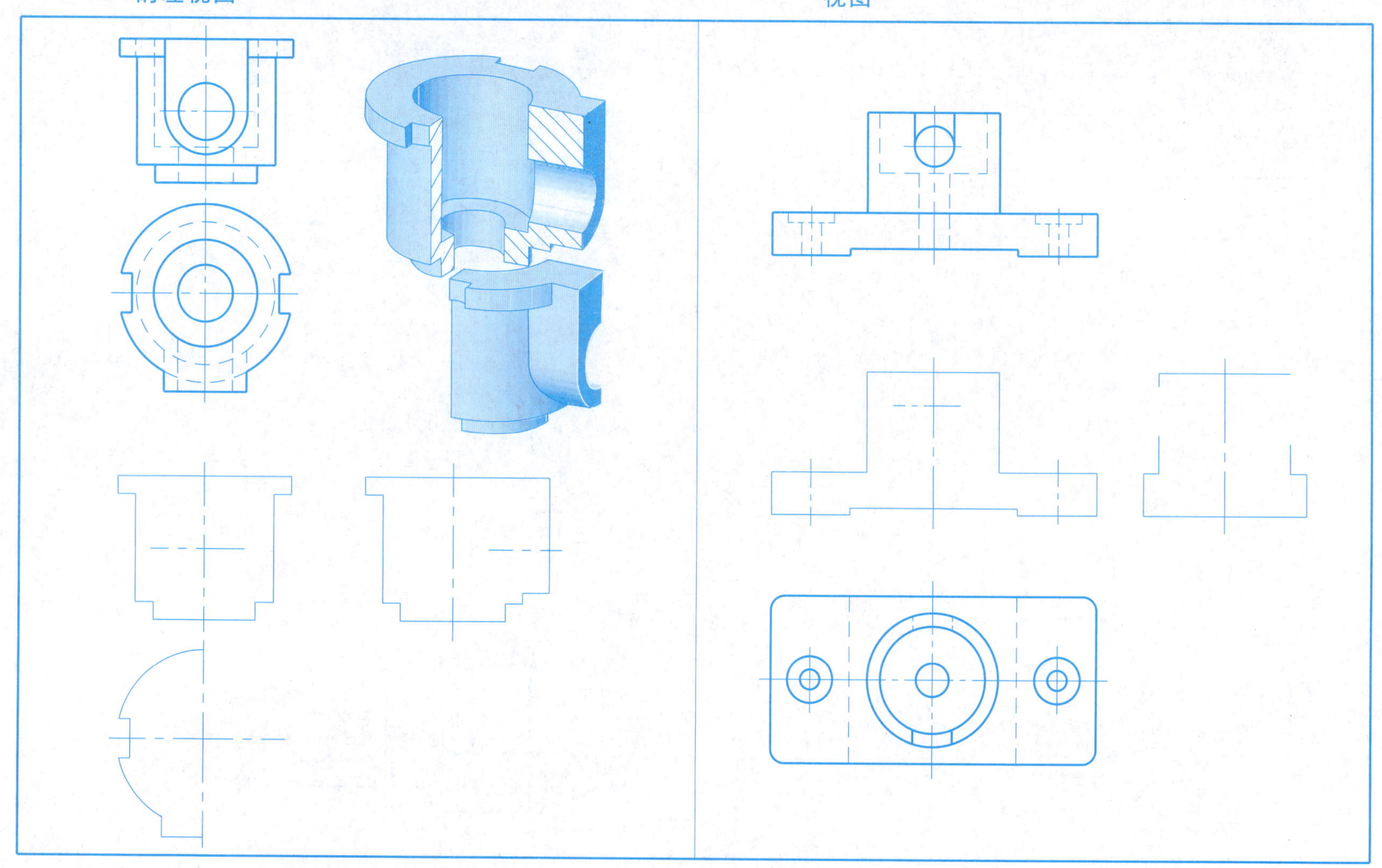

班级　　　　姓名　　　　学号

6－12　画出半剖的左剖视图，并将主视图改画成全剖视图

6－13　将主视图画成半剖视图，并补画出全剖的左视图

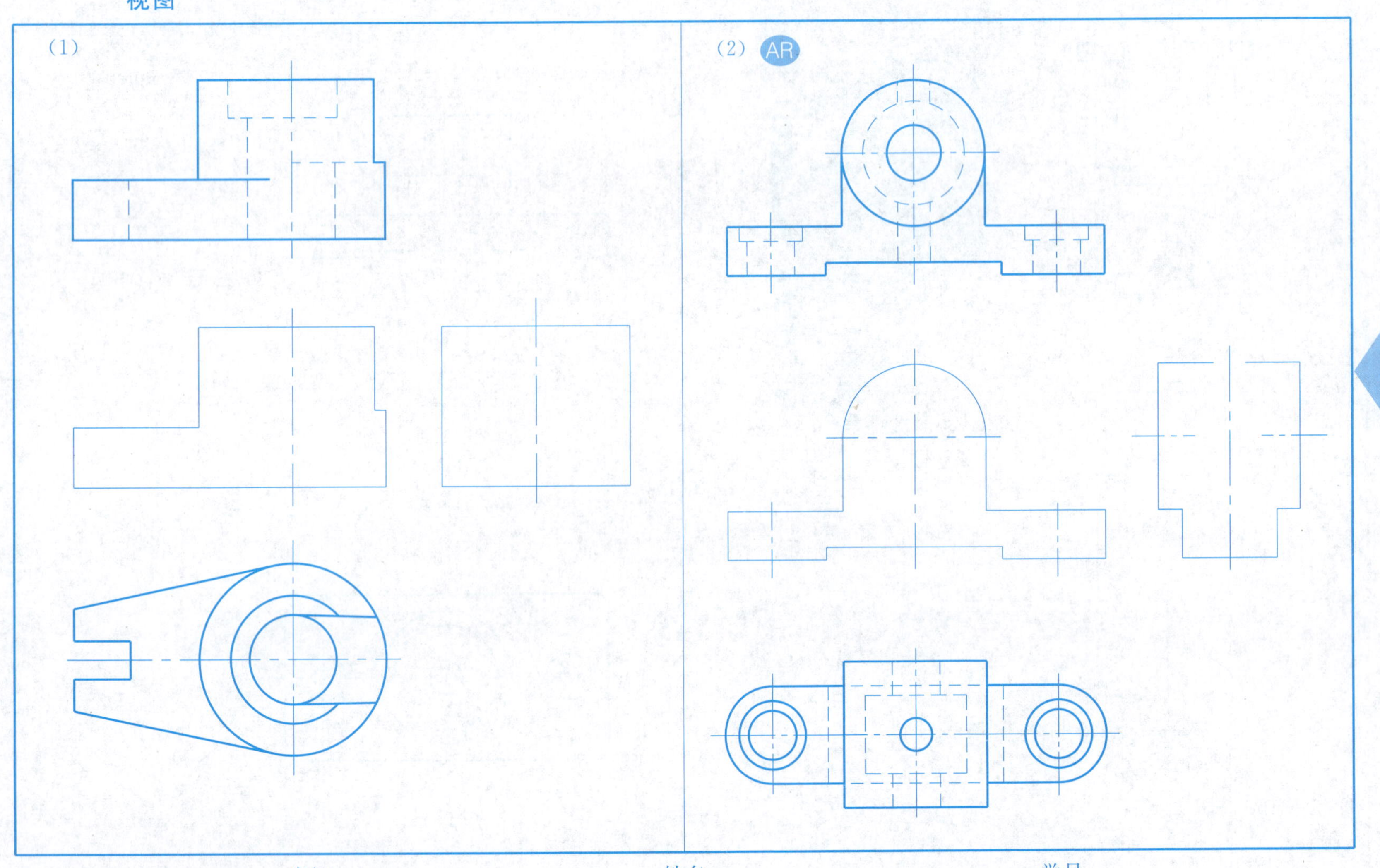

班级　　　　姓名　　　　学号

6－14　将主、左视图改画成局部剖视图

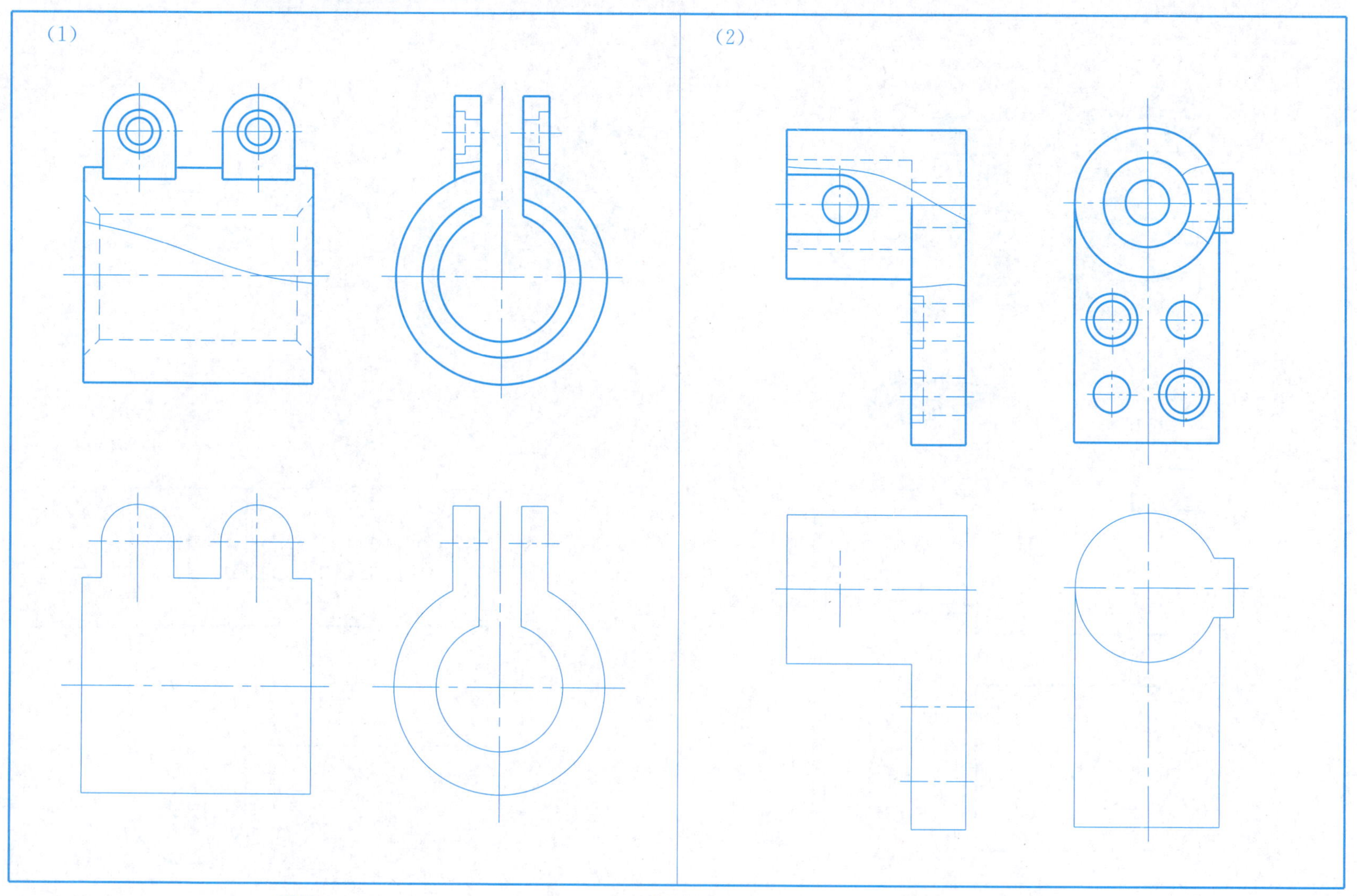

班级　　　　姓名　　　　学号

6-15 将已知视图改画成局部剖视图

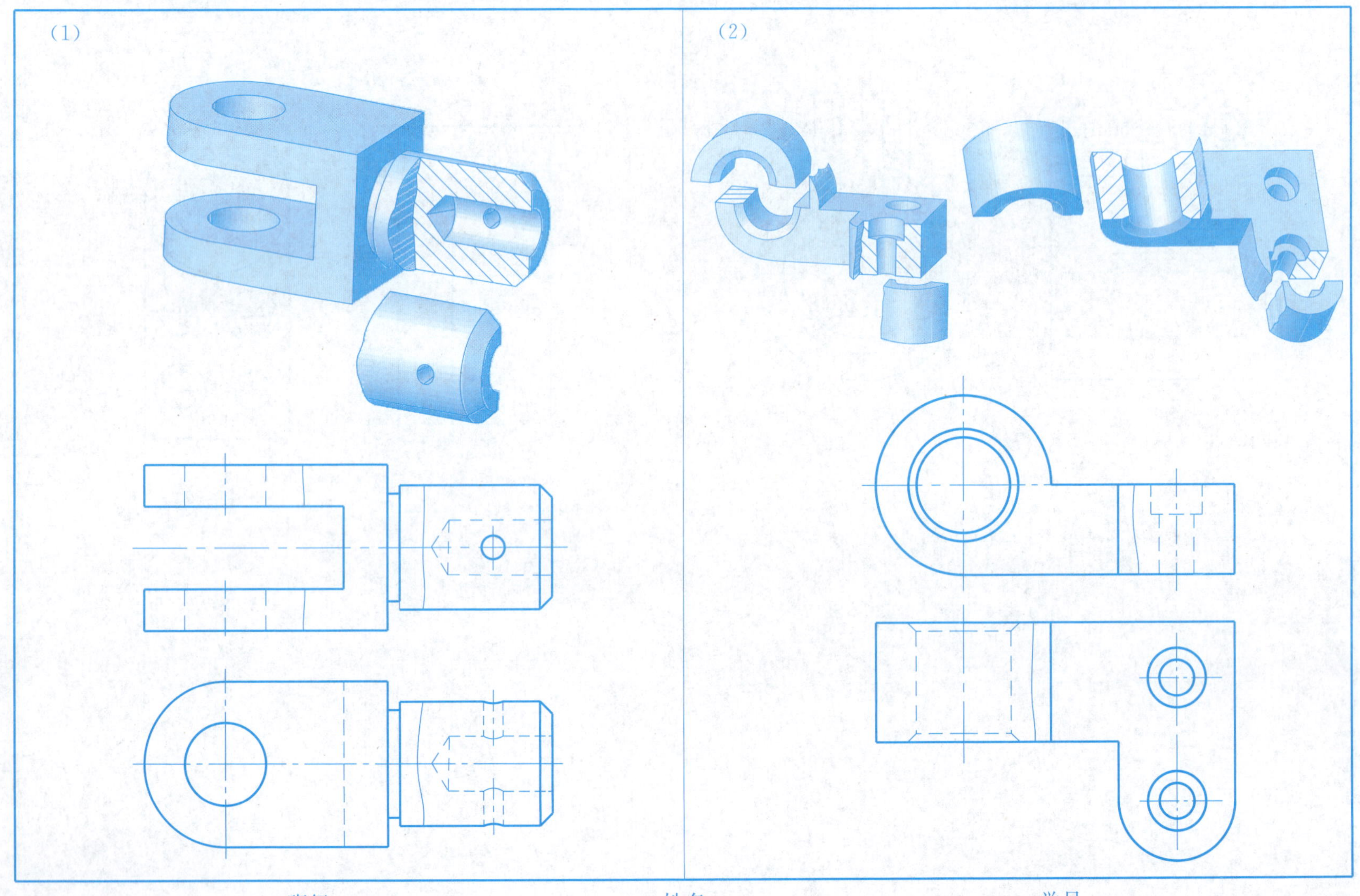

班级　　　　姓名　　　　学号

6-16 画出 A—A 斜剖视图

(1) AR

A—A

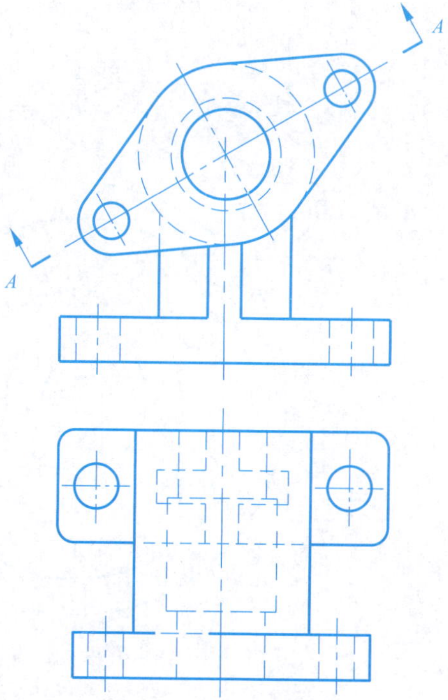

A

A

(2)

A—A

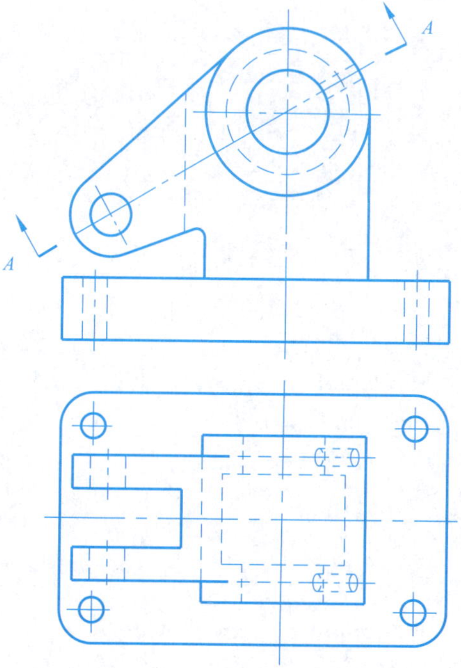

A

A

AR资源

班级　　　　姓名　　　　学号

6-17 用两相交的剖切面将视图改画成旋转剖视图，并标注

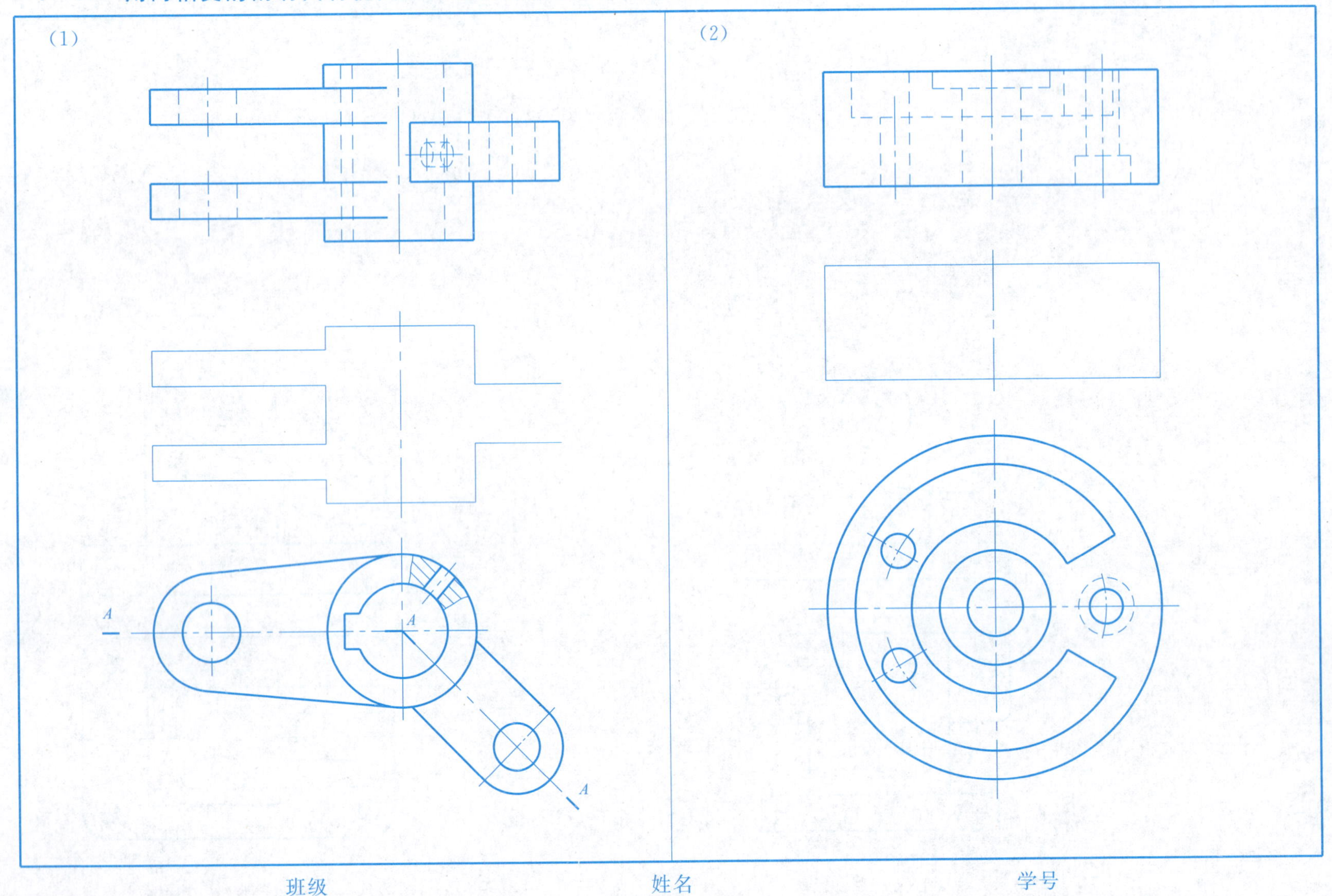

班级 姓名 学号

6-18 找出并改正下列阶梯剖视图中错误的标注及画法

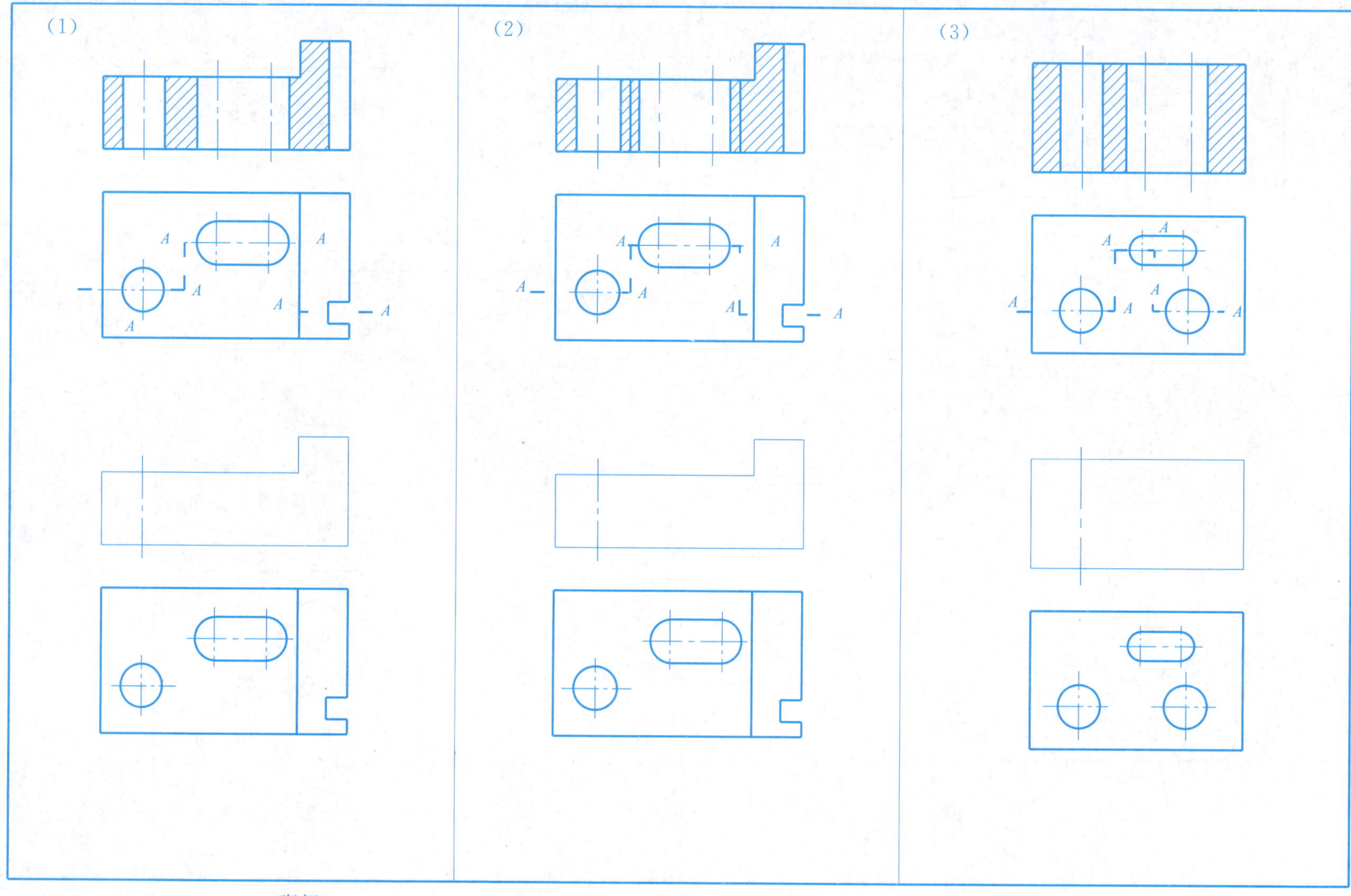

班级　　　　姓名　　　　学号

6-19 将主视图画成阶梯剖视图，并标注

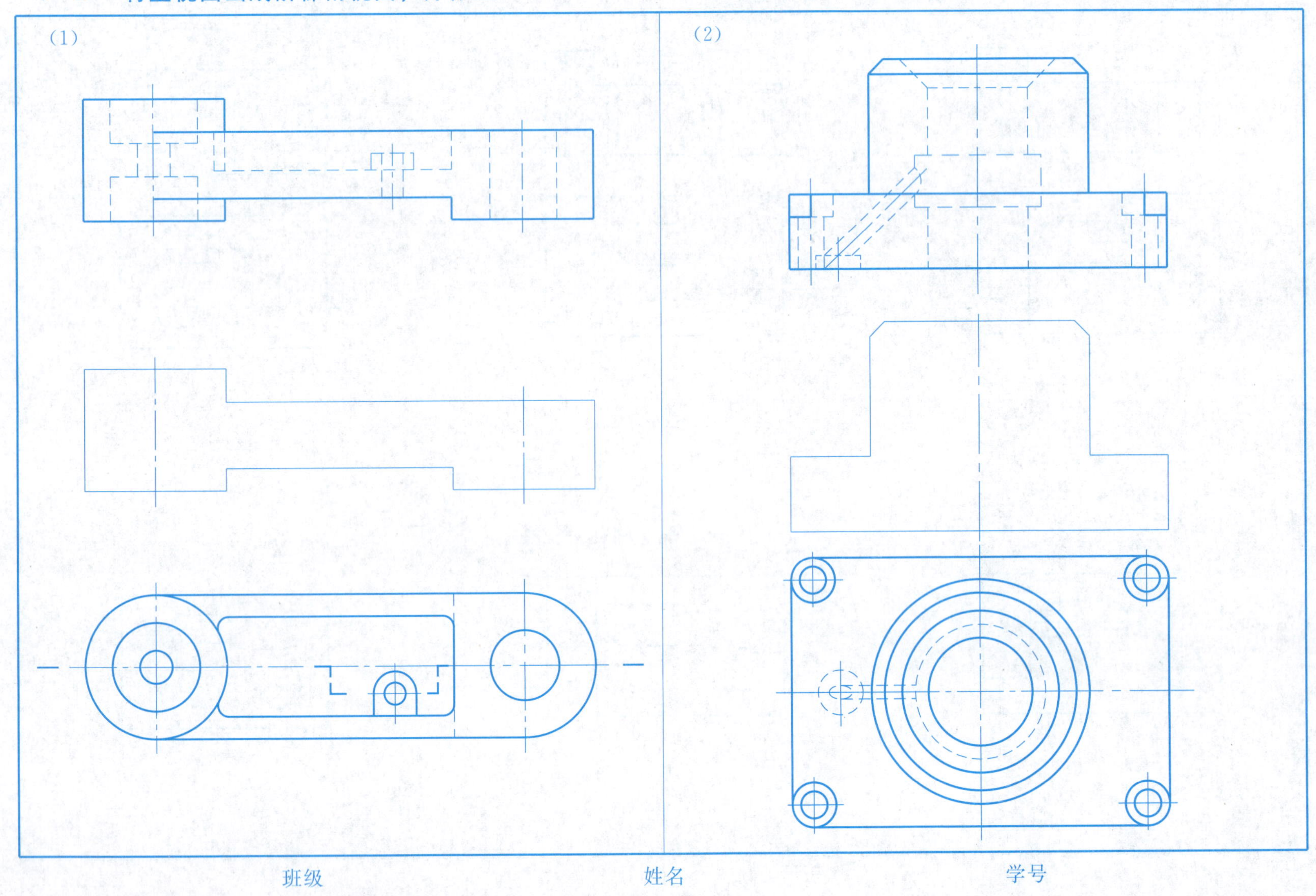

班级　　姓名　　学号

6-20 用复合剖将主视图画成全剖视图

6-21 补画左视图，将主视图画成半剖视图

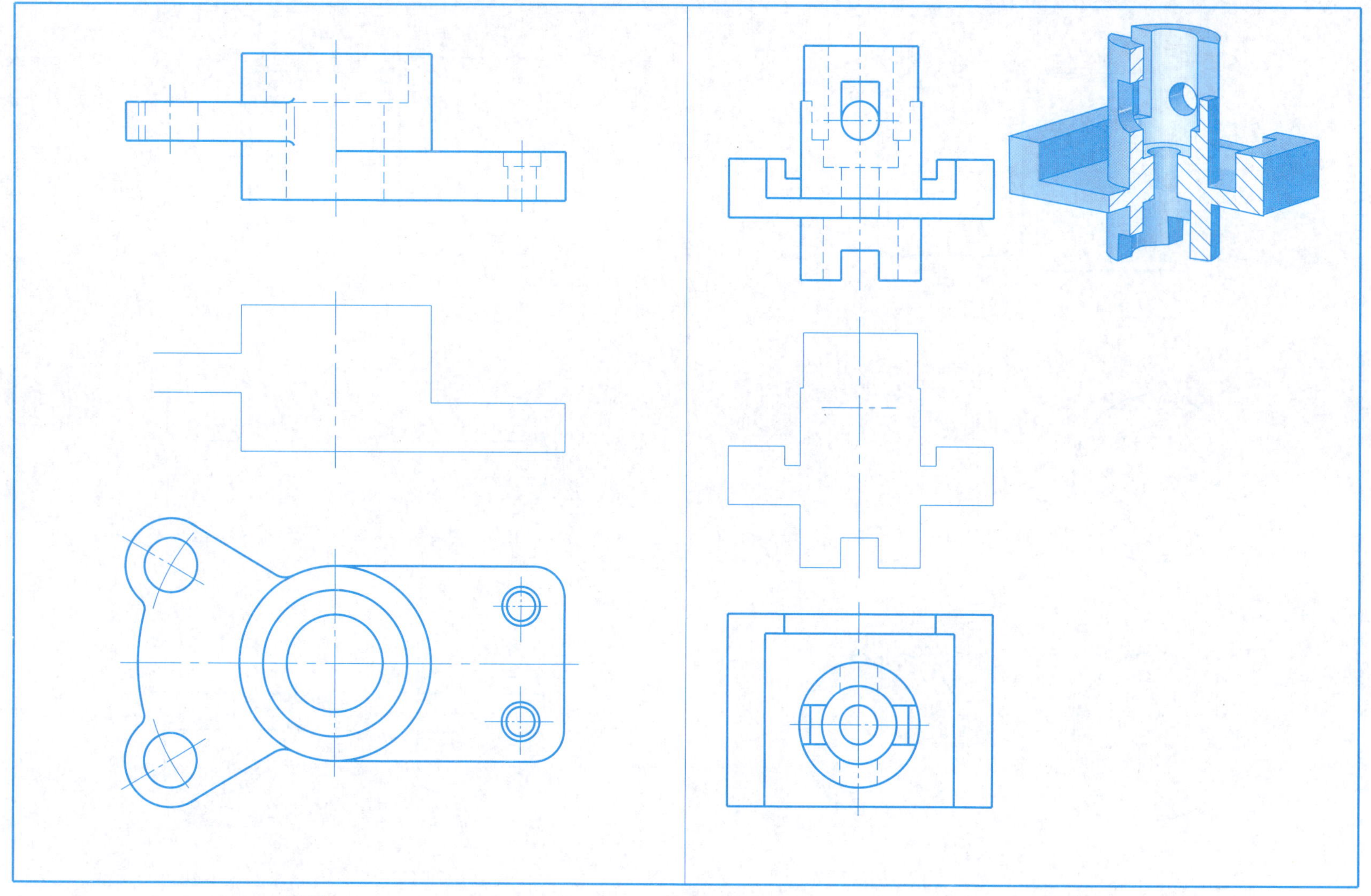

班级　　　　姓名　　　　学号

6-22 找出正确的断面图形

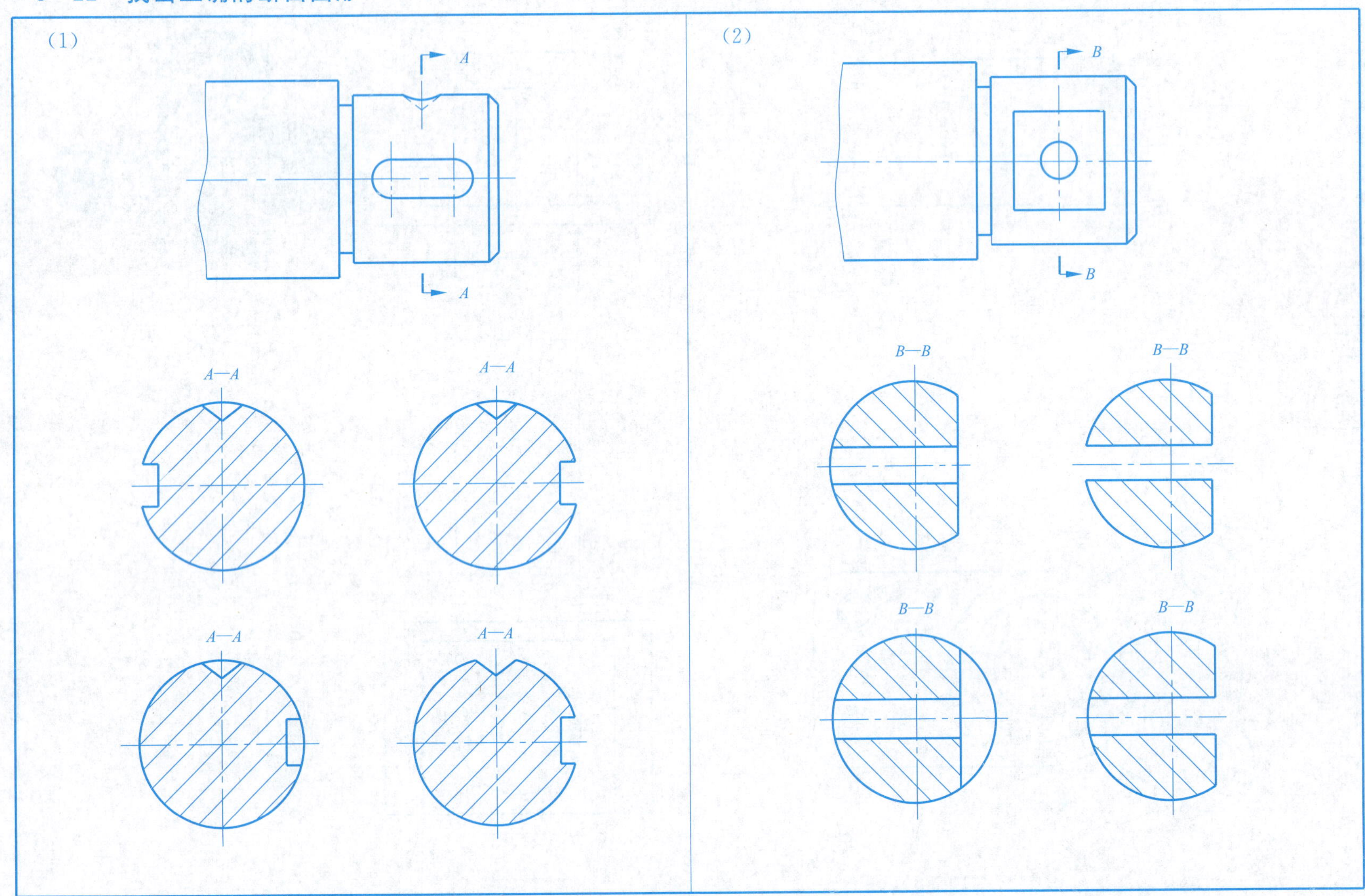

班级 姓名 学号

6－23 在指定位置作断面图，并画出局部放大图（比例 2∶1）

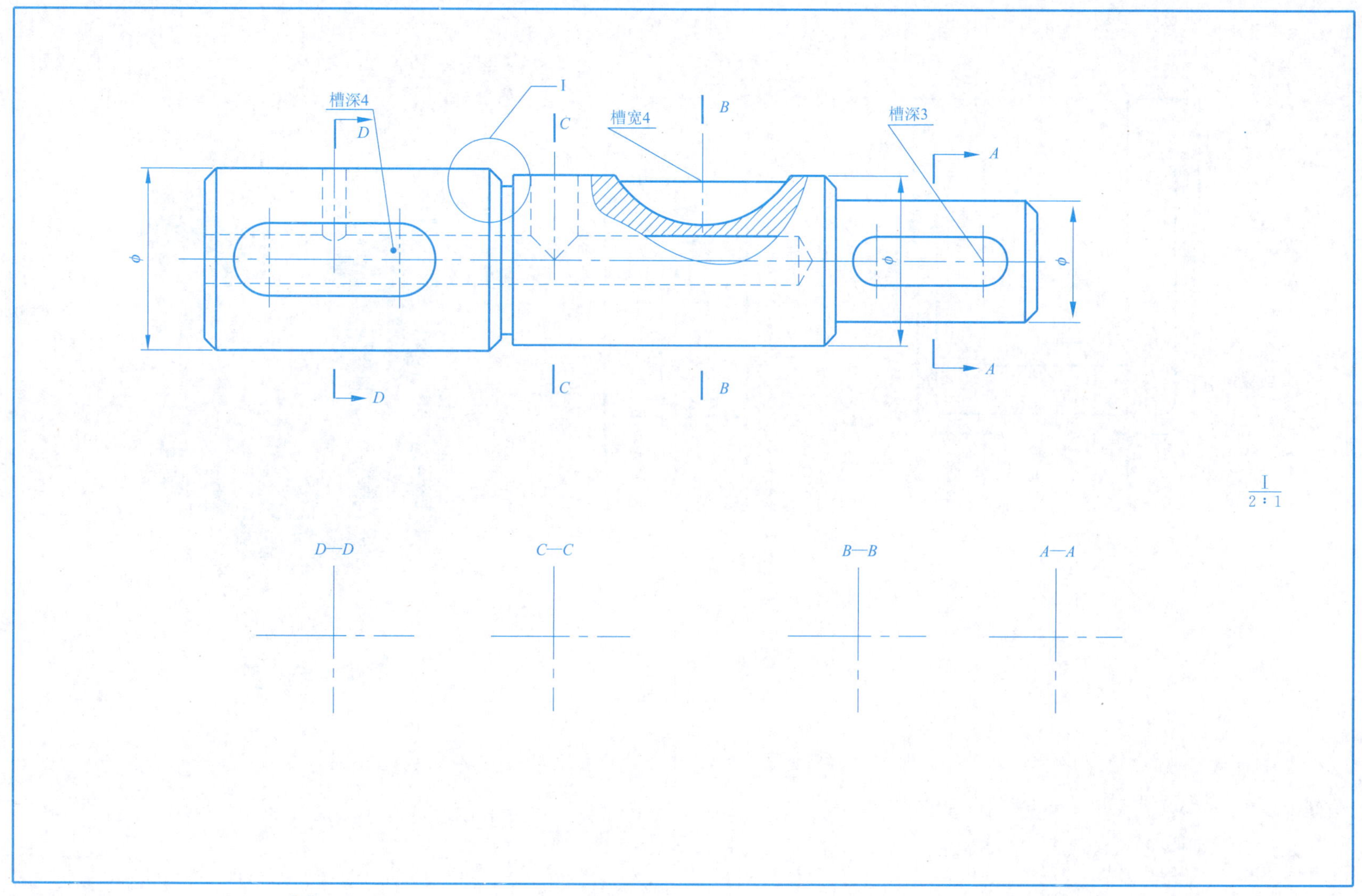

班级 姓名 学号

6-24　画出指定位置的移出断面图

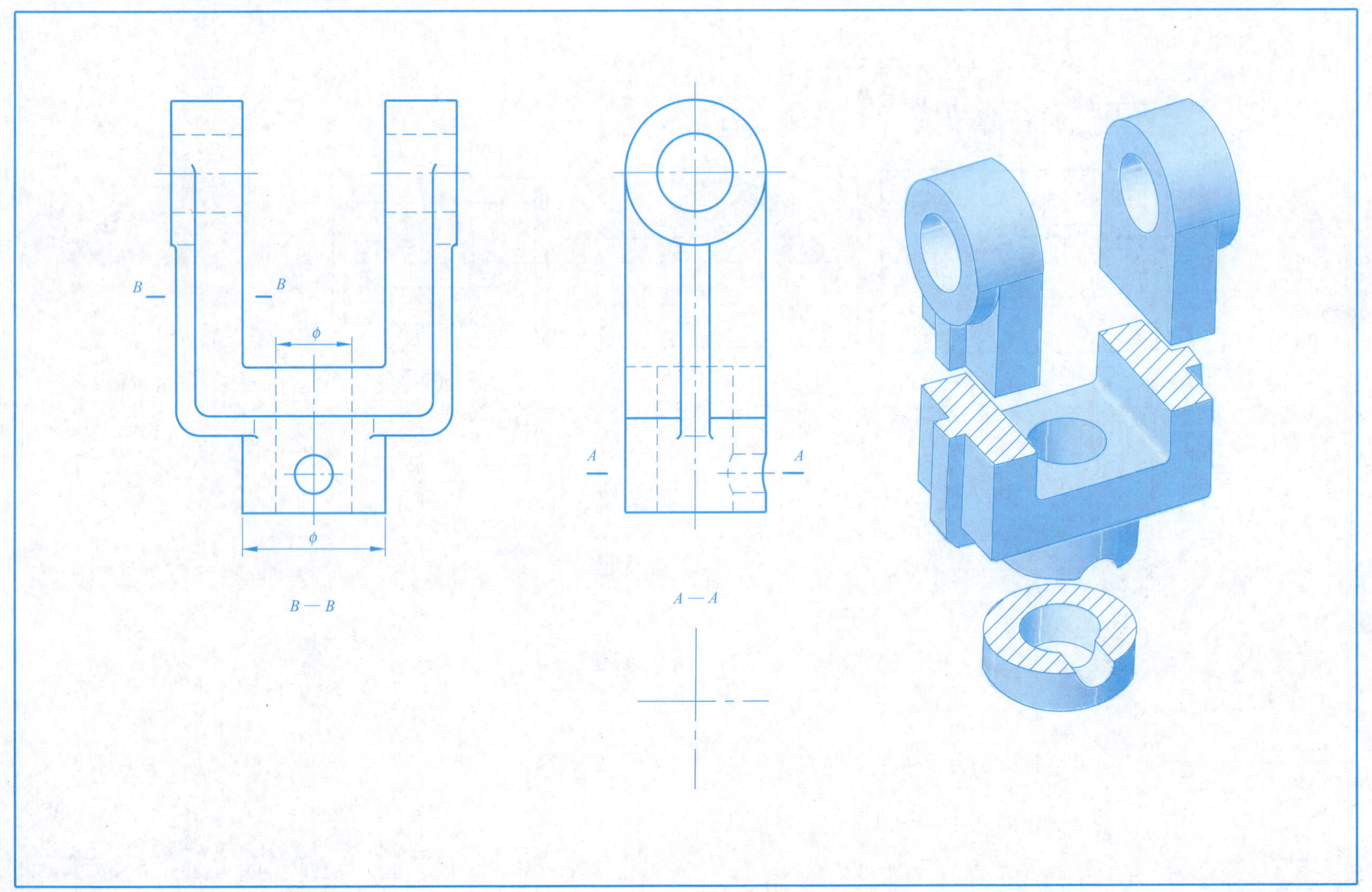

班级　　　　　　　　　姓名　　　　　　　　　学号

6-25 画断面图

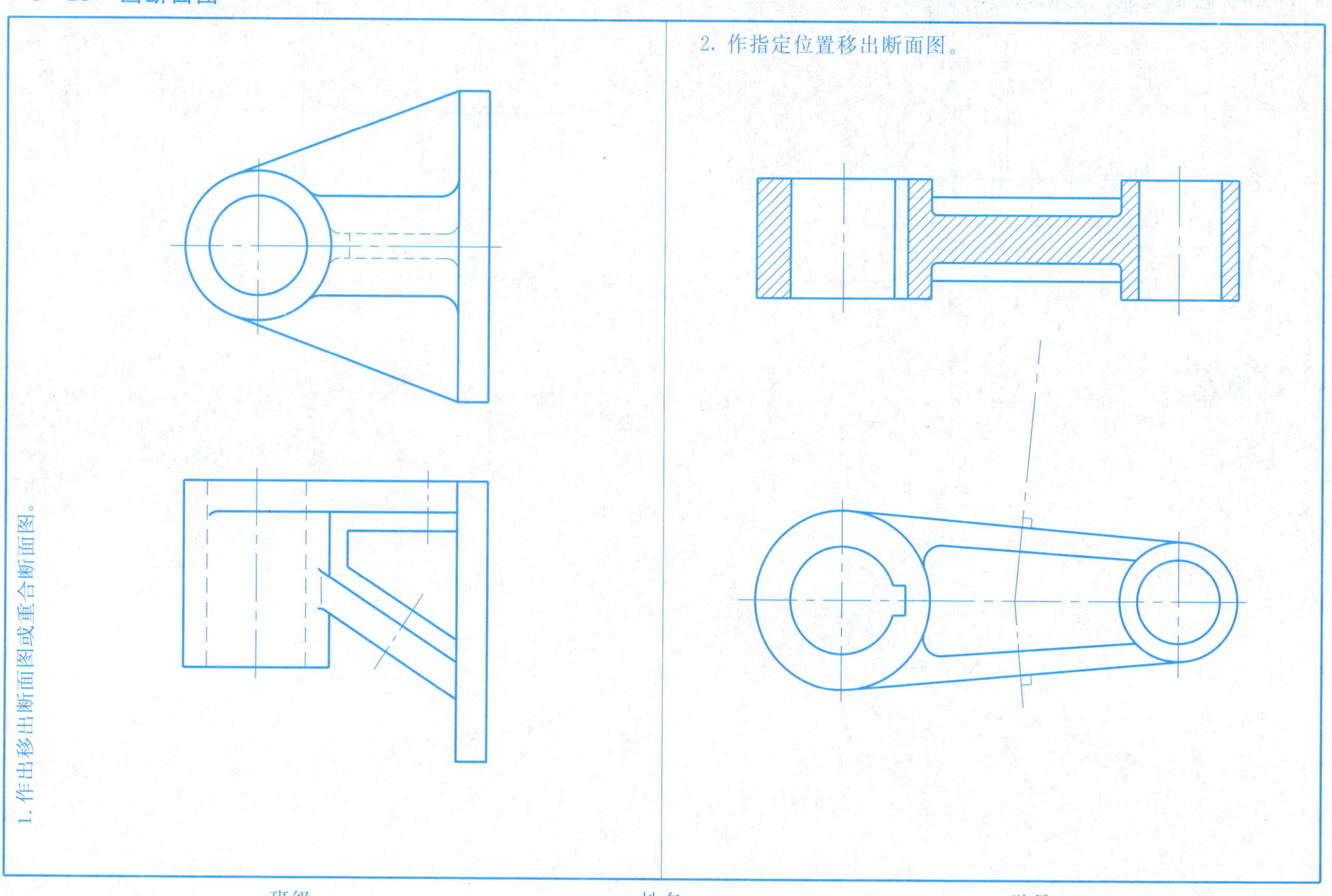

班级　　　　姓名　　　　学号

6-26　按简化画法画出适当的剖视图

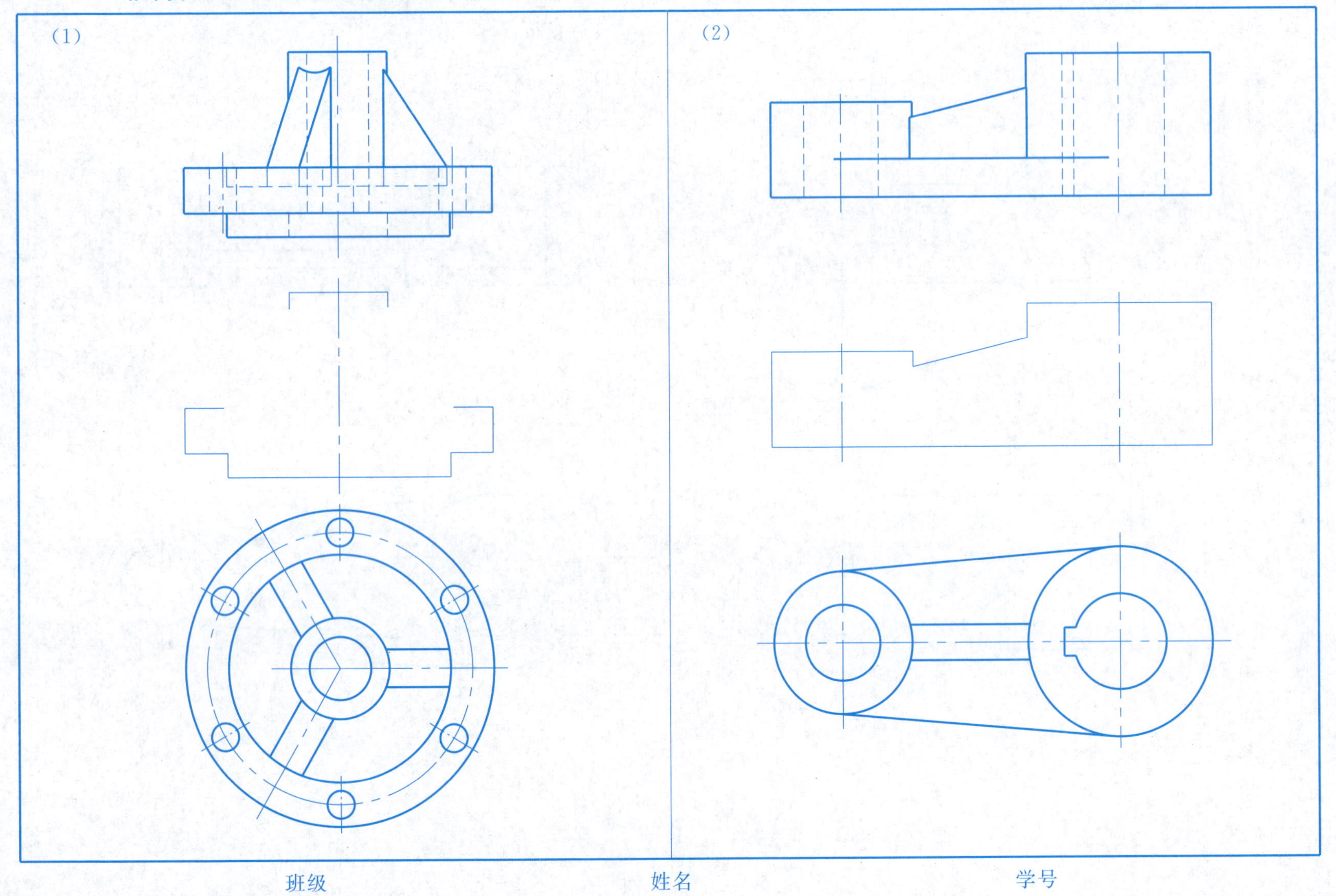

班级　　　　　　　　姓名　　　　　　　　学号

6-27　根据所给轴测图，选择恰当的表达方案表达下列形体，并标注尺寸

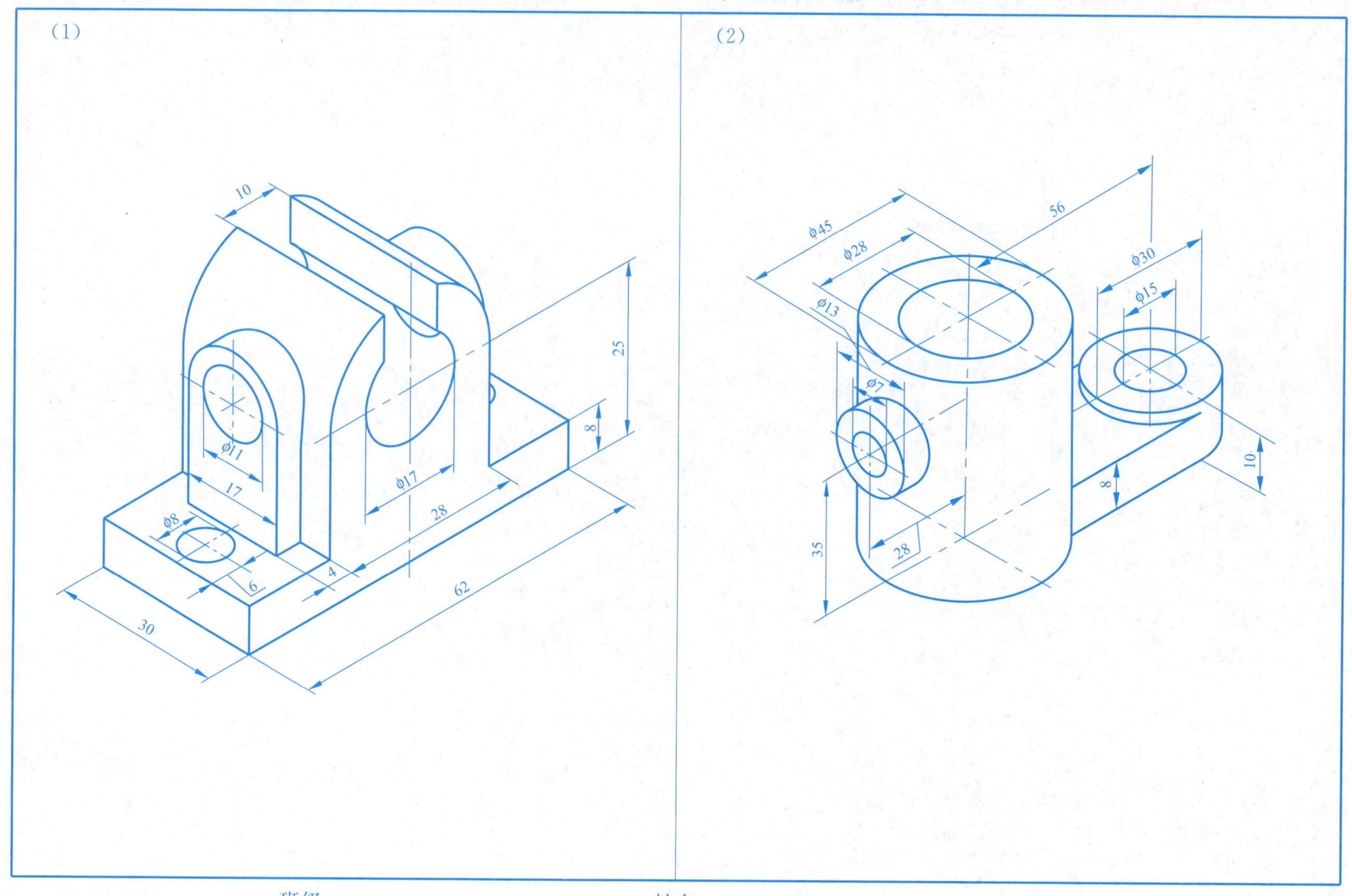

班级　　　　　　　　　　姓名　　　　　　　　　　学号

6-28 根据所给轴测图，选择适当的表达方法表达下列形体，并标注尺寸

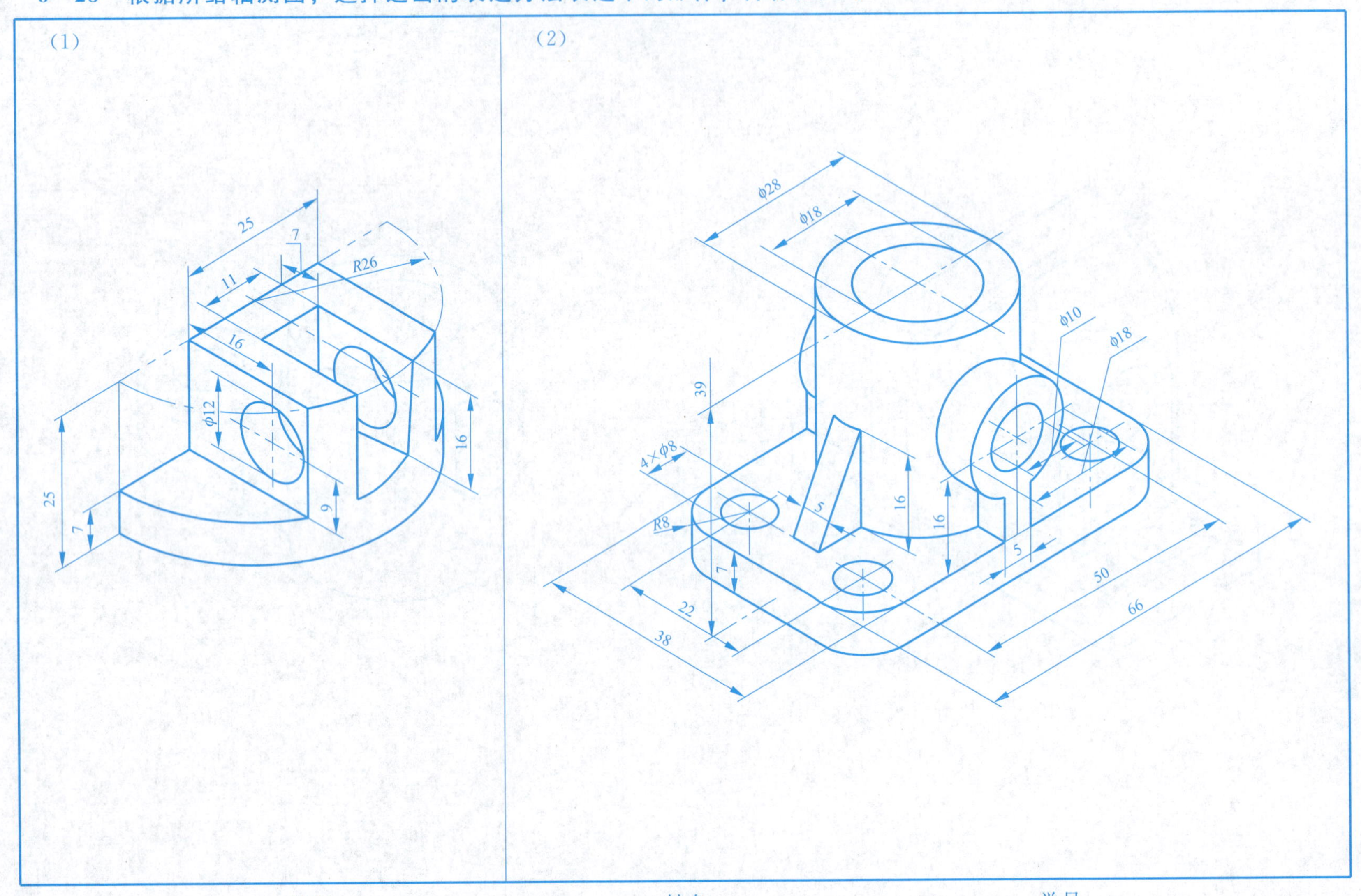

班级　　　　姓名　　　　学号

6－29　根据所给视图读懂形体，选用恰当的剖视图和其他表达方法表达该形体，并标注尺寸

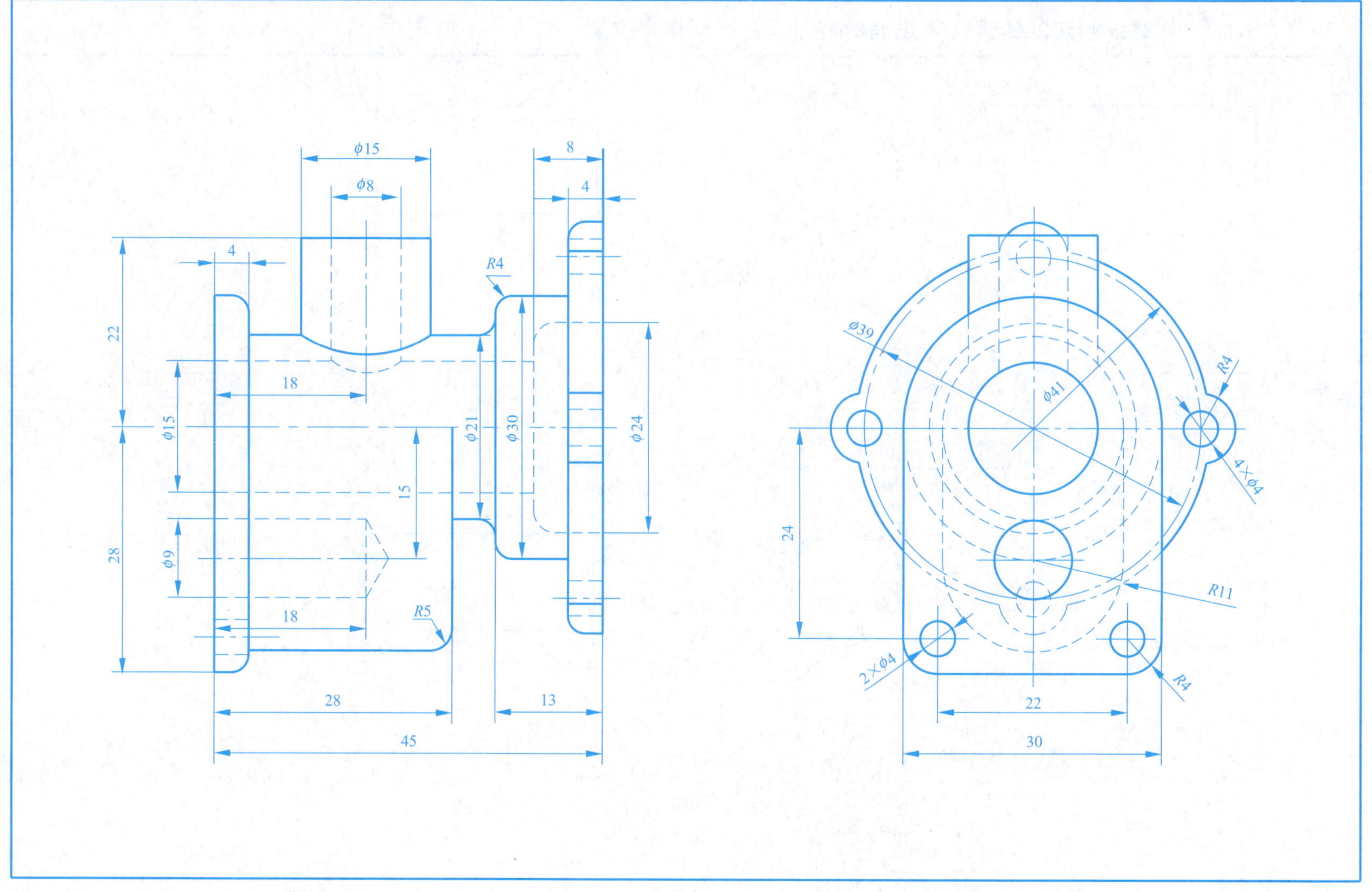

班级　　　　姓名　　　　学号

第七章　标准件与常用件

7-1　分析下列螺纹画法的错误，将正确的图形画在下面指定位置

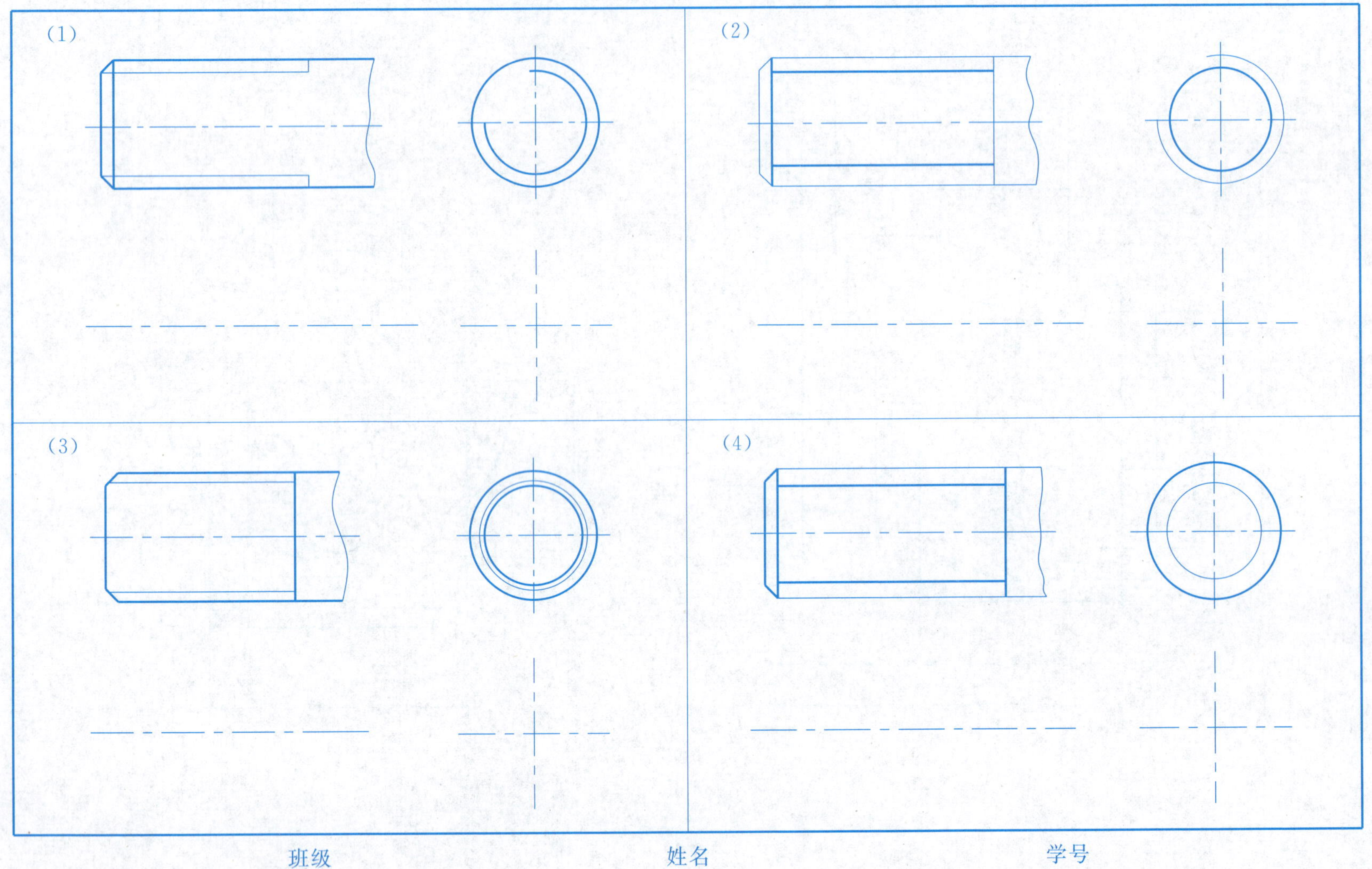

班级　　　　姓名　　　　学号

续 7-1　分析下列螺纹画法的错误，将正确的图形画在下面指定位置

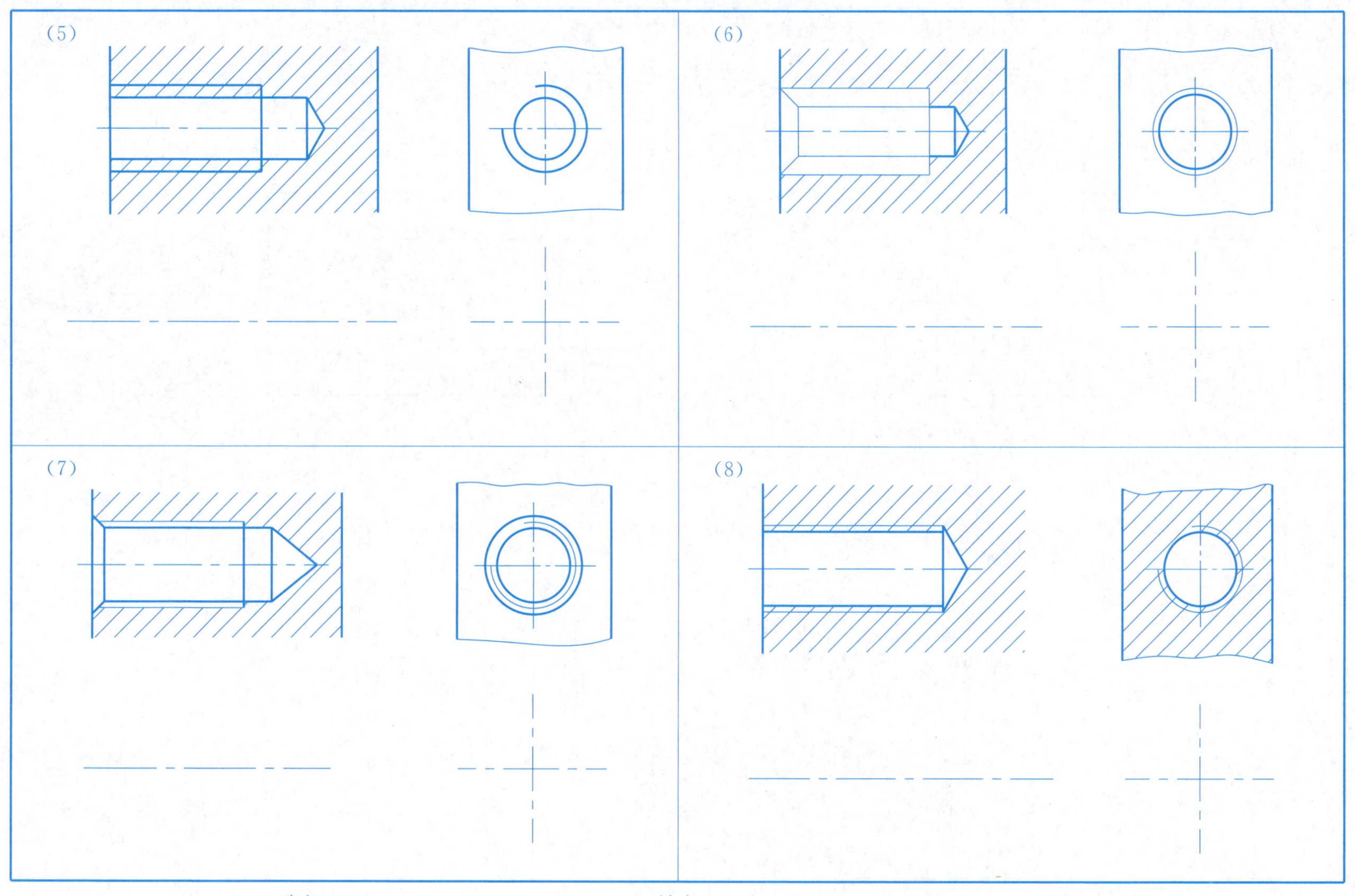

班级　　　　　　　　　　　　　　姓名　　　　　　　　　　　　　　学号

7－2　找出螺纹连接画法中的错误，并将正确的图形画在下面指定位置

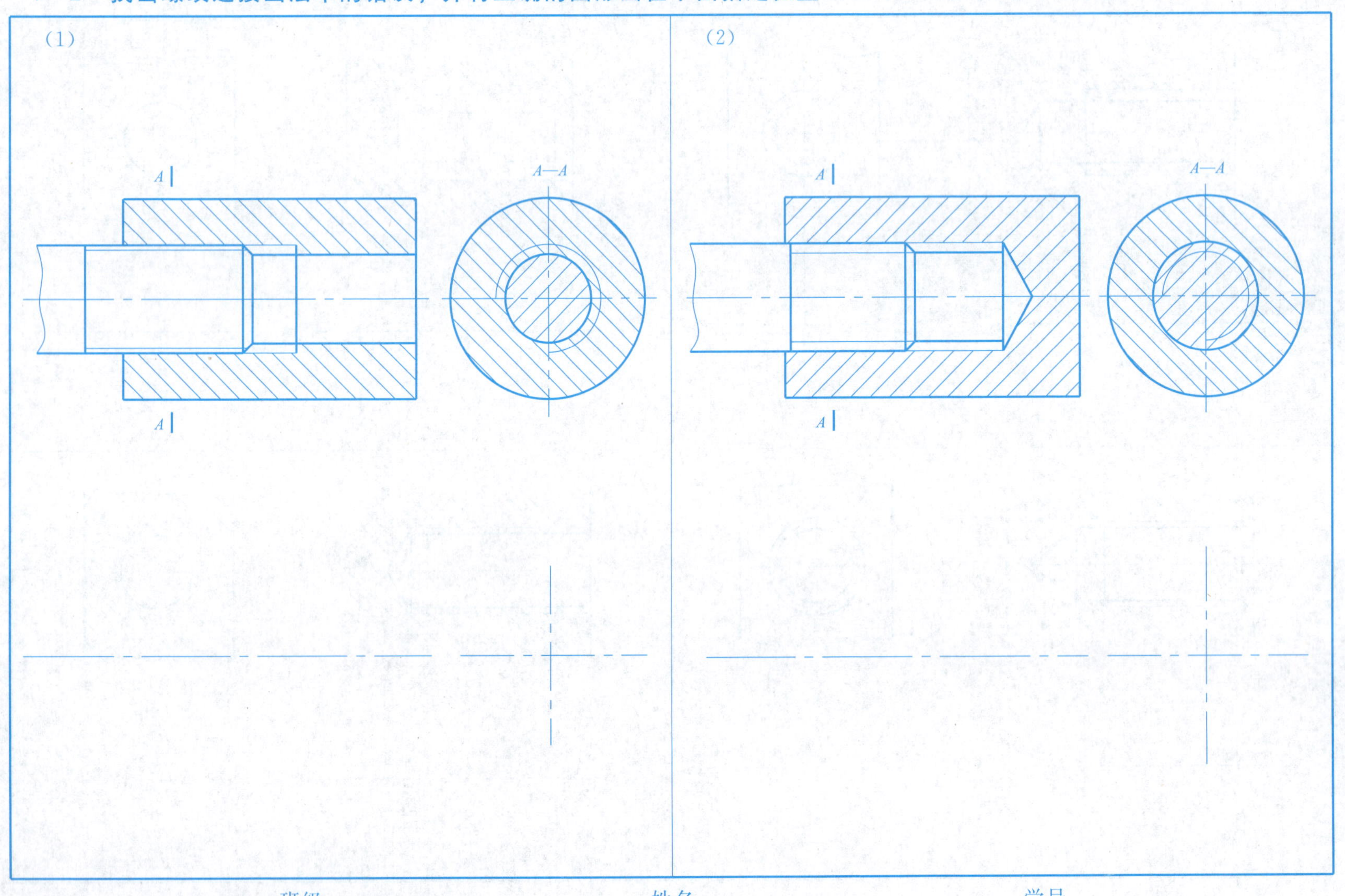

班级　　　　　　　　　　　　　姓名　　　　　　　　　　　　　学号

7-3 螺纹

1. 指出下列代号的含义，并按要求填入下表（有的项目需查表确定）。

项目 / 代号	螺纹种类	内、外螺纹	大径	小径	导程	螺距	线数	旋向	公差带代号		旋合长度
									中径	顶径	
M24-6g-s											
M20×1.5-6h											
M16-6H-L											
$G\frac{3}{4}$-LH											
Tr40×Pn14(P7)-8H											

2. 按给定尺寸，在下图中画出螺纹（比例1∶1）。

（1）外螺纹，M20，螺纹长度25 mm，头部倒角C2。

（2）内螺纹，M16，孔深30 mm，螺孔深25 mm，孔口倒角C1.5。

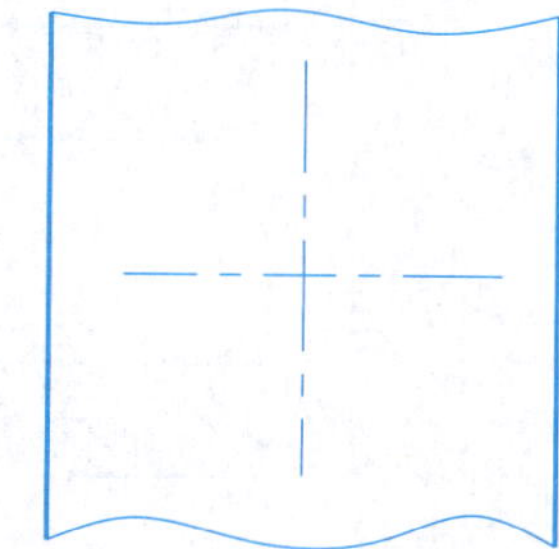

班级　　　　　　姓名　　　　　　学号

7-4　根据给出的数据，在图上正确标注

1. 普通螺纹，公称直径 30 mm，螺距 3 mm，单线，中径、顶径公差带代号 6g，右旋，中等旋合长度。

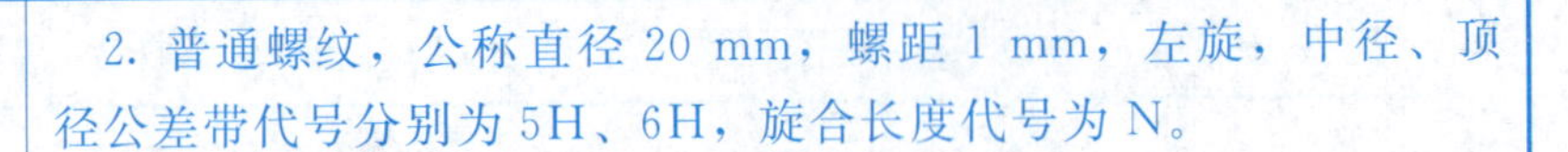

2. 普通螺纹，公称直径 20 mm，螺距 1 mm，左旋，中径、顶径公差带代号分别为 5H、6H，旋合长度代号为 N。

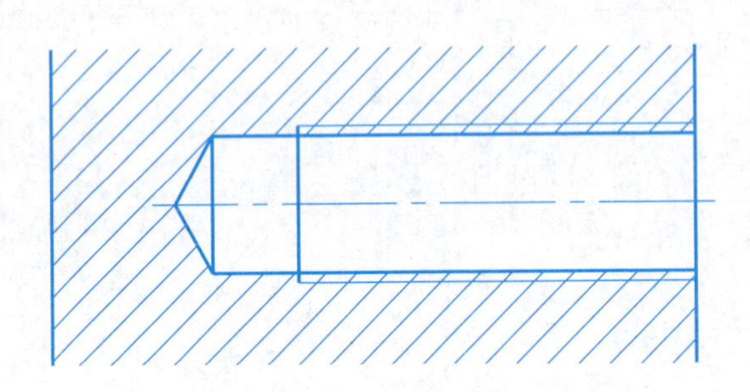

3. 非螺纹密封的管螺纹，尺寸代号为 $1\frac{1}{2}$，左旋，公差等级 A。

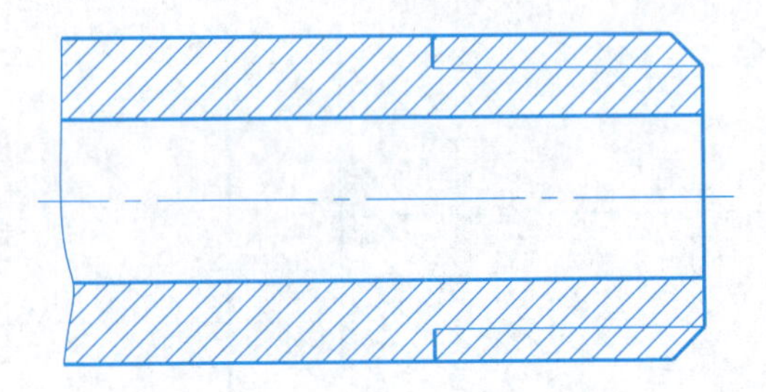

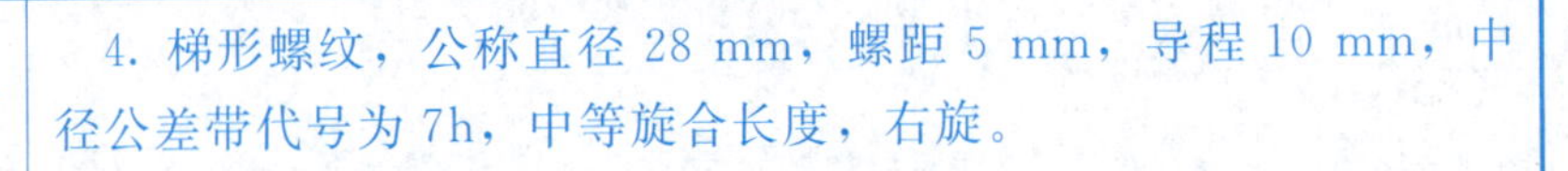

4. 梯形螺纹，公称直径 28 mm，螺距 5 mm，导程 10 mm，中径公差带代号为 7h，中等旋合长度，右旋。

班级　　　　　　　　姓名　　　　　　　　学号

7-5 查表确定下列各连接件的尺寸，并写出规定标记

1. 六角头螺栓——B级。

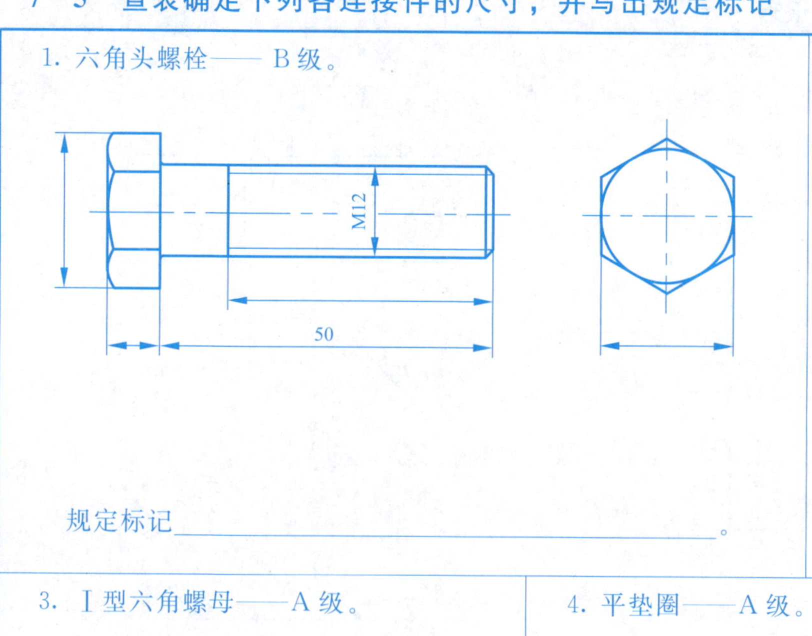

规定标记________________。

2. 双头螺柱，B型，$b_m=1.25d$。

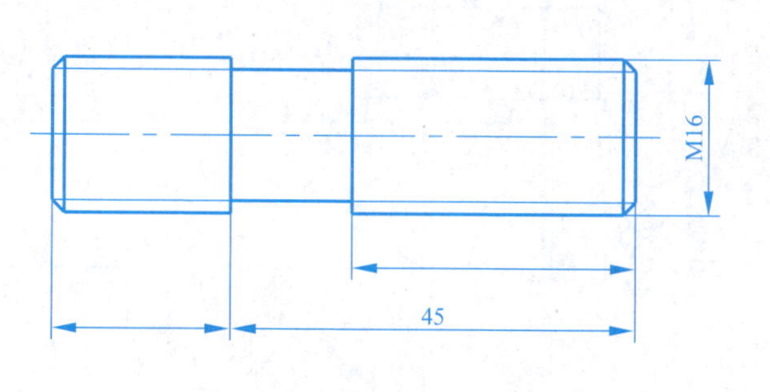

规定标记________________。

3. Ⅰ型六角螺母——A级。

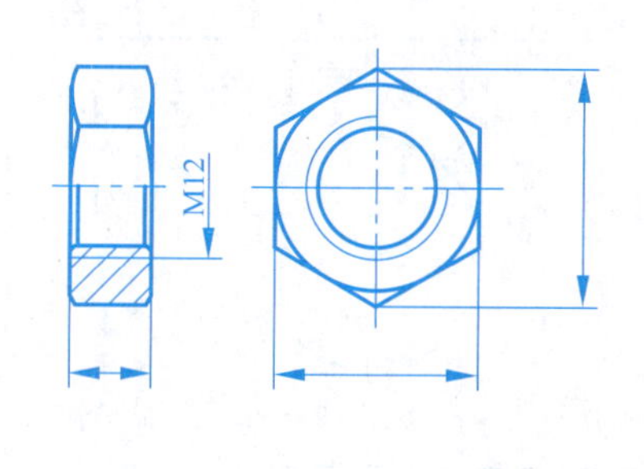

规定标记________________。

4. 平垫圈——A级。

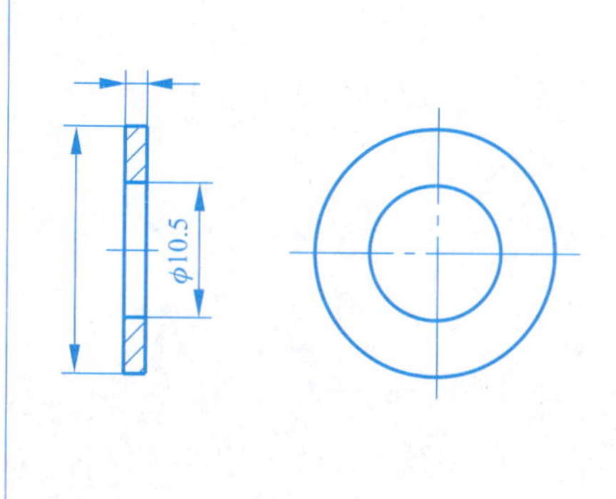

规定标记________________。

5. 开槽沉头螺钉。

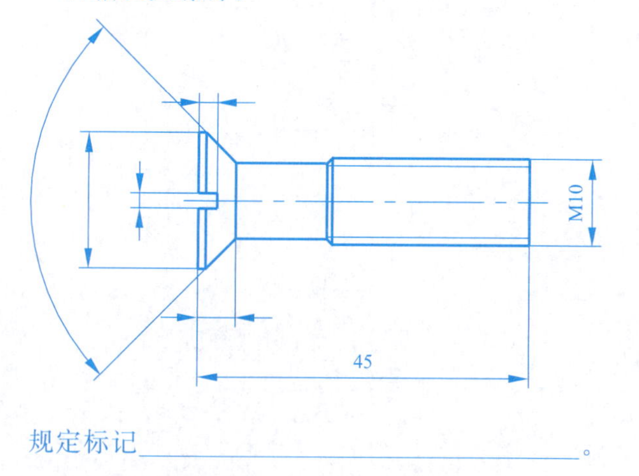

规定标记________________。

班级　　　　姓名　　　　学号

7－6　分析下面螺纹紧固件连接画法的错误，并将所缺的图线补上

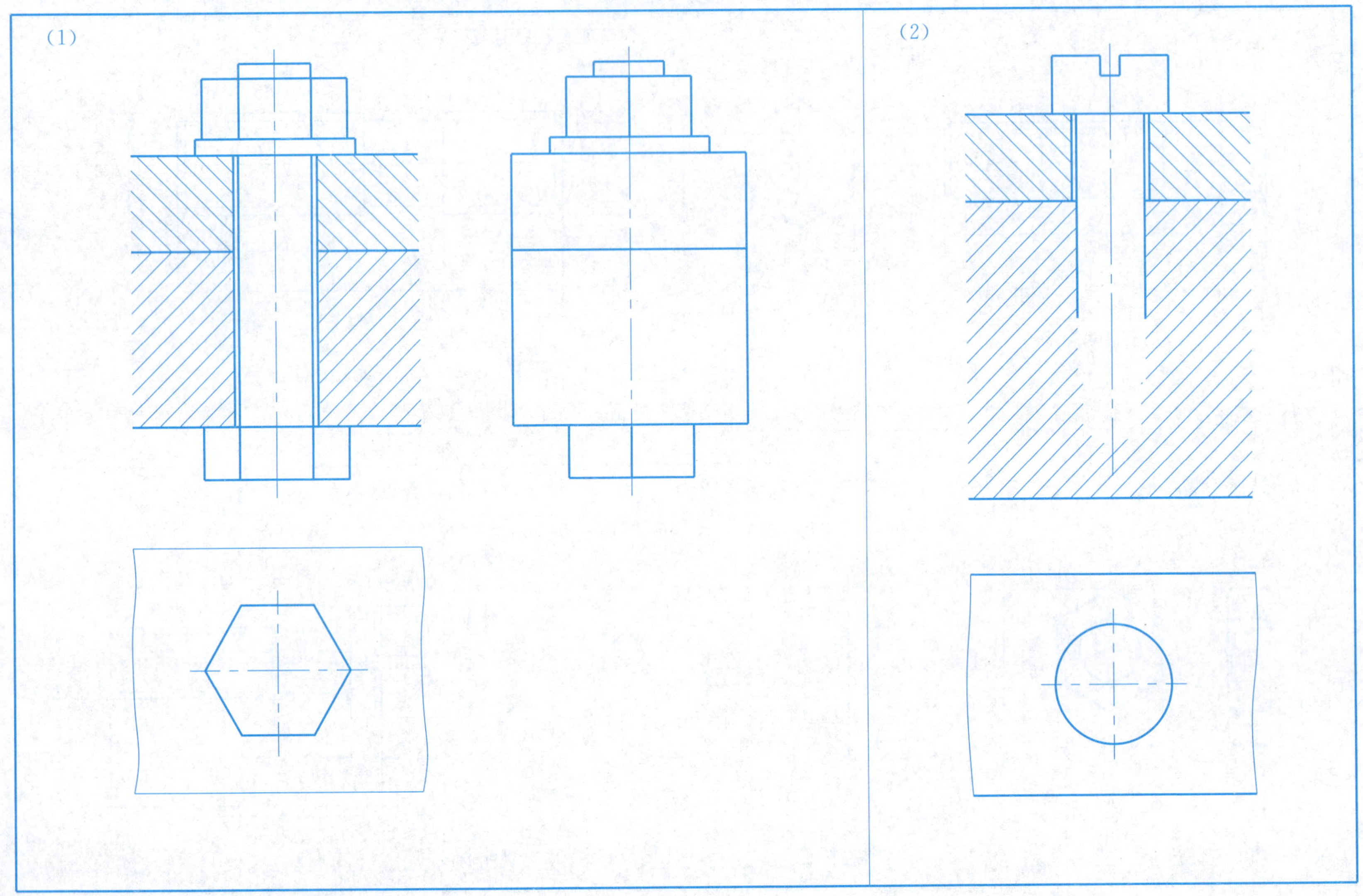

班级　　　　姓名　　　　学号

7-7 绘制螺栓连接的主、俯视图（近似画法，比例 1∶1）

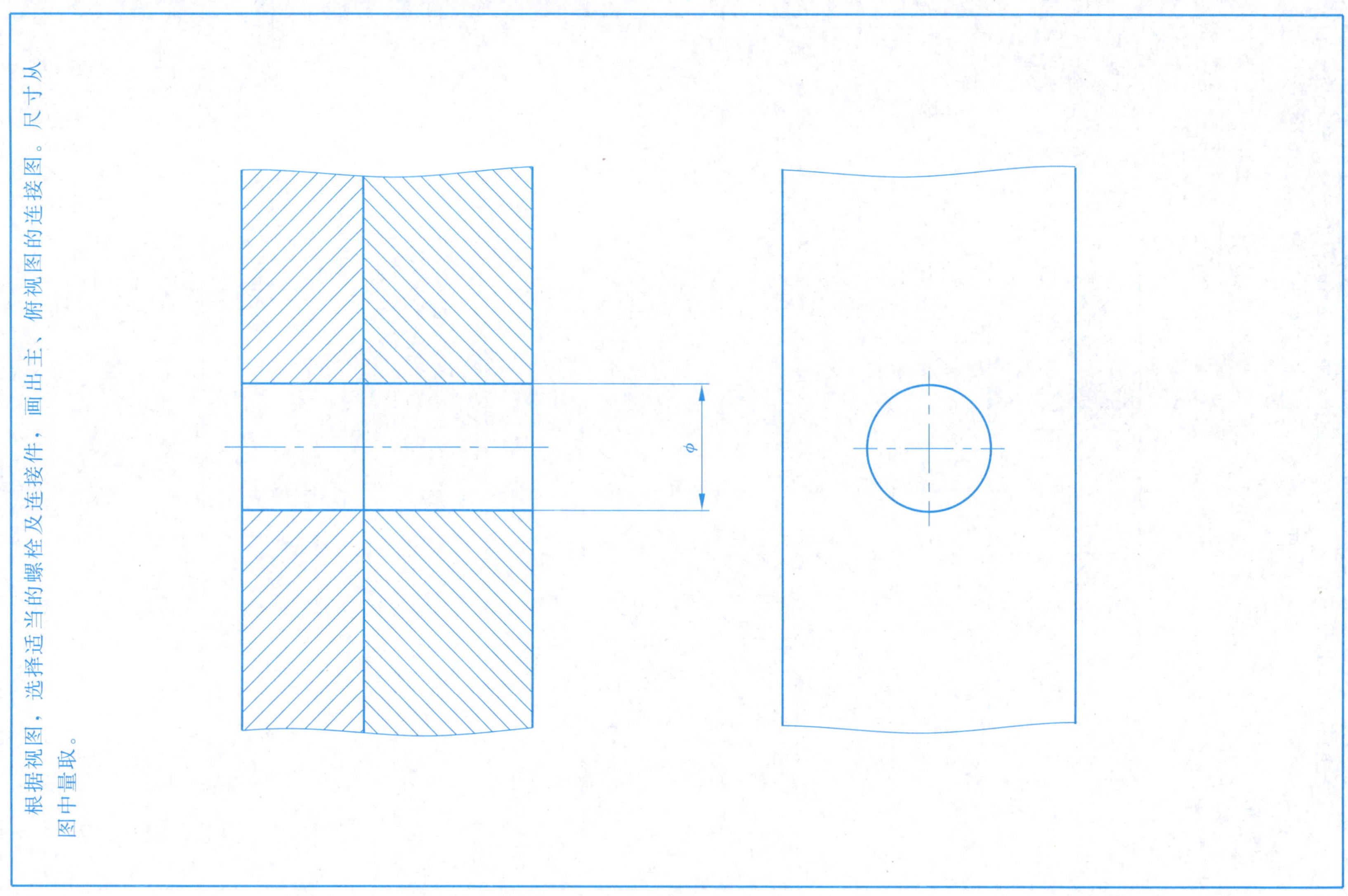

根据视图，选择适当的螺栓及连接件，画出主、俯视图的连接图。尺寸从图中量取。
φ

班级　　　　　　　　姓名　　　　　　　　学号

7-8 绘制螺柱连接的主、俯视图（近似画法，比例1∶1）

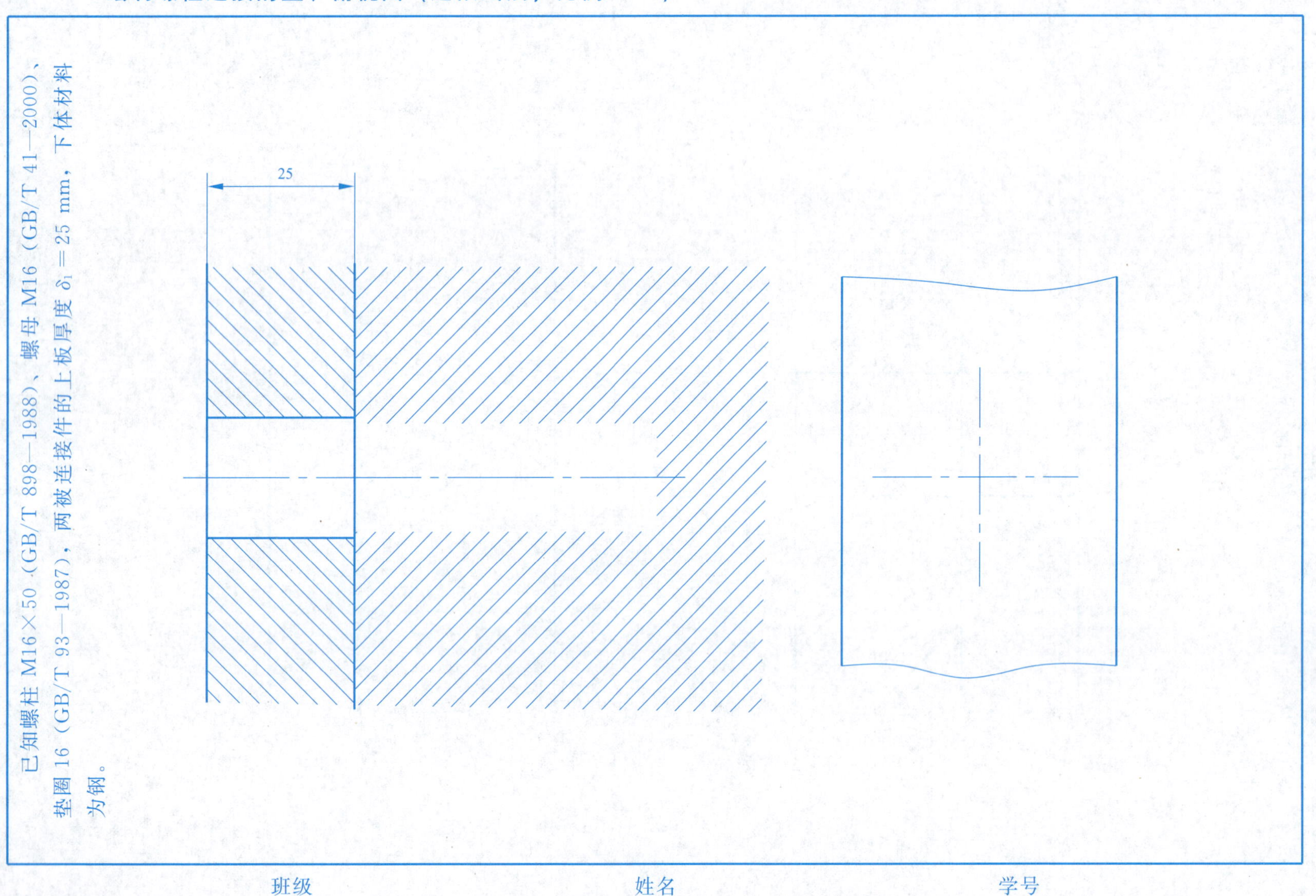
已知螺柱 M16×50（GB/T 898—1988）、螺母 M16（GB/T 41—2000）、
垫圈 16（GB/T 93—1987），两被连接件的上板厚度 δ1＝25 mm，下体材料
为钢。
25

班级　　　　姓名　　　　学号

7-9 已知直齿圆柱齿轮 $m=5$ mm，$Z=44$，齿轮端部倒角 $C2$，完成齿轮工作图（1∶2），并将尺寸填入齿轮参数表中

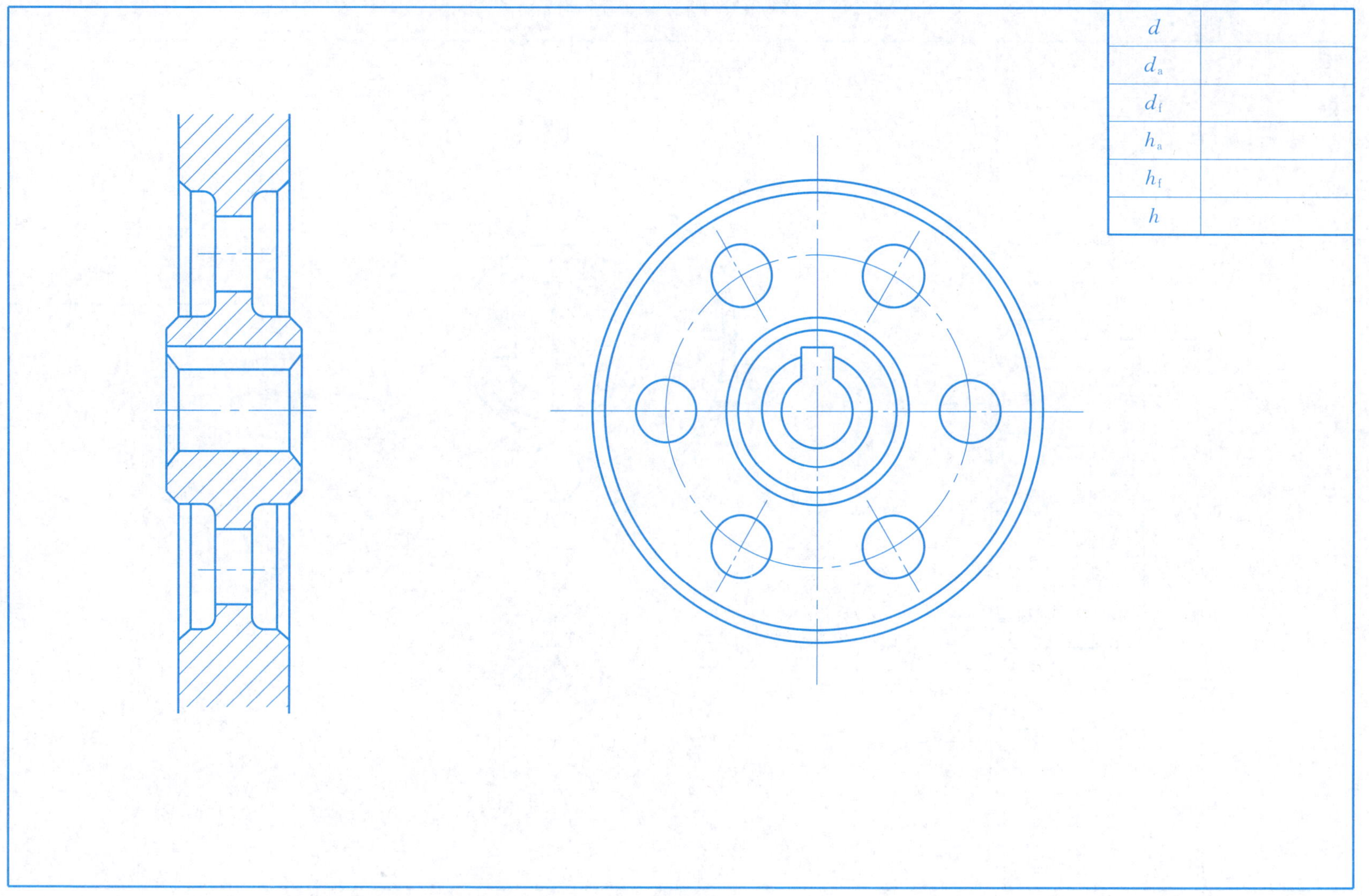

d	
d_a	
d_f	
h_a	
h_f	
h	

班级 姓名 学号

7－10 计算齿轮各部分的尺寸填入表中，并完成直齿圆柱齿轮的啮合图（比例 1∶1）。已知 $m=2$ mm，$Z_1=36$，中心距 $a=54$ mm

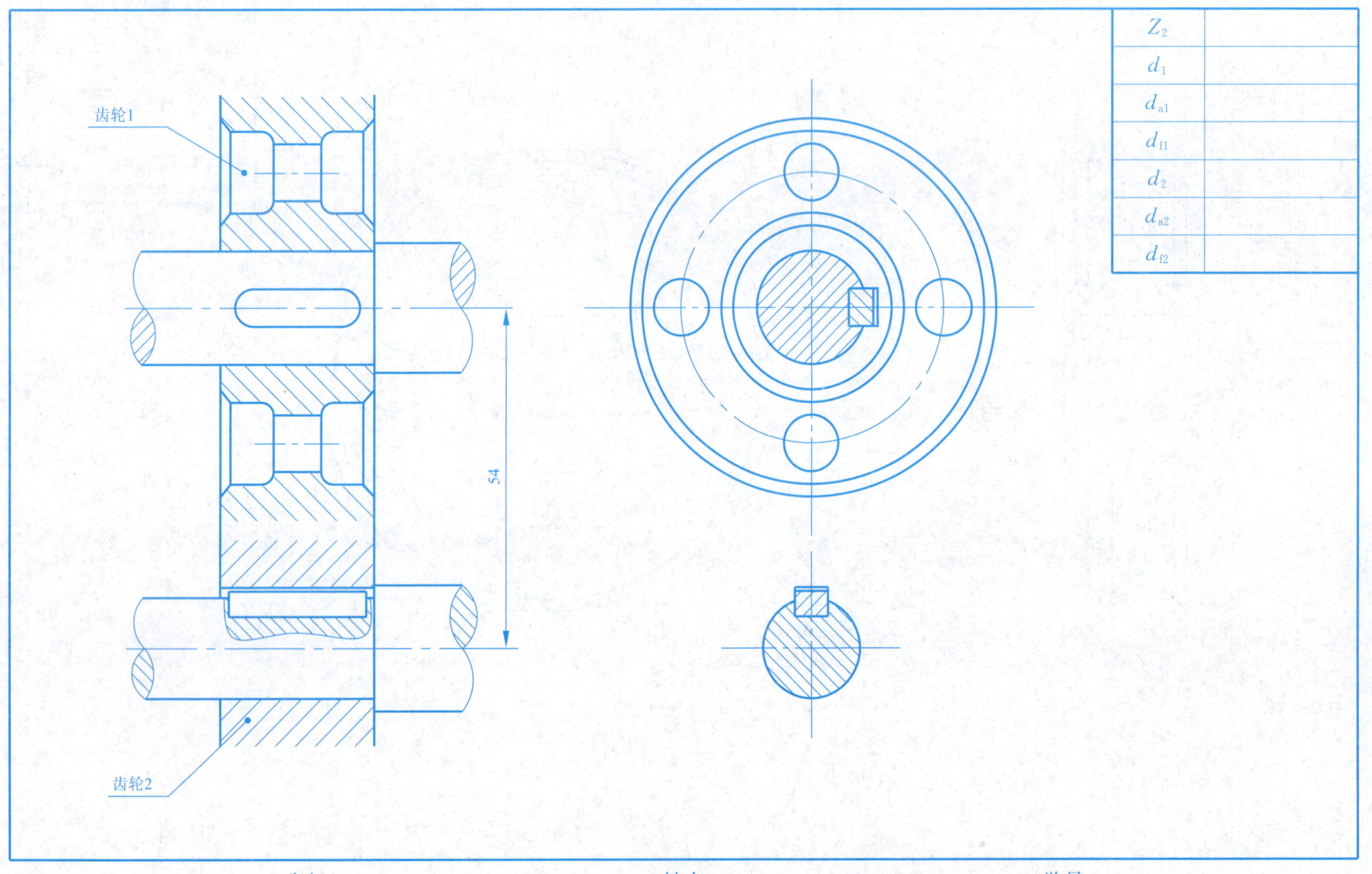

Z_2	
d_1	
d_{a1}	
d_{f1}	
d_2	
d_{a2}	
d_{f2}	

班级　　　　　　姓名　　　　　　学号

7-11　已知直齿圆锥齿轮 $Z=20$，$m=4$ mm，分度圆锥角 $\delta=45°$，计算齿轮各部分的尺寸，并完成其工作图（比例 1∶1）

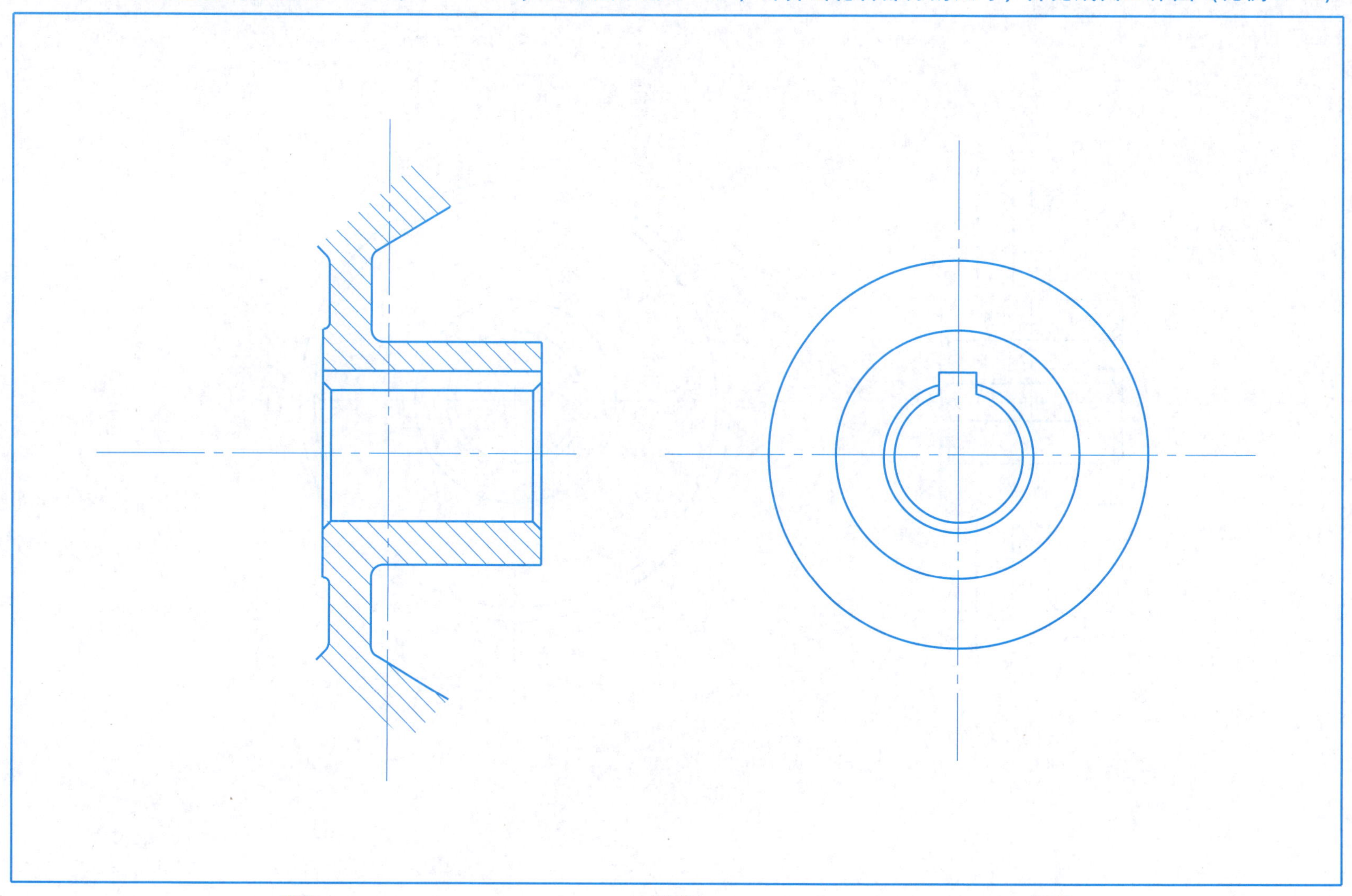

班级　　　　　　　　　　姓名　　　　　　　　　　学号

7－12　已知蜗轮和蜗杆 $m=4$ mm，蜗杆 $Z_1=1$、$d_1=40$ mm，蜗轮 $Z_2=40$，完成蜗轮蜗杆啮合图（比例 1：2）

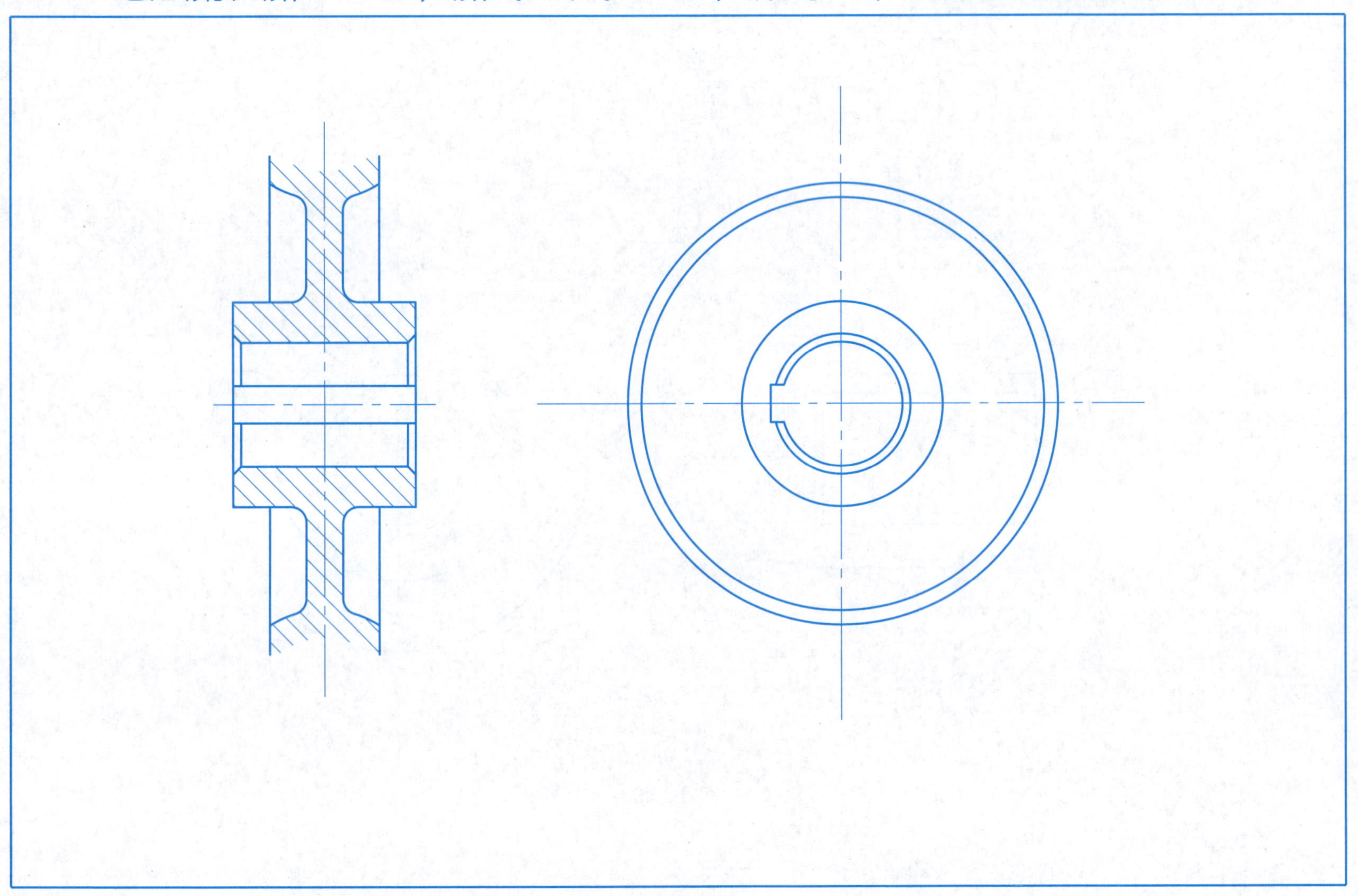

班级　　　　　　　　　　　　姓名　　　　　　　　　　　　学号

7-13　键连接

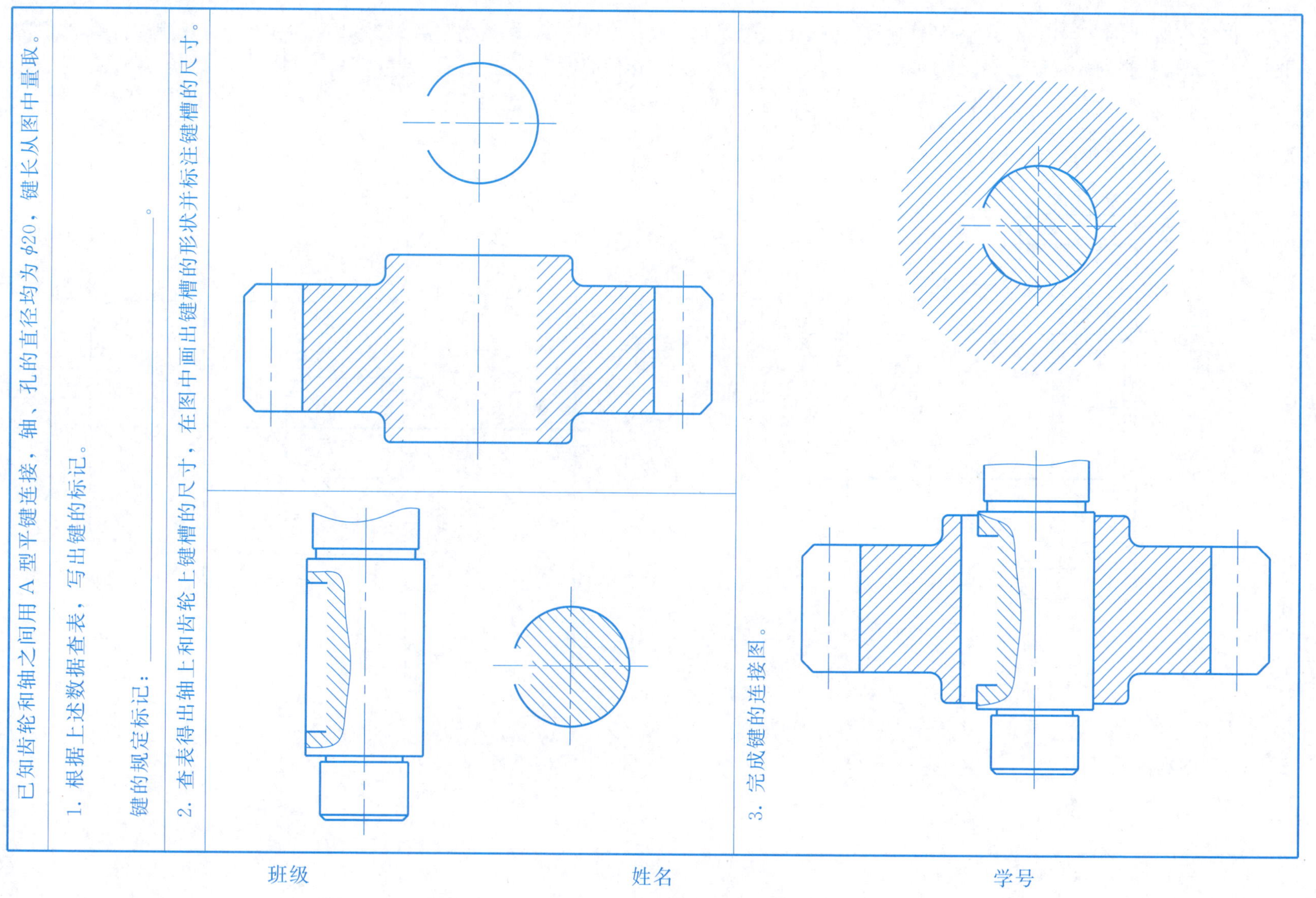

已知齿轮和轴之间用 A 型平键连接，轴、孔的直径均为 φ20，键长从图中量取。
1. 根据上述数据查表，写出键的标记。
键的规定标记：________。
2. 查表得出轴上和齿轮上键槽的尺寸，在图中画出键槽的形状并标注键槽的尺寸。
3. 完成键的连接图。

班级　　　　姓名　　　　学号

7-14 销连接

1. 齿轮与轴用直径为 10 mm 的圆柱销连接，画全销连接的剖视图，并写出圆柱销的规定标记（比例 1∶1）。

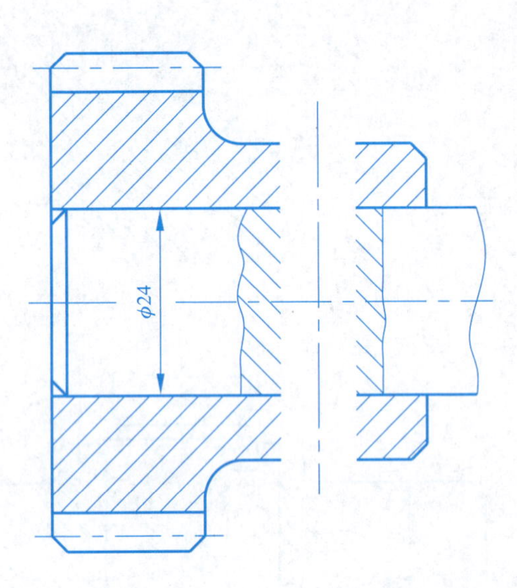

销的规定标记：________________。

2. 用 1∶1 的比例，画全 $d=6$ mm 的 A 型圆锥销连接图，并写出销的规定标记。

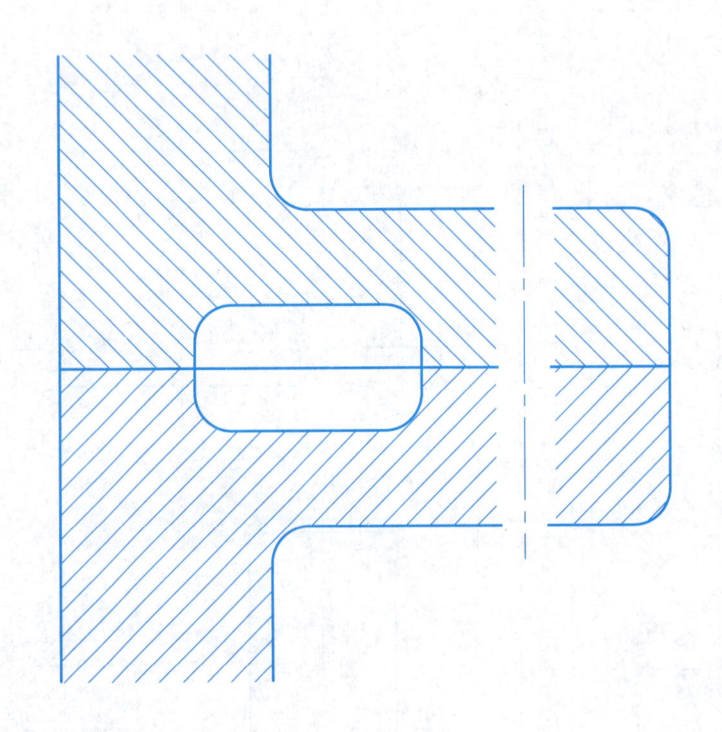

销的规定标记：________________。

班级　　　　姓名　　　　学号

7－15　查表确定滚动轴承的尺寸，并用规定画法画出轴承与轴的装配图

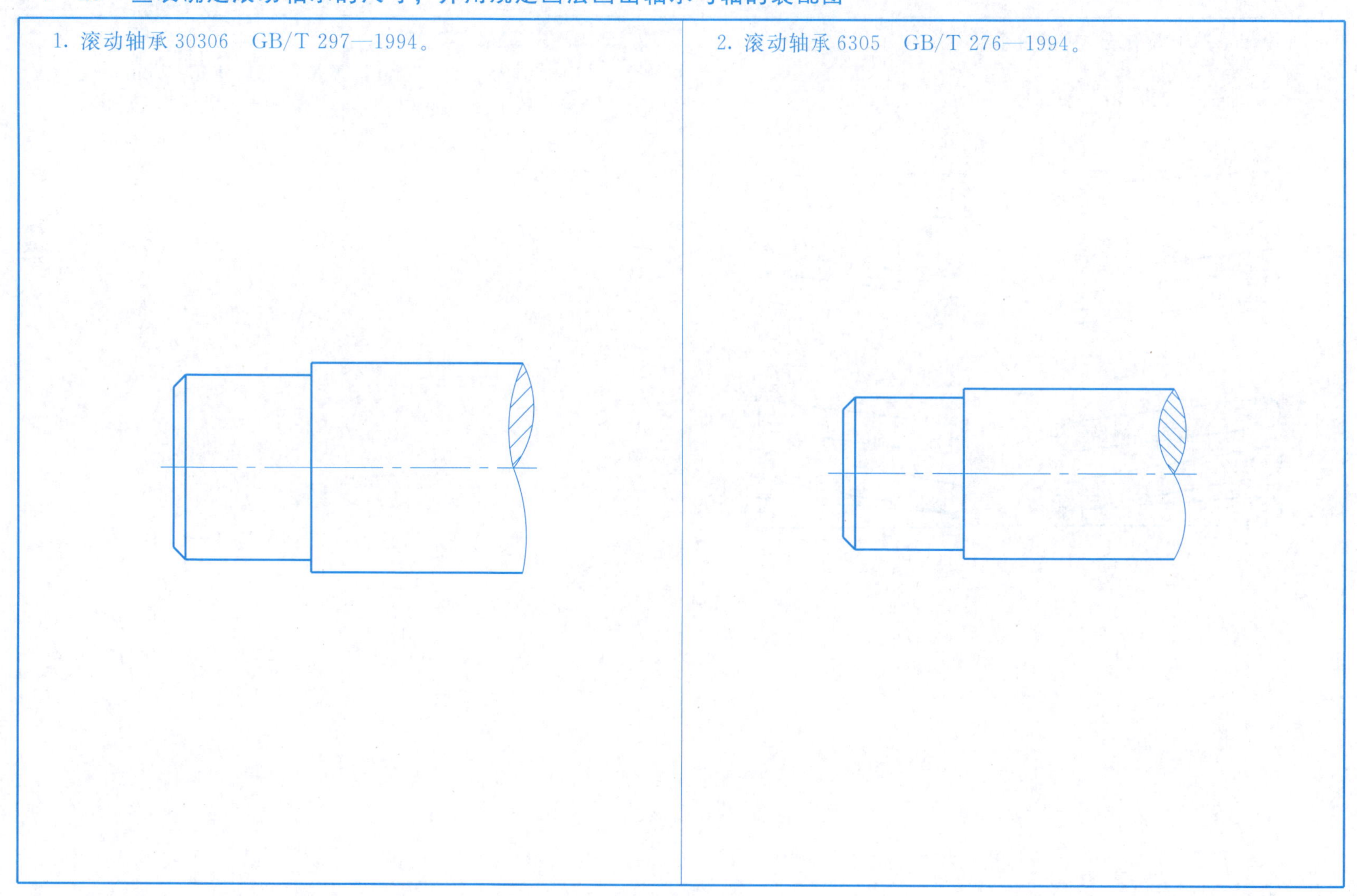

1. 滚动轴承 30306　GB/T 297—1994。
2. 滚动轴承 6305　GB/T 276—1994。

班级　　　　　　　　　　姓名　　　　　　　　　　学号

7-16 弹簧

1. 指出下图中哪个是左旋，哪个是右旋。

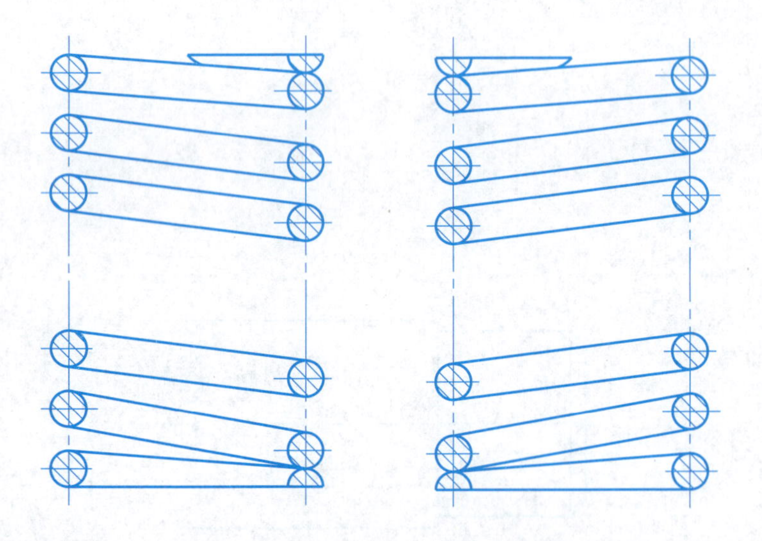

________旋弹簧。　　________旋弹簧。

2. 已知圆柱螺旋压缩弹簧（右旋）的簧丝直径为 5 mm，弹簧中径为 40 mm，节距为 10 mm，弹簧自由长度为 76 mm，支承圈数为 2.5 圈。画出弹簧的工作图并标注尺寸。

班级　　　　姓名　　　　学号

第八章　零 件 图

8－1　读懂零件直观图，绘制零件工作图

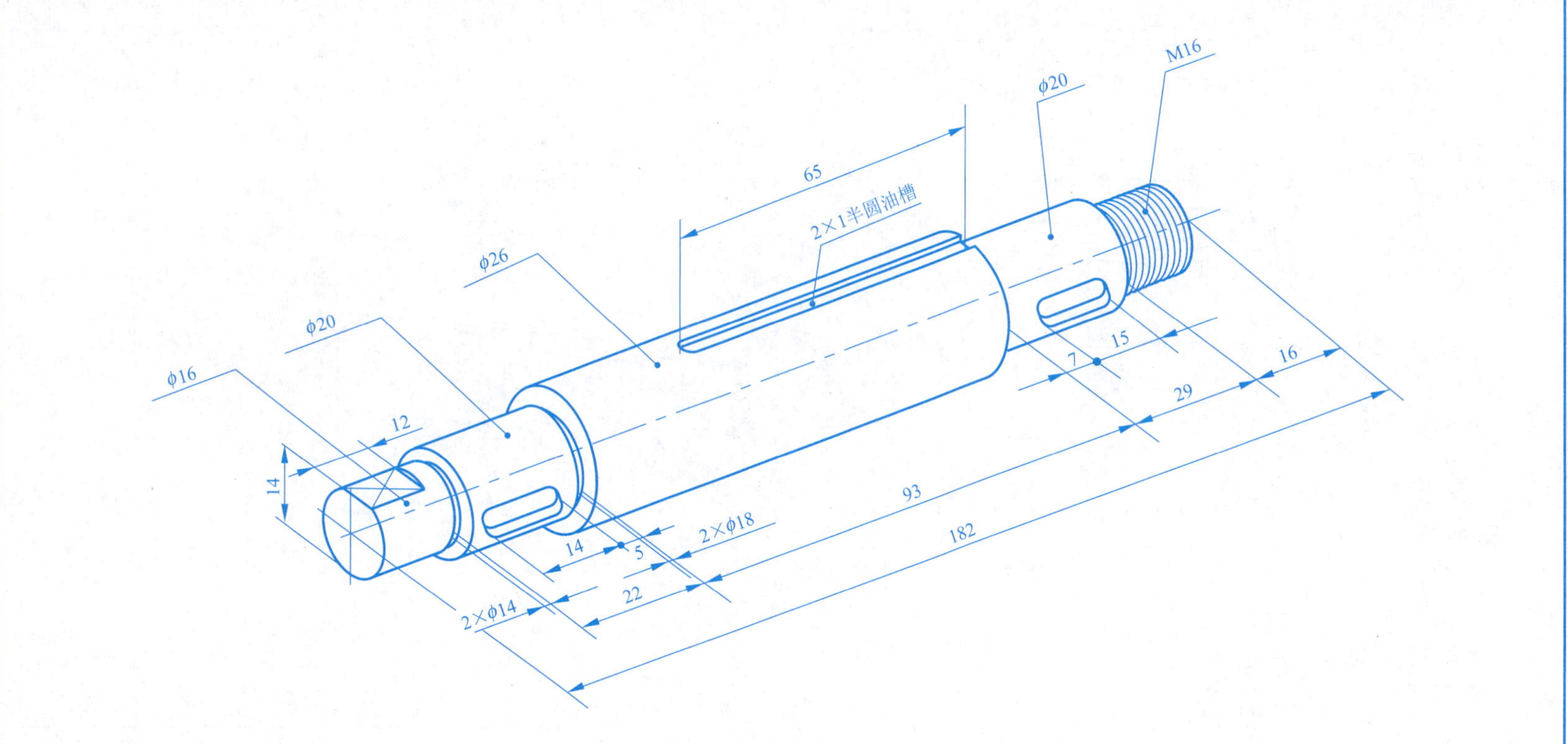

说　　明

1. 画图前看懂零件上各部分的结构和作用，从而确定表达方案。
2. 两处 ϕ20 和 ϕ26 的表面结构要求为 MRR *Ra*1.6，公差带代号分别是 f7 和 g6。
3. 键槽宽 6，深 3.5，两侧表面结构要求为 MRR *Ra*6.3，其他各表面为 MRR *Ra*12.5。
4. 材料：45 钢。

轴			比例		（图号或作业号）	
			件数			
班级		（学号）	材料	45	成绩	
制图		（日期）	（校　名）			
审核		（日期）				

班级　　　　姓名　　　　学号

8-2 读懂零件直观图，绘制零件工作图

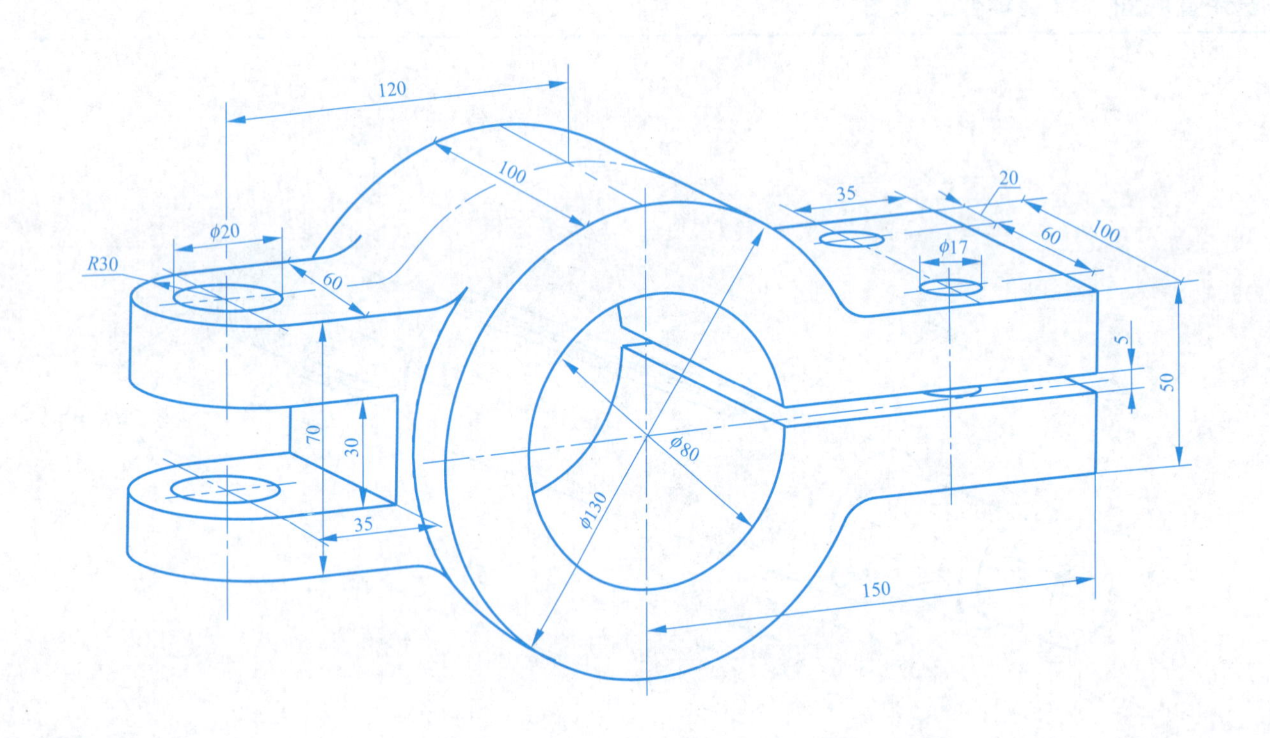

说　明

1. 画图前看懂零件上各部分的结构和作用，从而确定表达方案。
2. 该零件材料是 HT200，ϕ130 圆柱的前后端面为机械加工面，表面结构要求为 MRR *Ra*6.3，ϕ80 孔表面结构要求为 MRR *Ra*1.6，公差带代号为 H9。
3. 其他各机械加工表面，表面结构要求为 MRR *Ra*12.5；其余表面结构为 NMP，未注圆角均为 *R*5。

夹　头			比例		（图号或作业号）	
			件数			
班级		（学号）	材料	HT200	成绩	
制图		（日期）	（校　名）			
审核		（日期）				

班级　　　　　　姓名　　　　　　学号

8－3　识读尺寸公差标记并填空

(1)

1. ϕ10M7，表示基本尺寸为_____，基本偏差为________，公差等级________。
2. 轴 ϕ10h6，其中 ϕ10 是_______，h 是________，6 是________。
3. ϕ10F7/h6 表示基本尺寸为_______的孔、轴成基_______制的____________配合。
4. ϕ10M7/h6 成________制的____________配合。

φ10F7

φ10h6

φ10 M7/h6

φ10M7

φ10F7/h6

(2)

1. 孔 $\phi32^{+0.039}_{0}$ 表示基本尺寸为________，最大极限尺寸为________，最小极限尺寸为______，上偏差为______，下偏差为______，公差为______。
2. 轴 $\phi20^{-0.020}_{-0.033}$ 表示基本尺寸为________，最大极限尺寸为________，最小极限尺寸为______，上偏差为______，下偏差为______。
3. ϕ32 H8/r7 表示轴、孔成______制的______配合。
4. ϕ20H7/f6 表示轴、孔成______制的______配合。

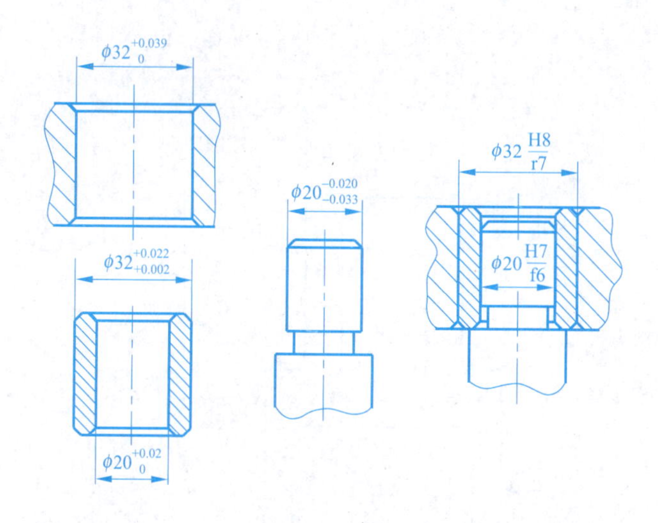

班级　　　　姓名　　　　学号

8－4　解释形位公差框格中代号的含义

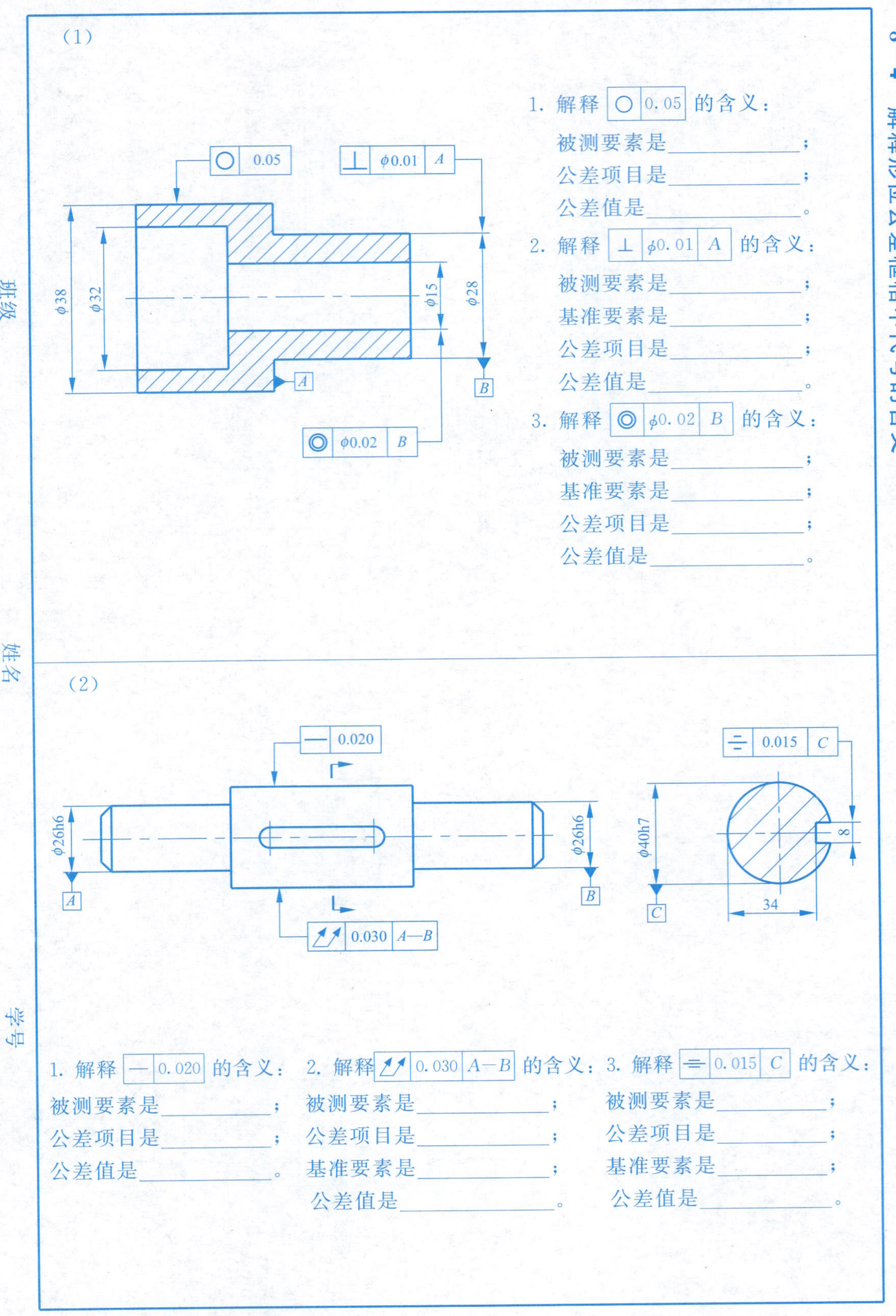

(1)
○ 0.05
⊥ φ0.01 A
◎ φ0.02 B
φ38
φ32
φ15
φ28
A
B
1. 解释 ○ 0.05 的含义：
被测要素是____；
公差项目是____；
公差值是____。
2. 解释 ⊥ φ0.01 A 的含义：
被测要素是____；
基准要素是____；
公差项目是____；
公差值是____。
3. 解释 ◎ φ0.02 B 的含义：
被测要素是____；
基准要素是____；
公差项目是____；
公差值是____。
(2)
— 0.020
↗ 0.030 A—B
φ26h6
A
φ26h6
B
≡ 0.015 C
φ40h7
C
8
34
1. 解释 — 0.020 的含义：
被测要素是____；
公差项目是____；
公差值是____。
2. 解释 ↗ 0.030 A－B 的含义：
被测要素是____；
公差项目是____；
基准要素是____；
公差值是____。
3. 解释 ≡ 0.015 C 的含义：
被测要素是____；
公差项目是____；
基准要素是____；
公差值是____。

班级　　　　　　　　姓名　　　　　　　　学号

8－5　读零件图

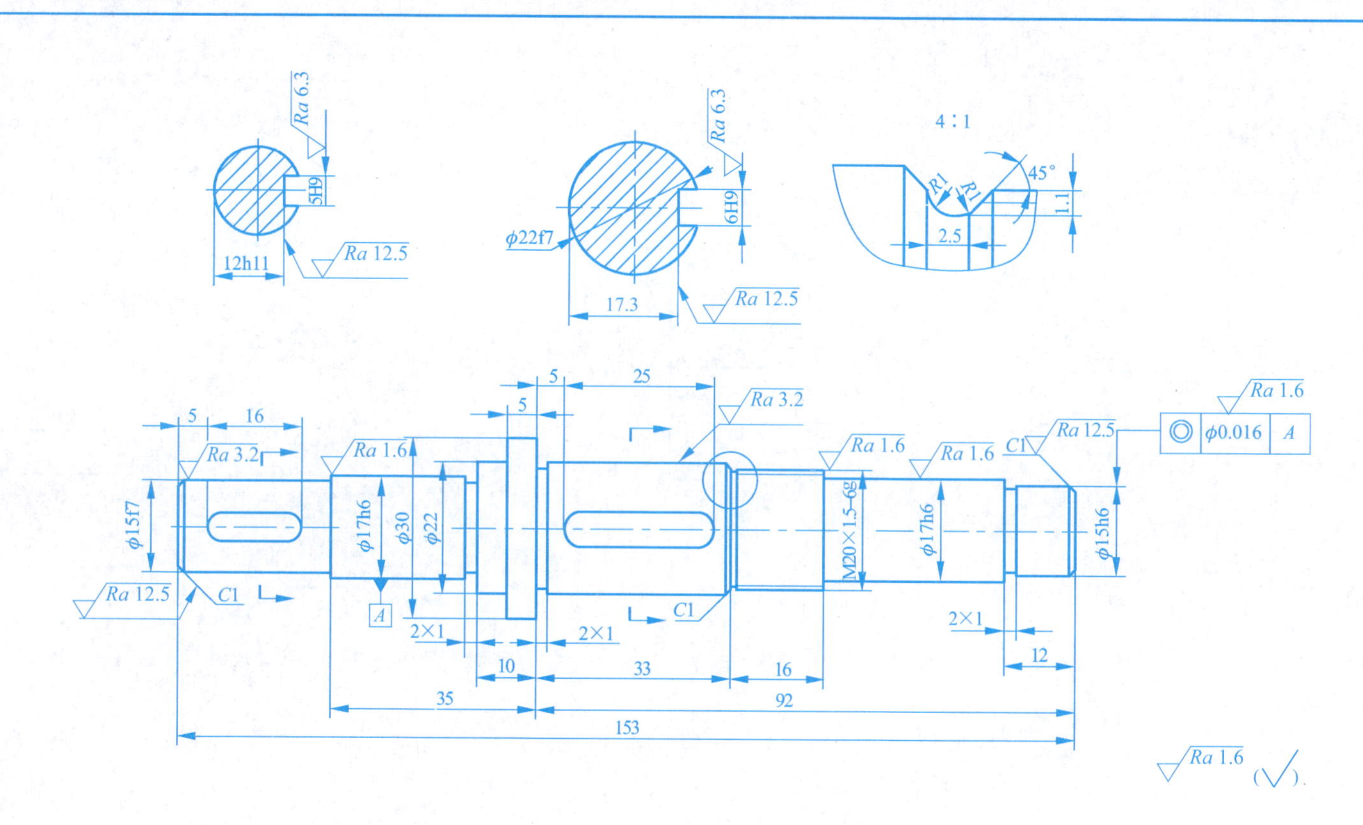

读　图　要　求

1. 说明零件上各部分工艺结构的名称和作用。
2. 指出各视图的名称，并说明为什么采用这些视图来表达。
3. 标出长、宽、高方向尺寸的主要基准，并指出哪些尺寸是定位尺寸。
4. 说明图中公差带代号的意义。

轴			比例	1∶1	(图号或作业号)	
			件数			
班级		(学号)	材料	45	成绩	
制图		(日期)	(校　名)			
审核		(日期)				

班级　　　　姓名　　　　学号

8－6 读零件图，填空回答问题

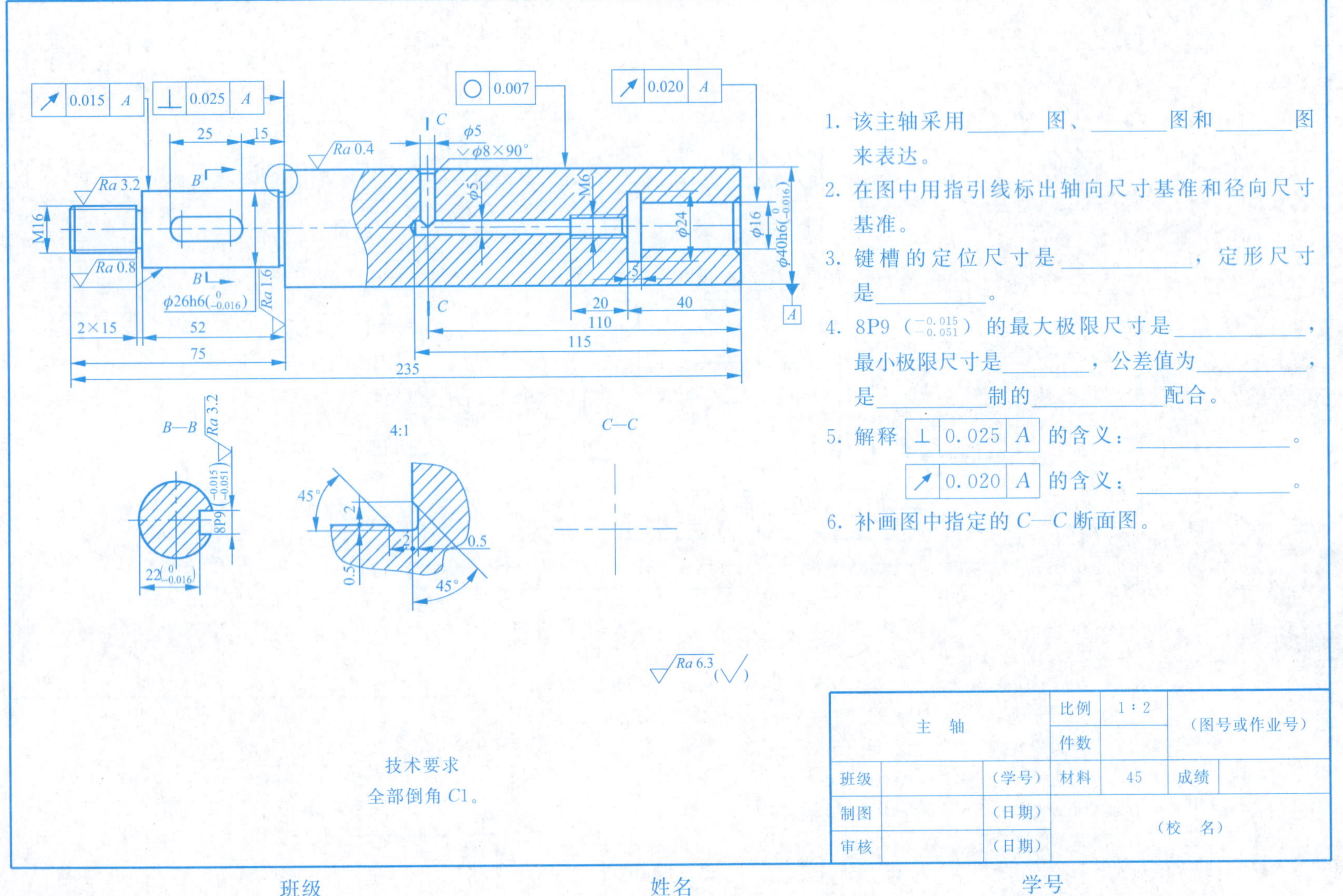

1. 该主轴采用______图、______图和______图来表达。
2. 在图中用指引线标出轴向尺寸基准和径向尺寸基准。
3. 键槽的定位尺寸是______，定形尺寸是______。
4. 8P9（$^{-0.015}_{-0.051}$）的最大极限尺寸是______，最小极限尺寸是______，公差值为______，是______制的______配合。
5. 解释 ⊥ 0.025 A 的含义：______。
↗ 0.020 A 的含义：______。
6. 补画图中指定的 C—C 断面图。
B—B
4:1
C—C
技术要求
全部倒角 C1。
主 轴
比例
1∶2
件数
（图号或作业号）
班级
（学号）
材料
45
成绩
制图
（日期）
审核
（日期）
（校 名）

班级 姓名 学号

8-7 参照8-8直观图读零件图，填空回答问题

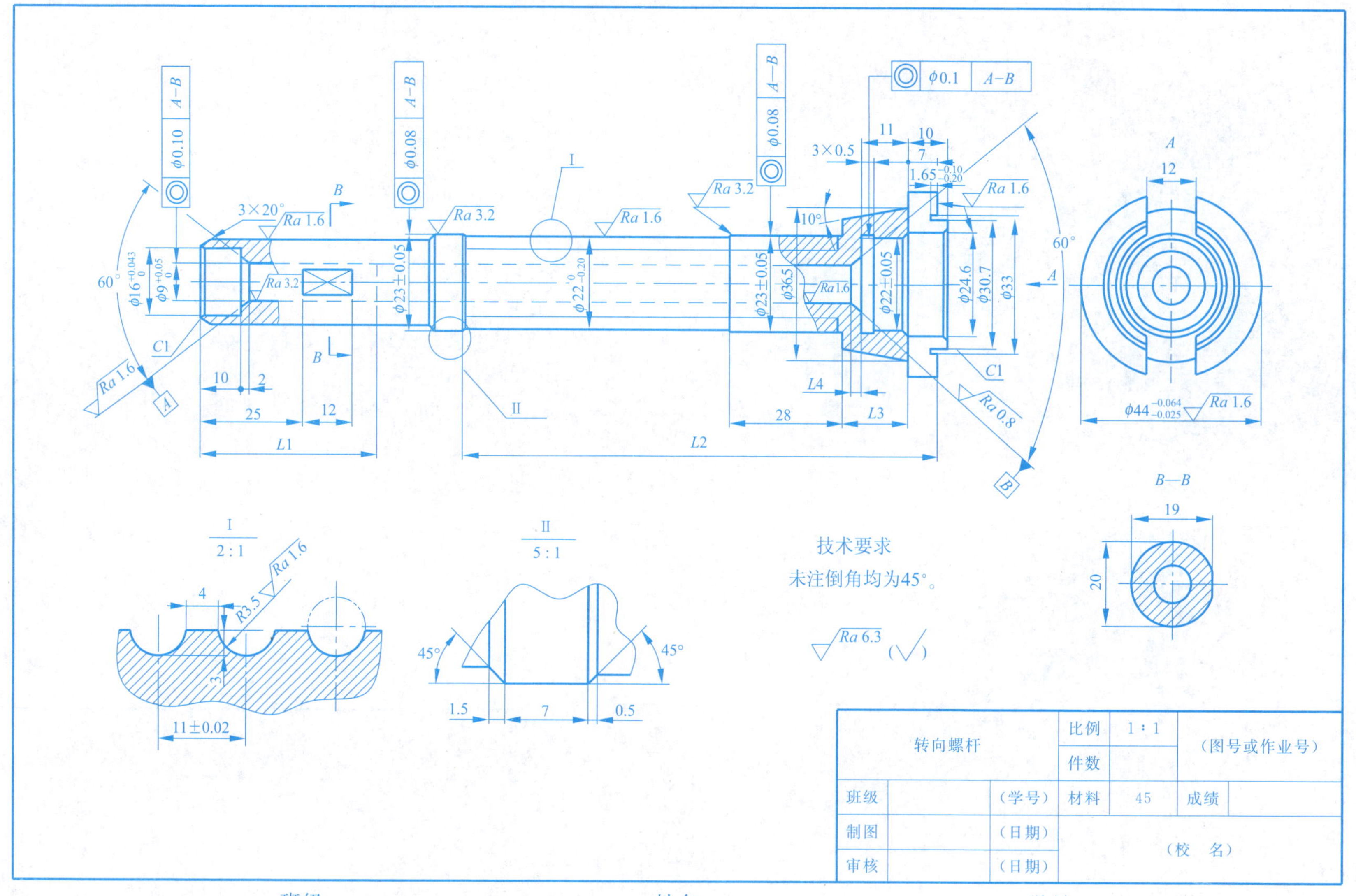

班级 姓名 学号

8-8 参照转向螺杆直观图读 8-7 零件图，填空回答问题

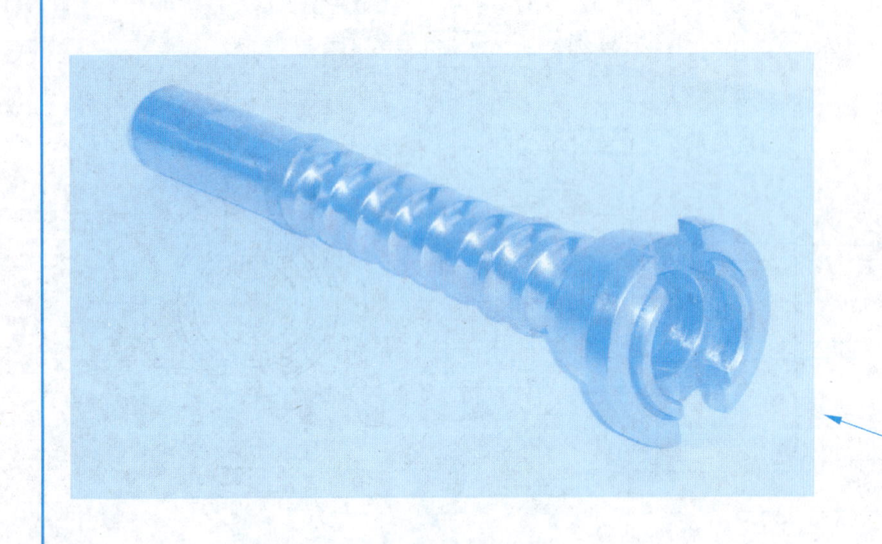

A

A

读转向螺杆零件图，填空回答问题：

1. 主视图“B—B”剖切位置处的 ⊠ 图形表示______________________________。
2. 该零件的轴向尺寸主要定位基准是______，径向尺寸定位基准是______。
3. 该零件上表面结构要求最高的表面是________，其表面结构高度参数值是______。
4. $\phi 23 \pm 0.05$ 处的几何公差标记读作________。

转向螺杆			比例		（图号或作业号）	
			件数			
班级		（学号）	材料	45	成绩	
制图		（日期）	（校　名）			
审核		（日期）				

班级　　　　姓名　　　　学号

8-9　参照 8-10 直观图读零件图，填空回答问题

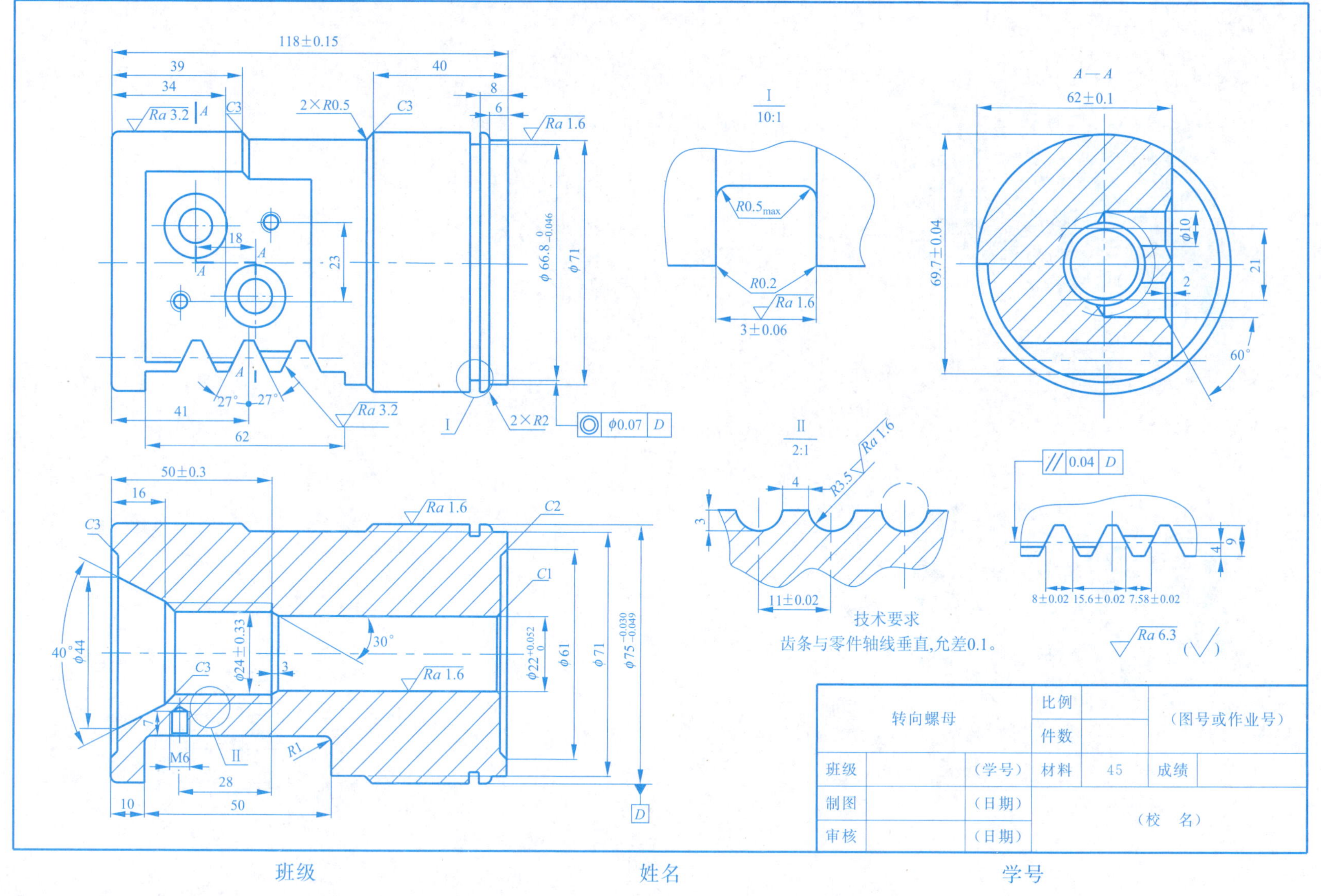

班级　　　　姓名　　　　学号

8－10　参照转向螺母直观图读 8－9 零件图，填空回答问题

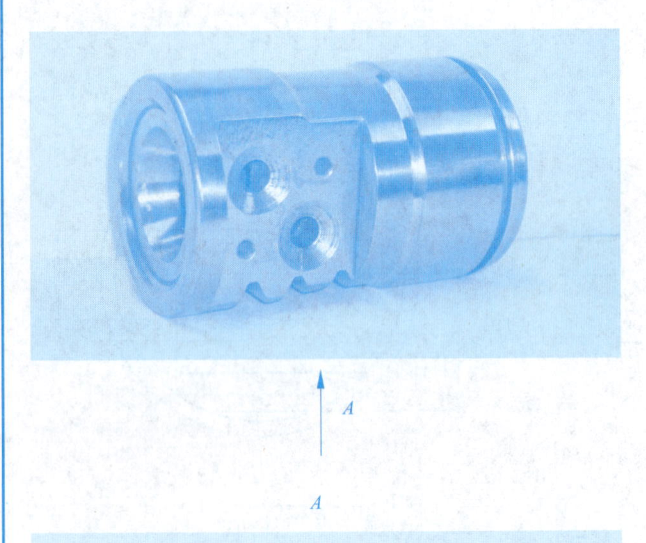

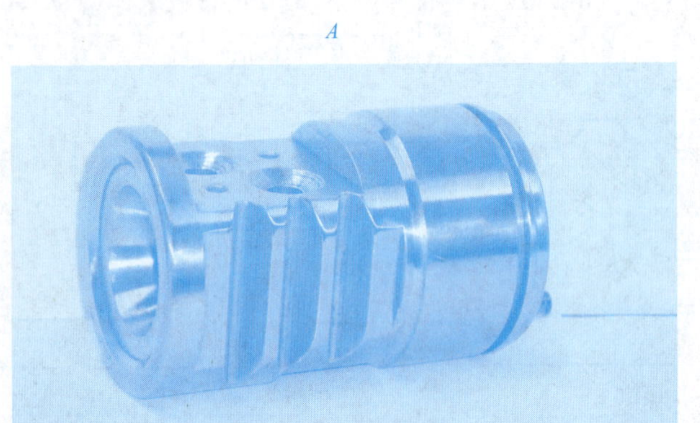

读转向螺母零件图，填空回答问题：

1. 俯视图采用的剖视是从什么地方剖开的？请在恰当位置标注其剖切位置。
2. 转向螺母下方所示齿条，齿高为______，齿厚为______，齿距为______。
3. 图中 ◎ $\phi0.07$ D 是指________________________________。
4. $\phi75^{-0.030}_{-0.049}$ 用代号标注应为____________。

   $\phi22^{+0.052}_{0}$ 用代号标注应为____________。

转向螺母			比例		（图号或作业号）	
			件数			
班级		（学号）	材料	45	成绩	
制图		（日期）	（校　名）			
审核		（日期）				

班级　　　　　　　　姓名　　　　　　　　学号

8-11 读零件图，填空回答问题

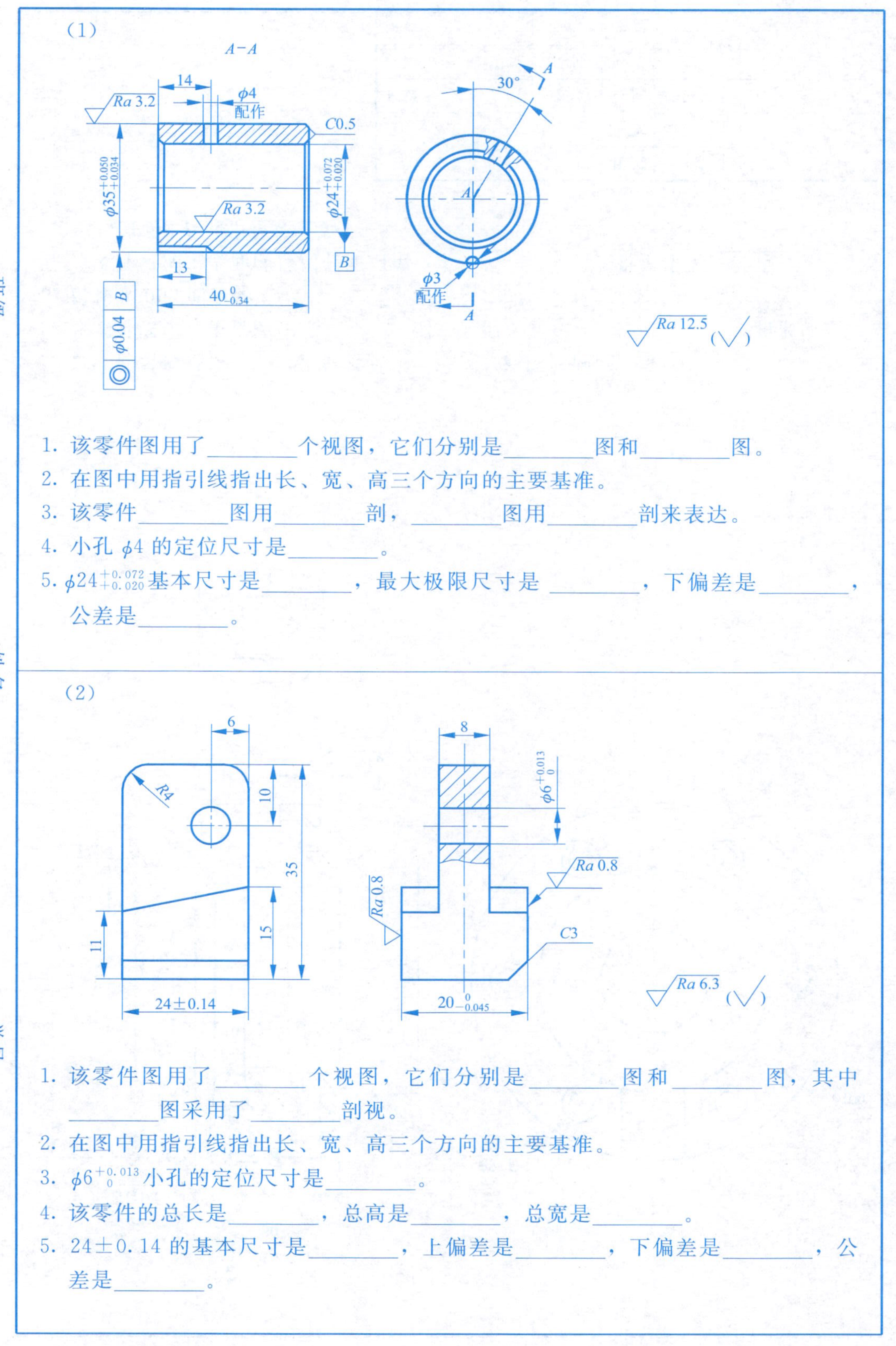

（1）

1. 该零件图用了________个视图，它们分别是________图和________图。
2. 在图中用指引线指出长、宽、高三个方向的主要基准。
3. 该零件________图用________剖，________图用________剖来表达。
4. 小孔 $\phi 4$ 的定位尺寸是________。
5. $\phi 24^{+0.072}_{+0.020}$ 基本尺寸是________，最大极限尺寸是________，下偏差是________，公差是________。

（2）

1. 该零件图用了________个视图，它们分别是________图和________图，其中________图采用了________剖视。
2. 在图中用指引线指出长、宽、高三个方向的主要基准。
3. $\phi 6^{+0.013}_{0}$ 小孔的定位尺寸是________。
4. 该零件的总长是________，总高是________，总宽是________。
5. 24±0.14 的基本尺寸是________，上偏差是________，下偏差是________，公差是________。

班级　　　　姓名　　　　学号

8-12 读零件图，填空回答问题

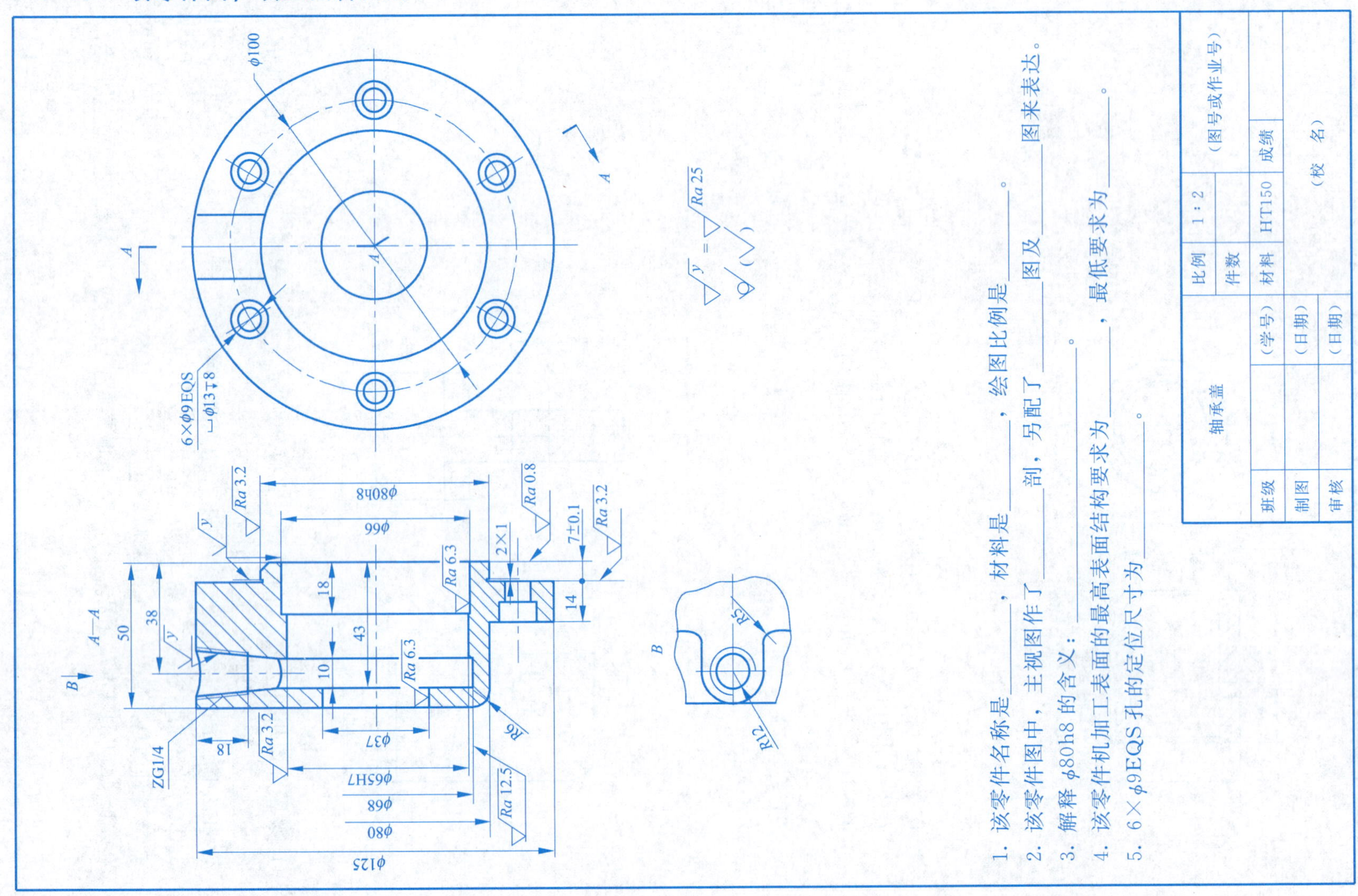

班级　　　　姓名　　　　学号

8-13 读零件图，填空回答问题

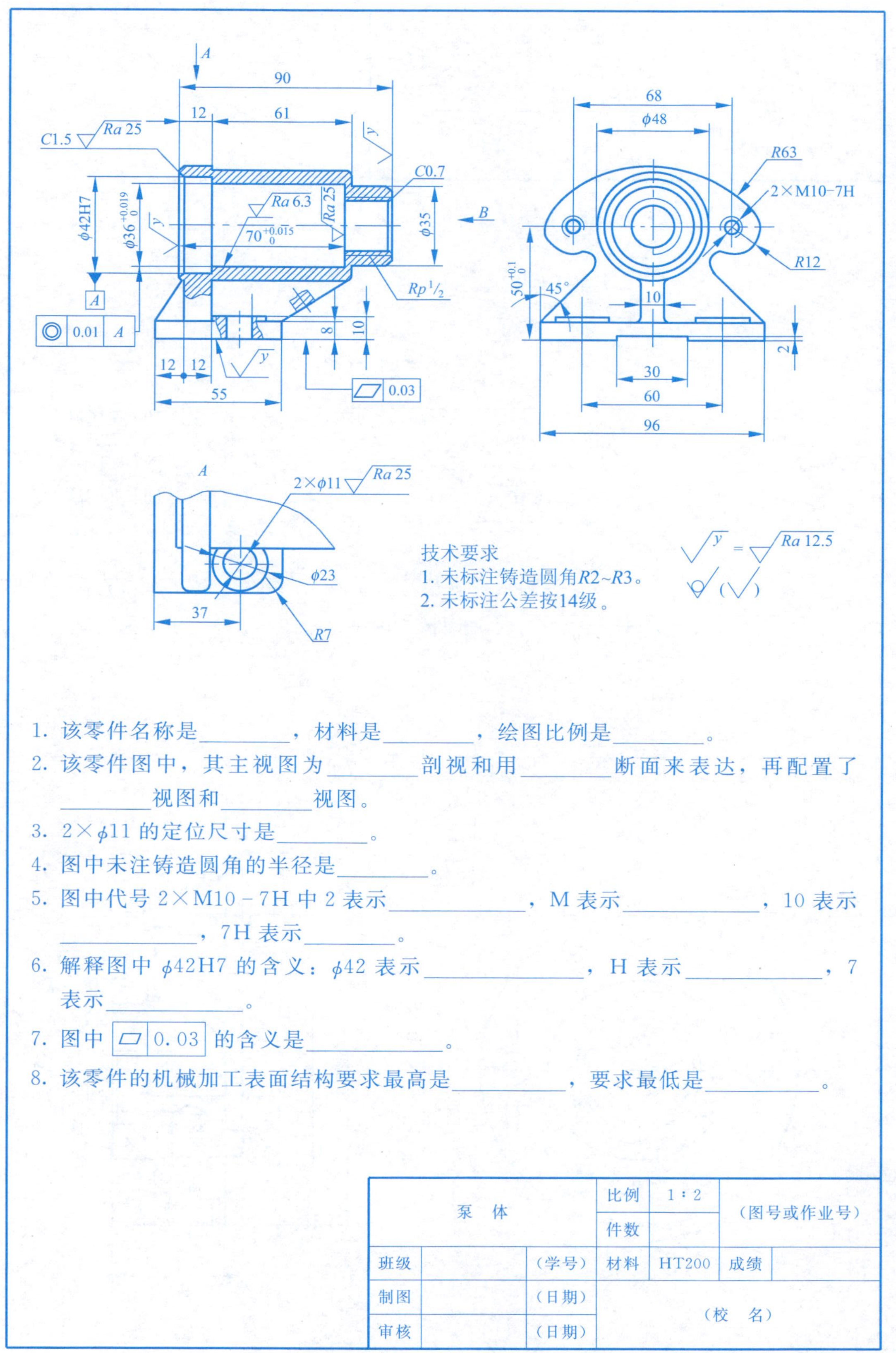

技术要求

1. 未标注铸造圆角R2~R3。
2. 未标注公差按14级。

1. 该零件名称是______，材料是______，绘图比例是______。
2. 该零件图中，其主视图为______剖视和用______断面来表达，再配置了______视图和______视图。
3. 2×ϕ11的定位尺寸是______。
4. 图中未注铸造圆角的半径是______。
5. 图中代号2×M10-7H中2表示______，M表示______，10表示______，7H表示______。
6. 解释图中ϕ42H7的含义：ϕ42表示______，H表示______，7表示______。
7. 图中 ▱ 0.03 的含义是______。
8. 该零件的机械加工表面结构要求最高是______，要求最低是______。

泵体		比例	1∶2	（图号或作业号）
		件数		
班级	（学号）	材料	HT200	成绩
制图	（日期）	（校名）		
审核	（日期）			

班级　　　　姓名　　　　学号

8－14 读零件图，填空回答问题

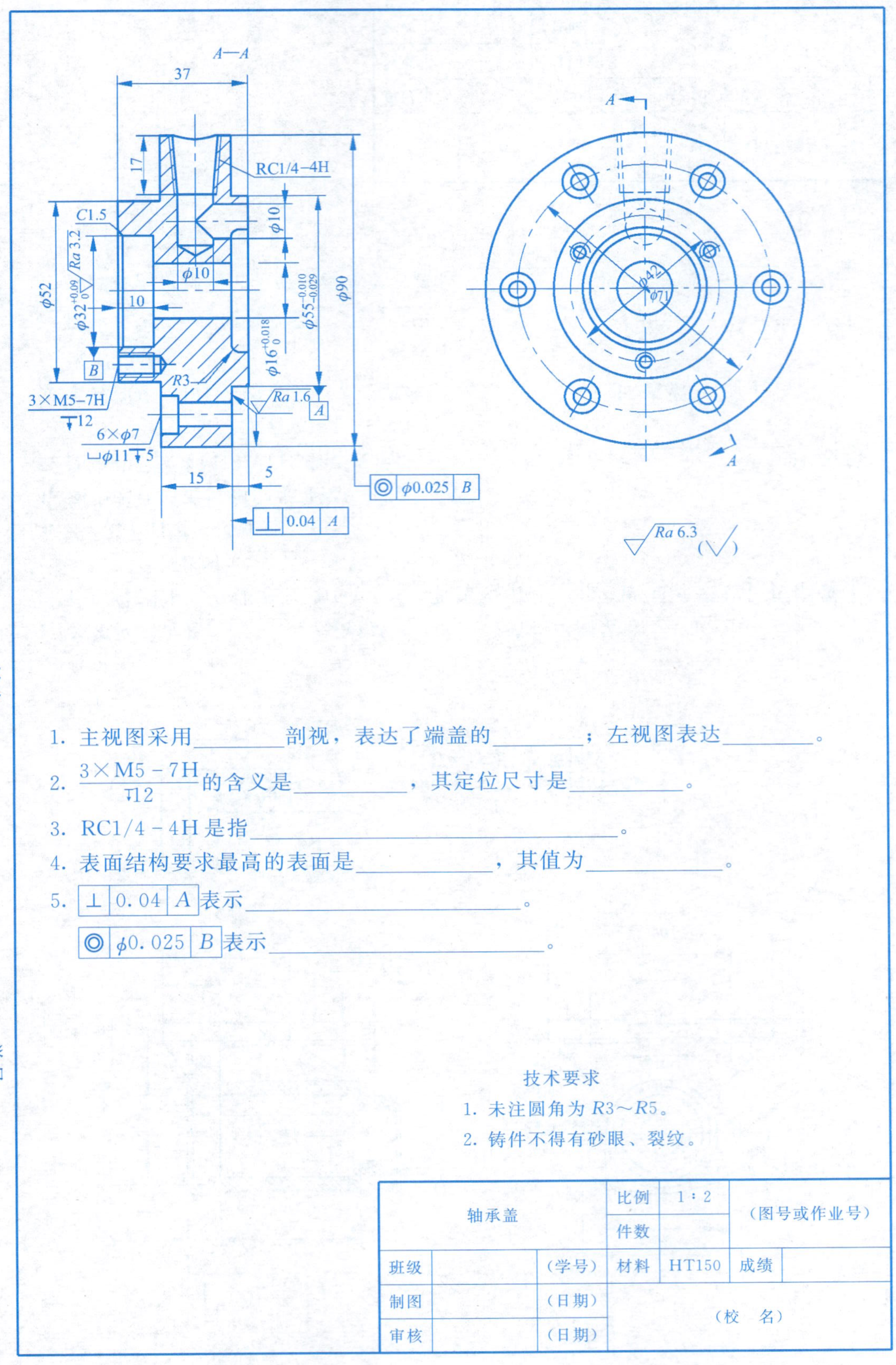

班级 姓名 学号

8-15　读零件图，填空回答问题

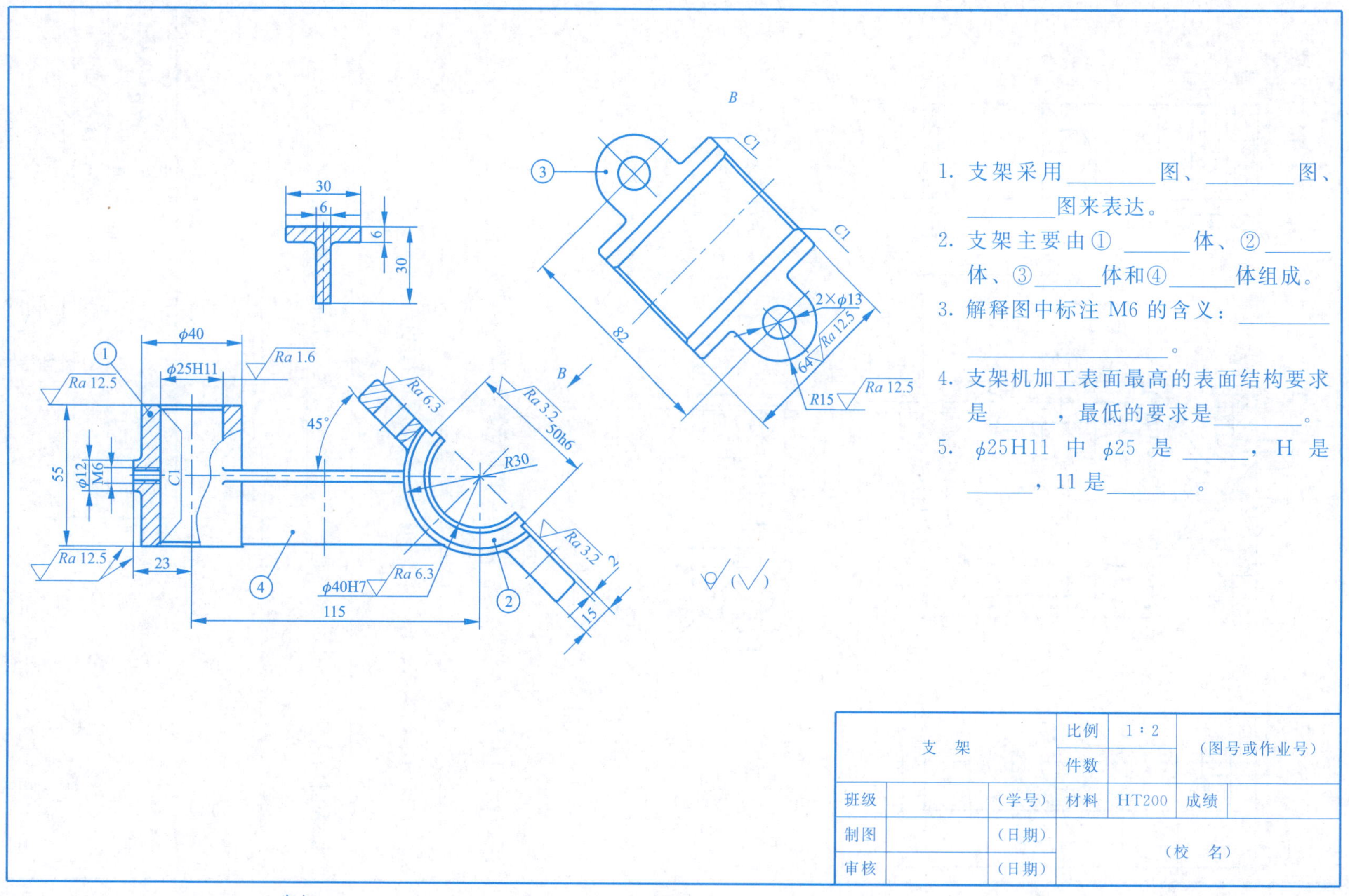

1. 支架采用________图、________图、________图来表达。
2. 支架主要由① ______体、② ______体、③______体和④______体组成。
3. 解释图中标注 M6 的含义：________________。
4. 支架机加工表面最高的表面结构要求是______，最低的要求是________。
5. ϕ25H11 中 ϕ25 是______，H 是______，11 是________。

支　架		比例	1∶2	（图号或作业号）	
		件数			
班级	（学号）	材料	HT200	成绩	
制图	（日期）	（校　名）			
审核	（日期）				

8-16　读零件图，填空回答问题

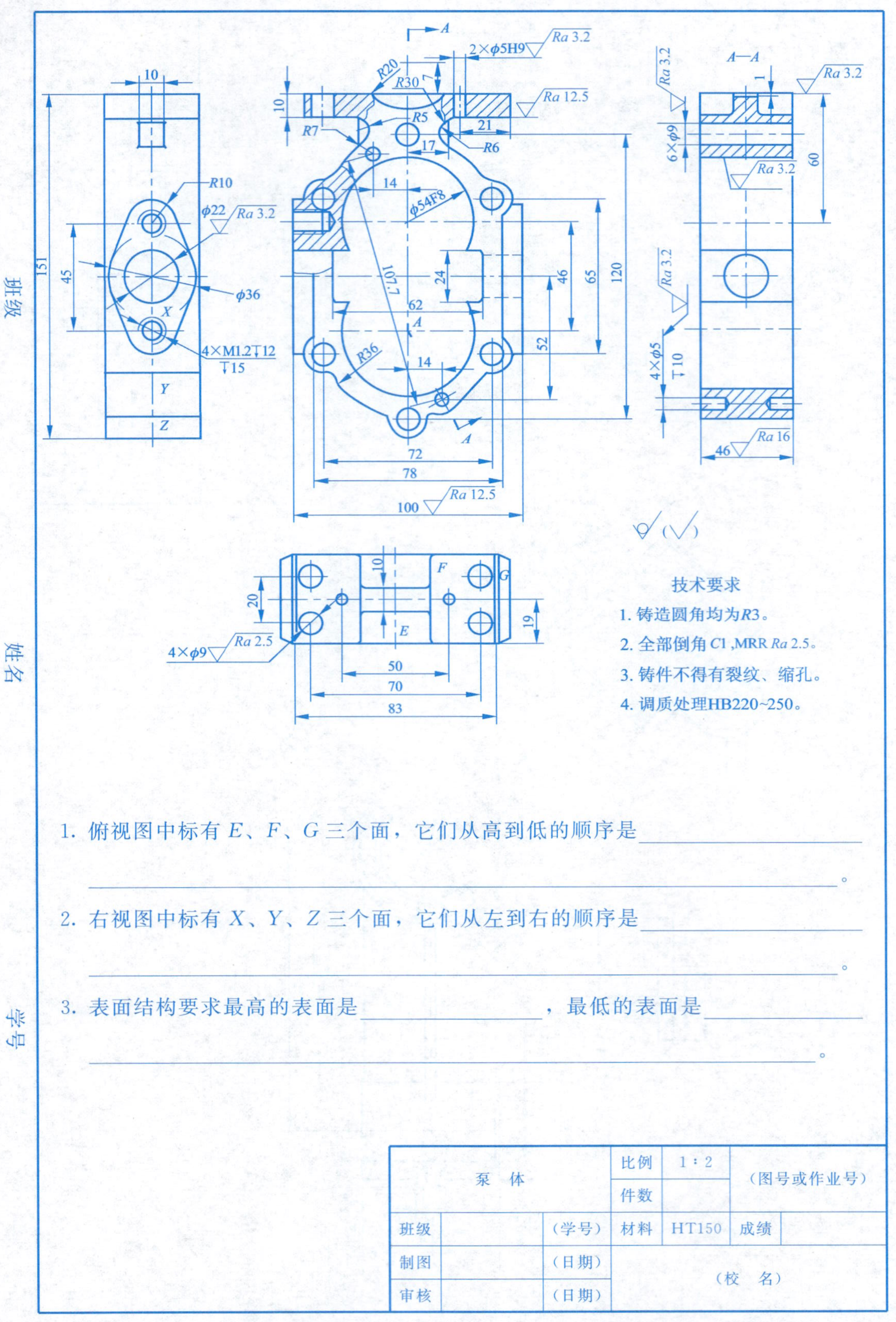

班级　　　　　　　　姓名　　　　　　　　学号

8-17 零件测绘

作业1 零件测绘

一、作业目的

1. 熟悉和掌握零件测绘的方法和步骤。

2. 训练独立选择零件的表达方案、标注尺寸和注写技术要求的能力。

二、内容与要求

1. 测绘两个零件，完成其零件草图（由老师指定测绘零件）。

2. 每张草图应各画在A3图纸或坐标纸上。

3. 测绘的对象可为单个零件，亦可选用后续部件测绘时所用部件中的某些零件。

4. 所绘草图内容完整、符合要求。

三、注意事项

1. 零件测绘应认真，不得潦草。

2. 测绘步骤应清晰，选择视图、标注尺寸、注写技术要求应依次进行。

3. 选择视图表达方案应在草稿纸上进行，最好多拟几组方案，从中选优。

4. 标注尺寸时，应先选定尺寸基准，再按形体分析法确定并标注定形、定位和总体尺寸；注意与相关零件尺寸协调一致；先集中画出所有的尺寸线及尺寸界线和箭头，再逐一测量、填写尺寸数字。

5. 零件上标准结构要素（如螺纹、键槽、销孔等）应查表予以标准化。

6. 草图完成后要认真检查，及时纠正错、漏处。

作业2 由零件草图绘制零件工作图

一、作业目的

1. 熟悉和掌握由零件草图绘制零件工作图的方法和步骤。

2. 综合运用学过的知识，训练绘制实用零件图的能力。

二、内容与要求

根据测绘出的两张零件草图，绘制两张完整的零件工作图。

三、注意事项

1. 作图时，要以所绘之图一经脱手即将投入生产的心态，严肃、认真、高度负责地进行。

2. 全面运用已学的知识，完整、正确地绘制零件图：

（1）要符合标准（如图样画法及其标注、尺寸的标注、技术要求的注写、标准结构的画法及标注须查表进行标准化等）；

（2）尽量符合生产实际（如工艺结构的合理性，所注尺寸应便于加工和测量，表面结构、尺寸公差、几何公差的选用既能保证零件的质量，又能降低零件的制作成本等）。

为此，要对草图进行全面审视。对有问题的地方要翻看教材查阅标准中的相关知识或请教他人。

3. 布图合理、图形简洁、尺寸清晰、字迹工整，便于他人读图。

班级　　　　姓名　　　　学号

第九章 装 配 图

9-1 指出并改正局部装配图中的错误（缺漏的图线补画，不要的图线画“×”）

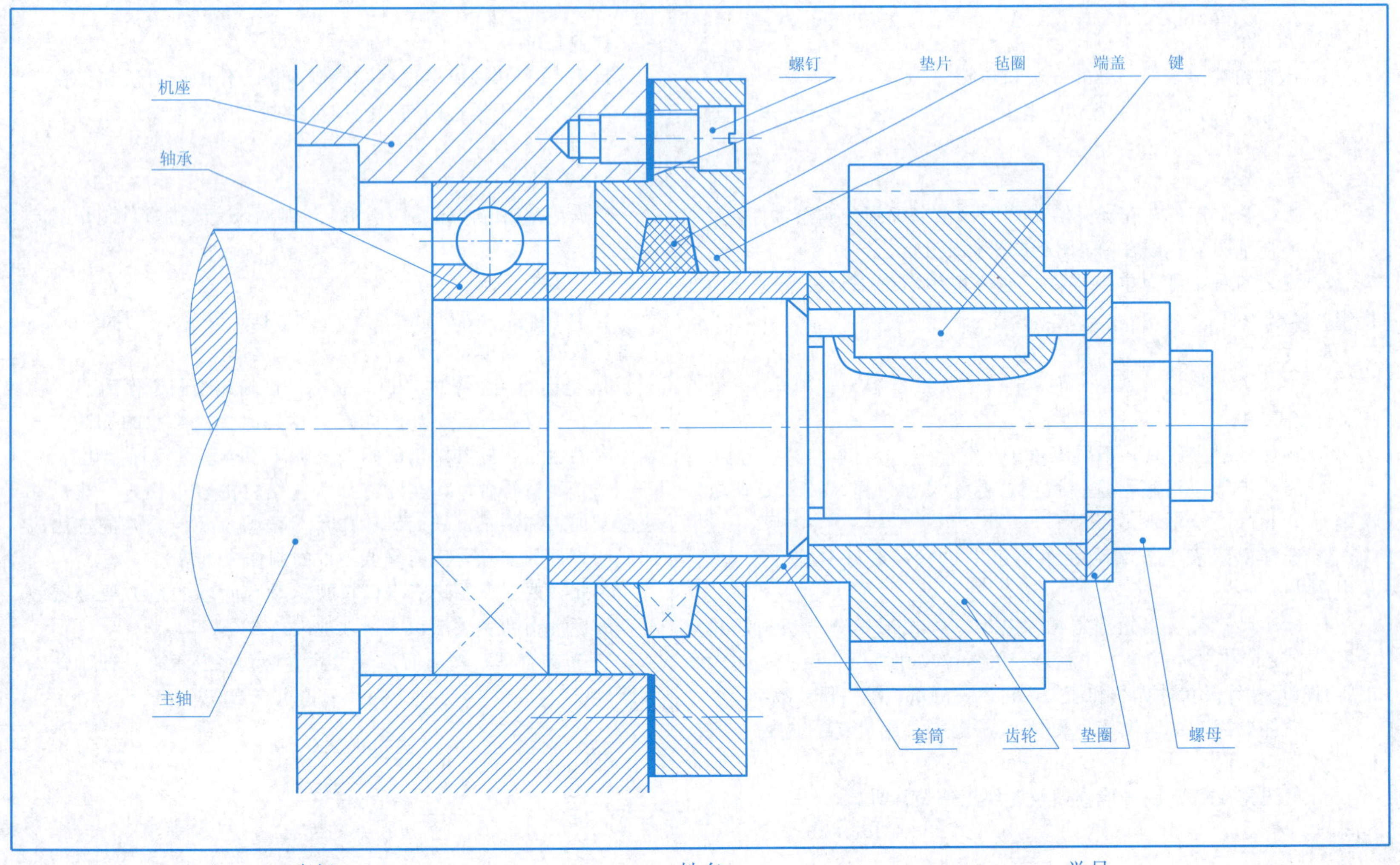

班级 姓名 学号

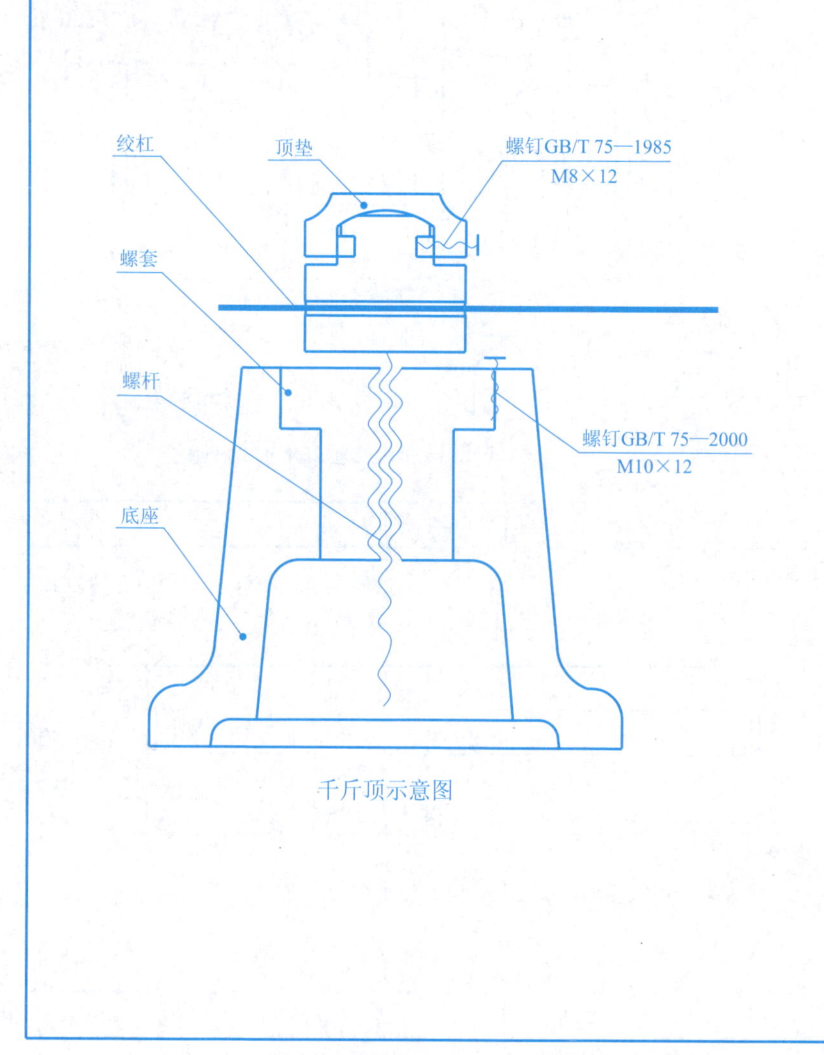

千斤顶示意图

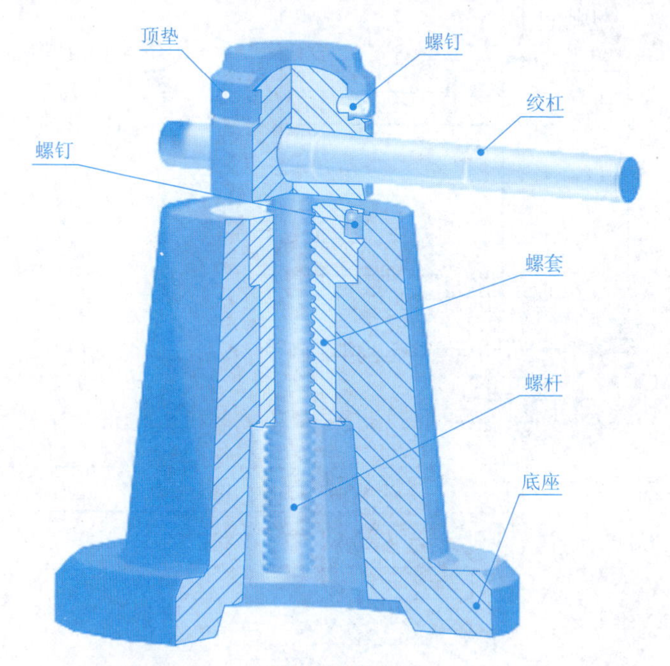

千斤顶说明

该千斤顶是一种手动起重支撑装置，扳动绞杠转动螺杆，由于螺杆、螺套间的螺纹作用，可使螺杆上升或下降，同时进行起重支撑。底座上装有螺套，螺套与底座间有螺钉固定。螺杆与螺套由方牙螺纹传动，螺杆头部孔中穿有绞杠，可扳动螺杆转动，螺杆顶部的球面结构与顶垫的内球面接触起浮动作用，螺杆与顶垫之间有螺钉限位。

班级　　　　姓名　　　　学号

续 9-2 千斤顶零件图（一）

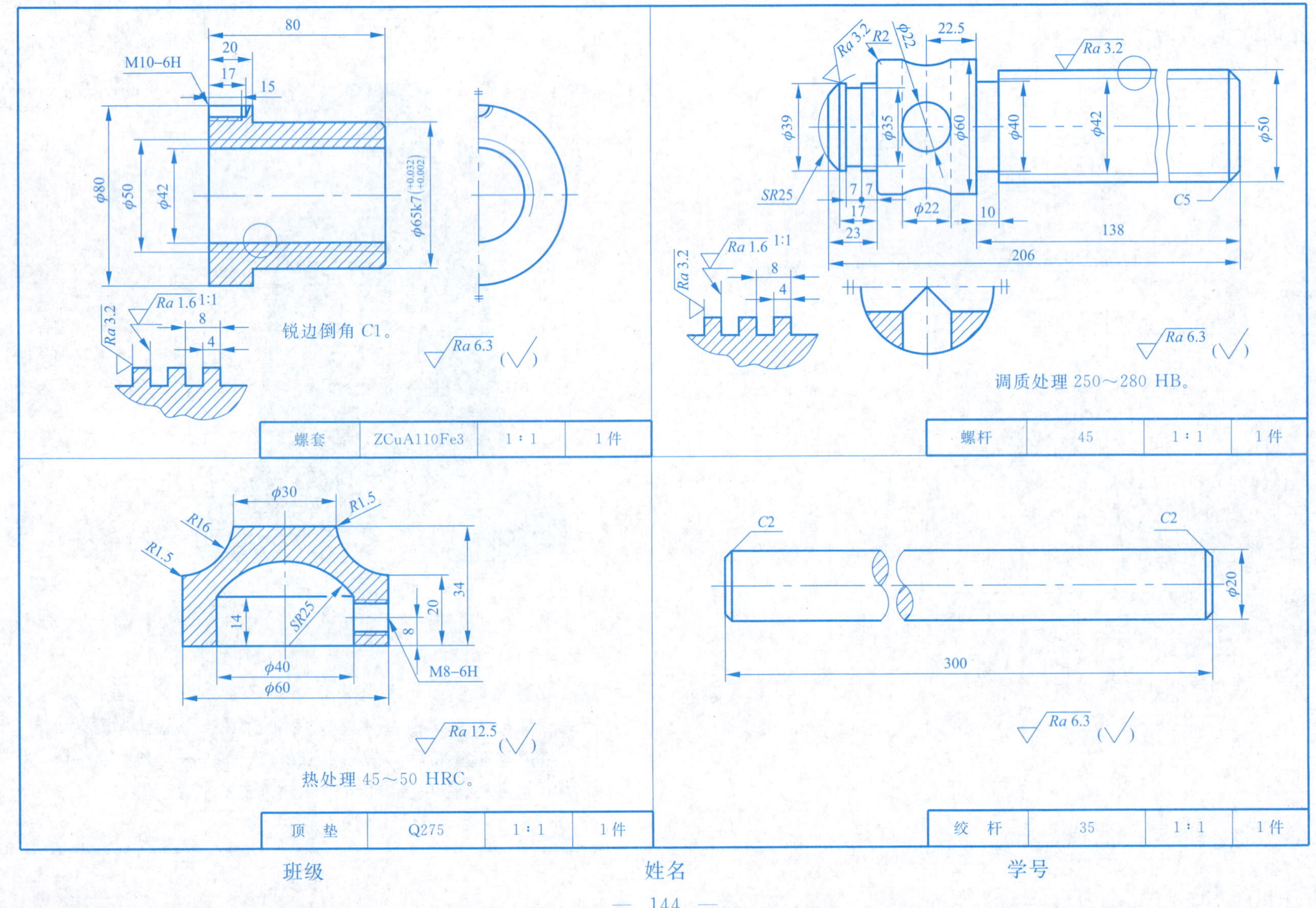

班级 姓名 学号

续 9－2 千斤顶零件图（二）

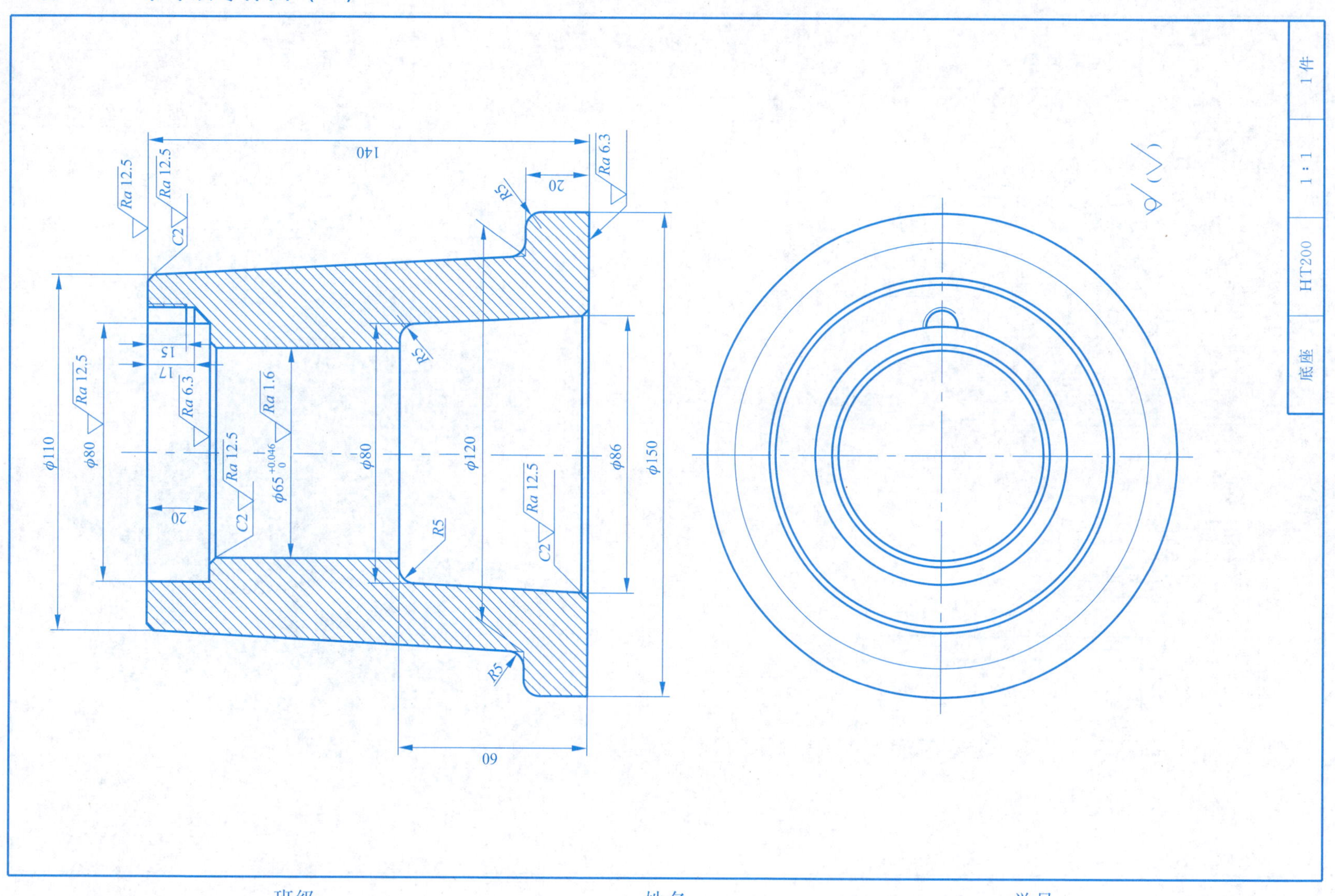

班级 姓名 学号

9-3 根据齿轮减速箱零件图画装配图

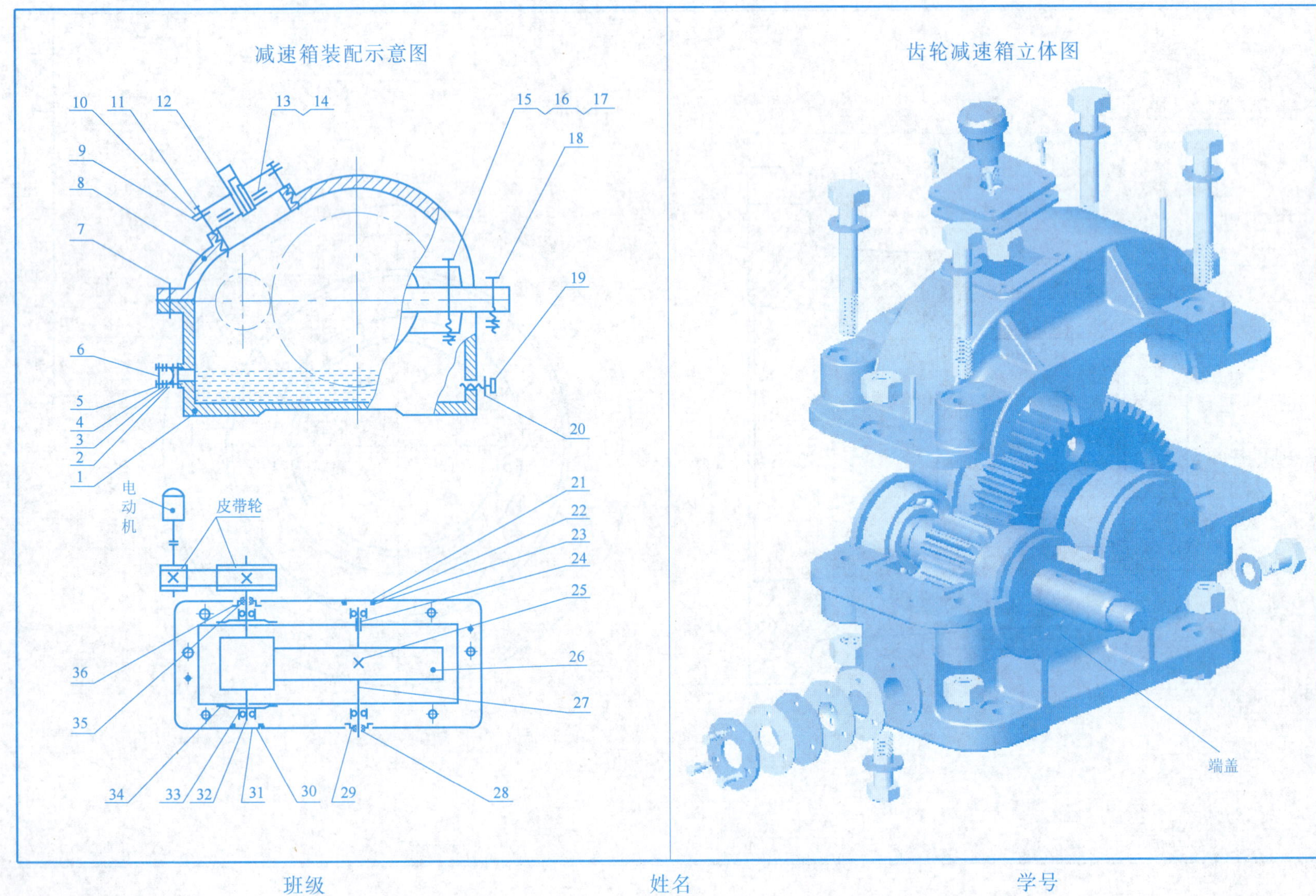

班级　　　　姓名　　　　学号

续 9-3 根据齿轮减速箱零件图画装配图

说 明

图中所示为一单级直齿圆柱齿轮减速箱，输入轴为 32，它由电动机通过皮带传动，带动输出轴 27。电动机的转速经皮带减速后，再由减速箱内的一对齿轮减速，最后达到要求的转速。

轴 32 和轴 27 分别由一对 6204 和 6206 滚动轴承支承，轴承安装时的轴向间隙由调整环 22 和 31 调整。

减速箱用稀油飞溅润滑，箱内油面高度通过油面指示器 4 进行观察。

通气塞 12 是为了随时放出箱内油的挥发气体和水蒸气等气体。螺塞 19 用于清理换油。

技术要求

1. 装配时各零件需用煤油洗净并涂上甘油。
2. 装好后箱内注入工业用 45 号润滑油，油面使大齿轮 2～3 个齿浸入油中，在电动机 1 000 r/min 正反转 1 h 检查浸油、过热、噪声等缺陷，并进行调整或消除。
3. 箱盖与箱座的定位销孔在装配调整好之后配作，然后装入定位销。箱盖、箱座连接螺栓允许由上向下装。

班级　　　　姓名　　　　学号

续 9-3 齿轮减速箱零件图（一）

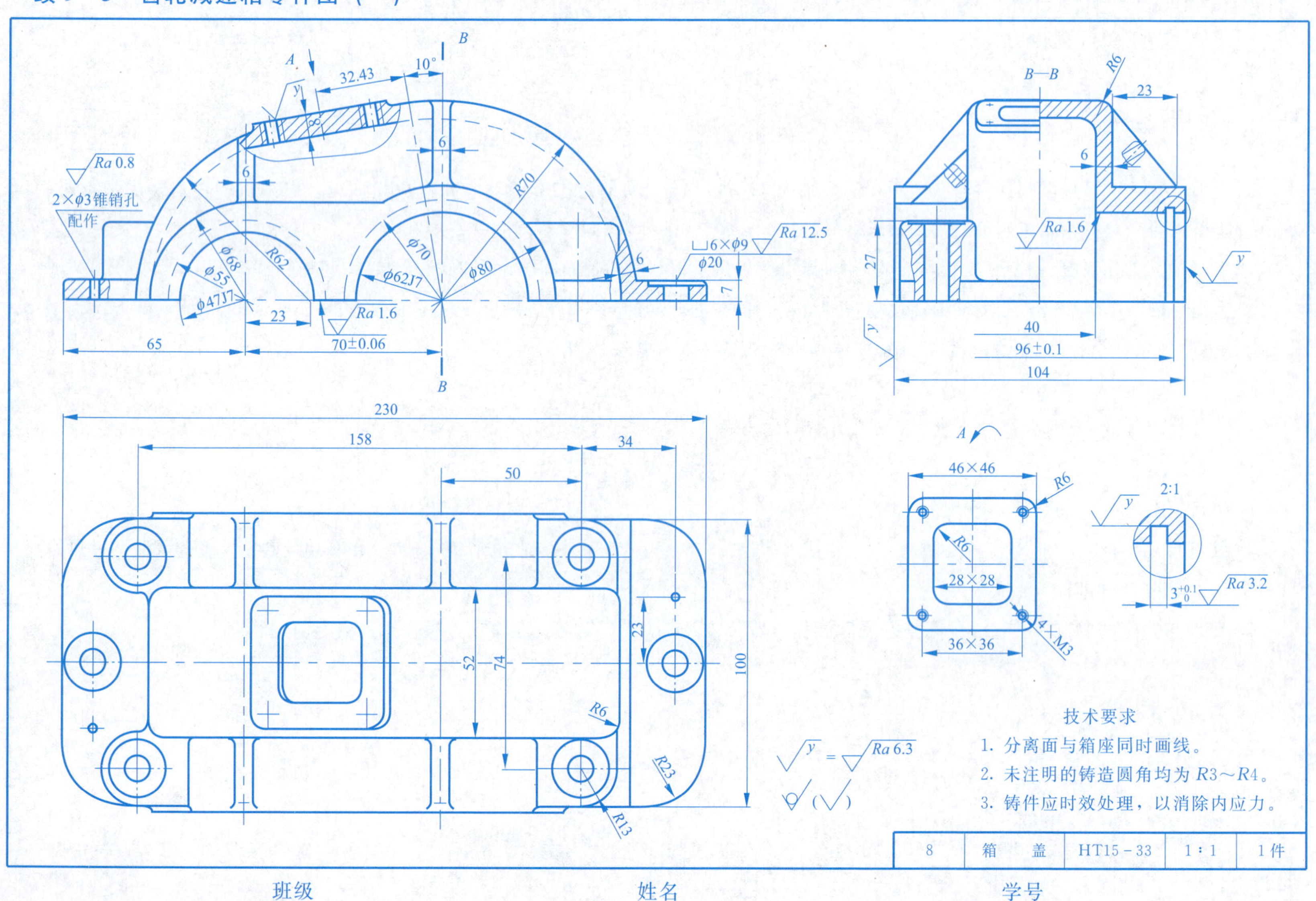

班级 姓名 学号

续 9-3　齿轮减速箱零件图（二）

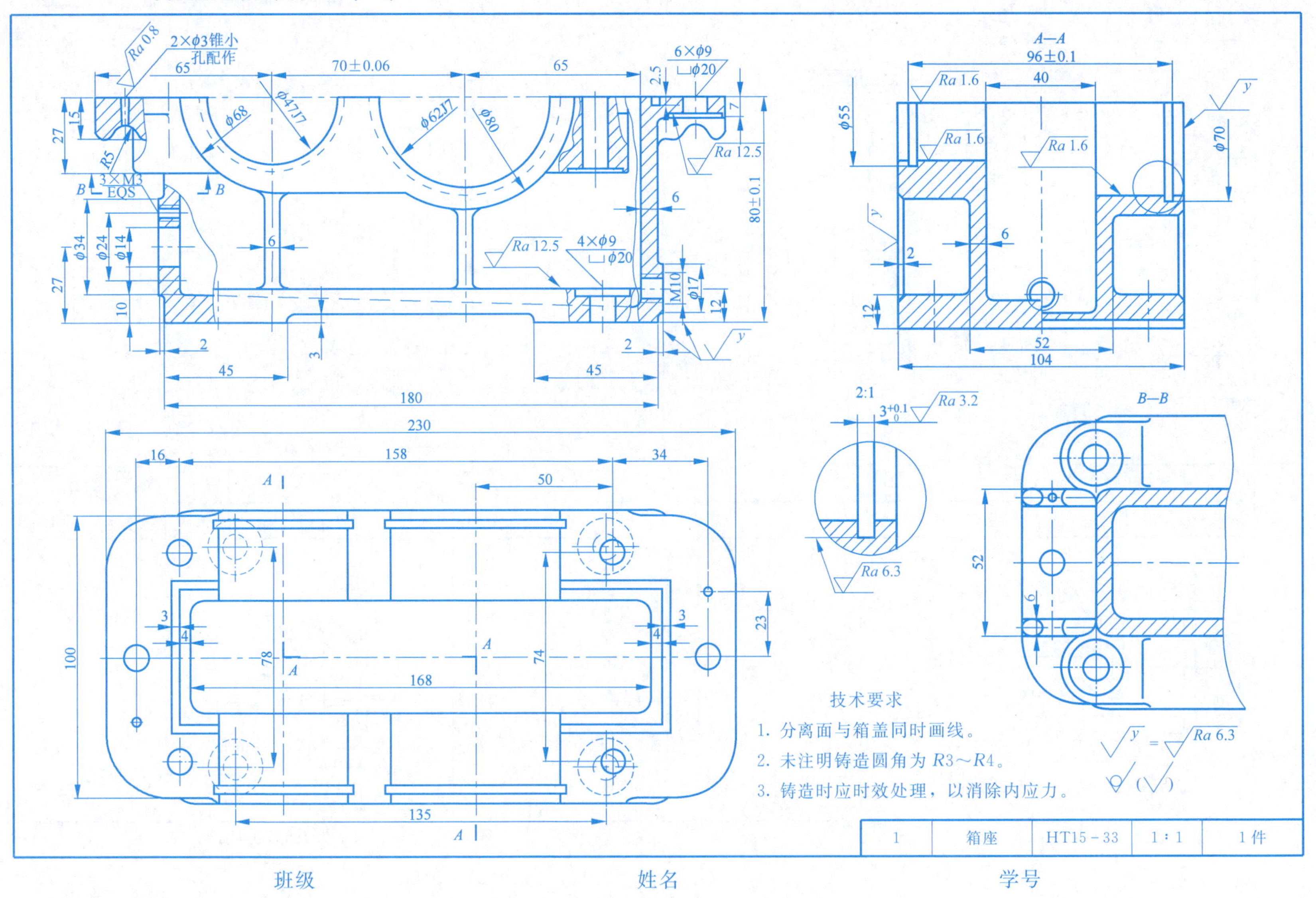

续 9-3　齿轮减速箱零件图（三）

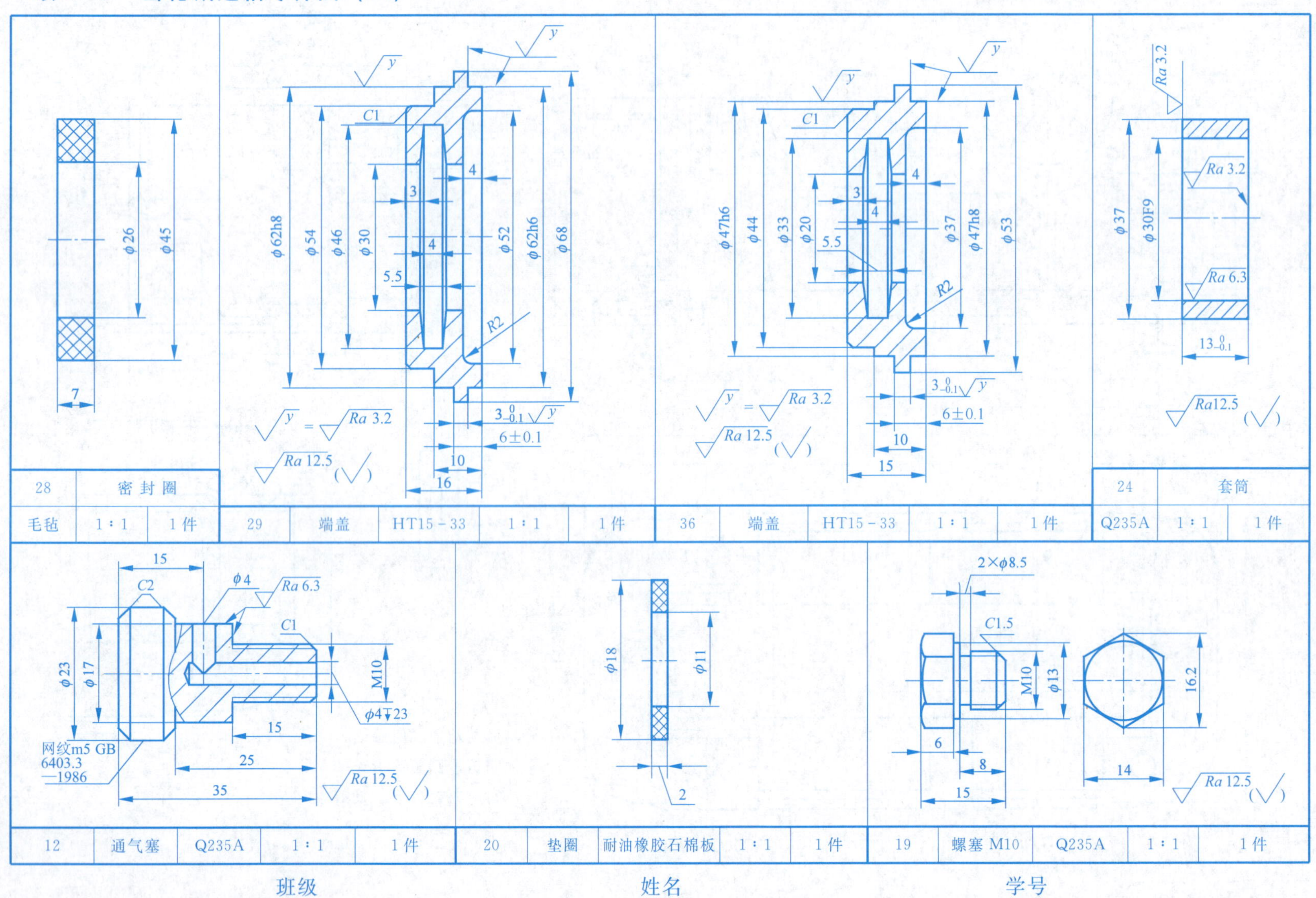

班级　　　　姓名　　　　学号

续 9－3　齿轮减速箱零件图（四）

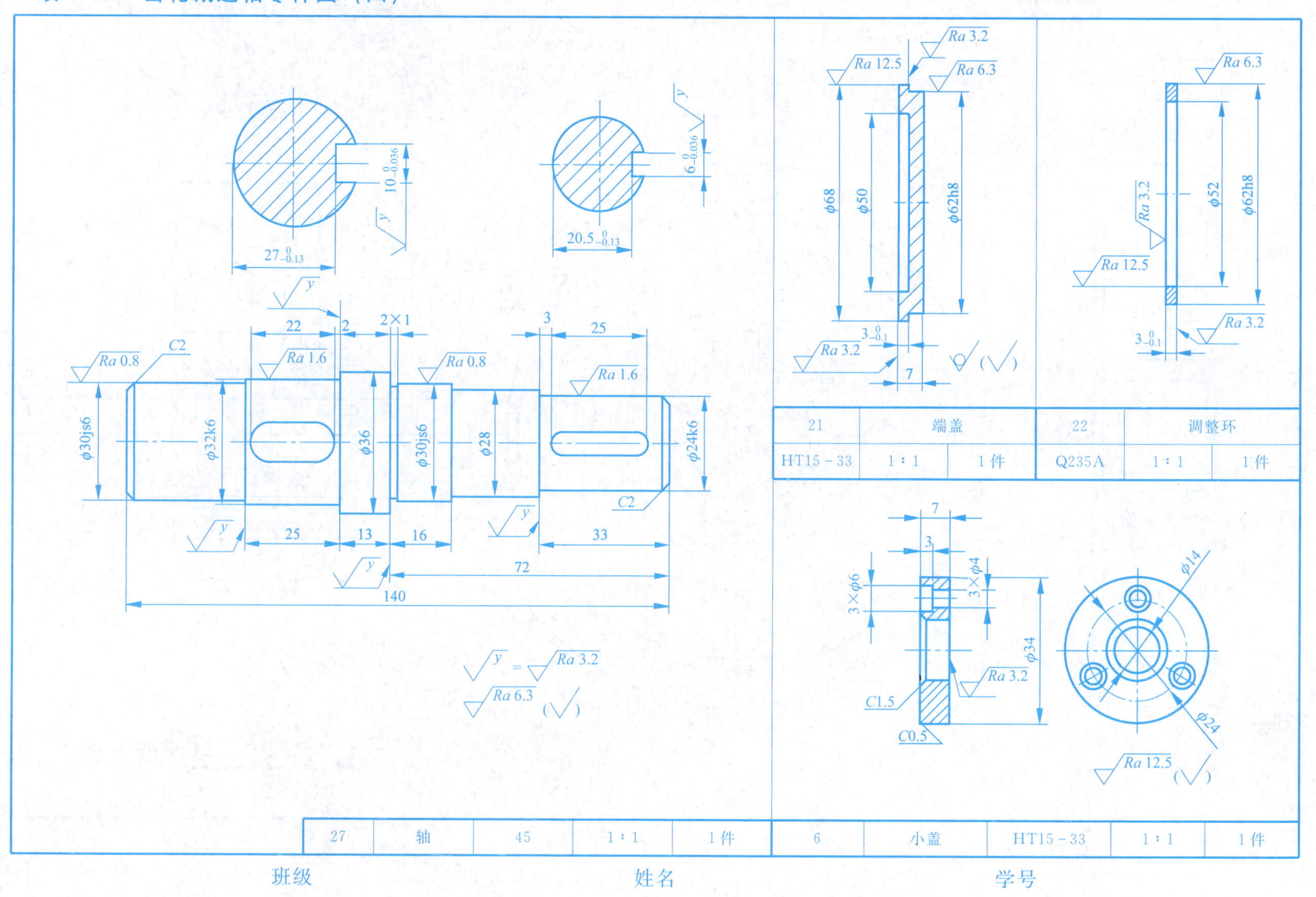

班级　　　　姓名　　　　学号

续 9－3　齿轮减速箱零件图（五）

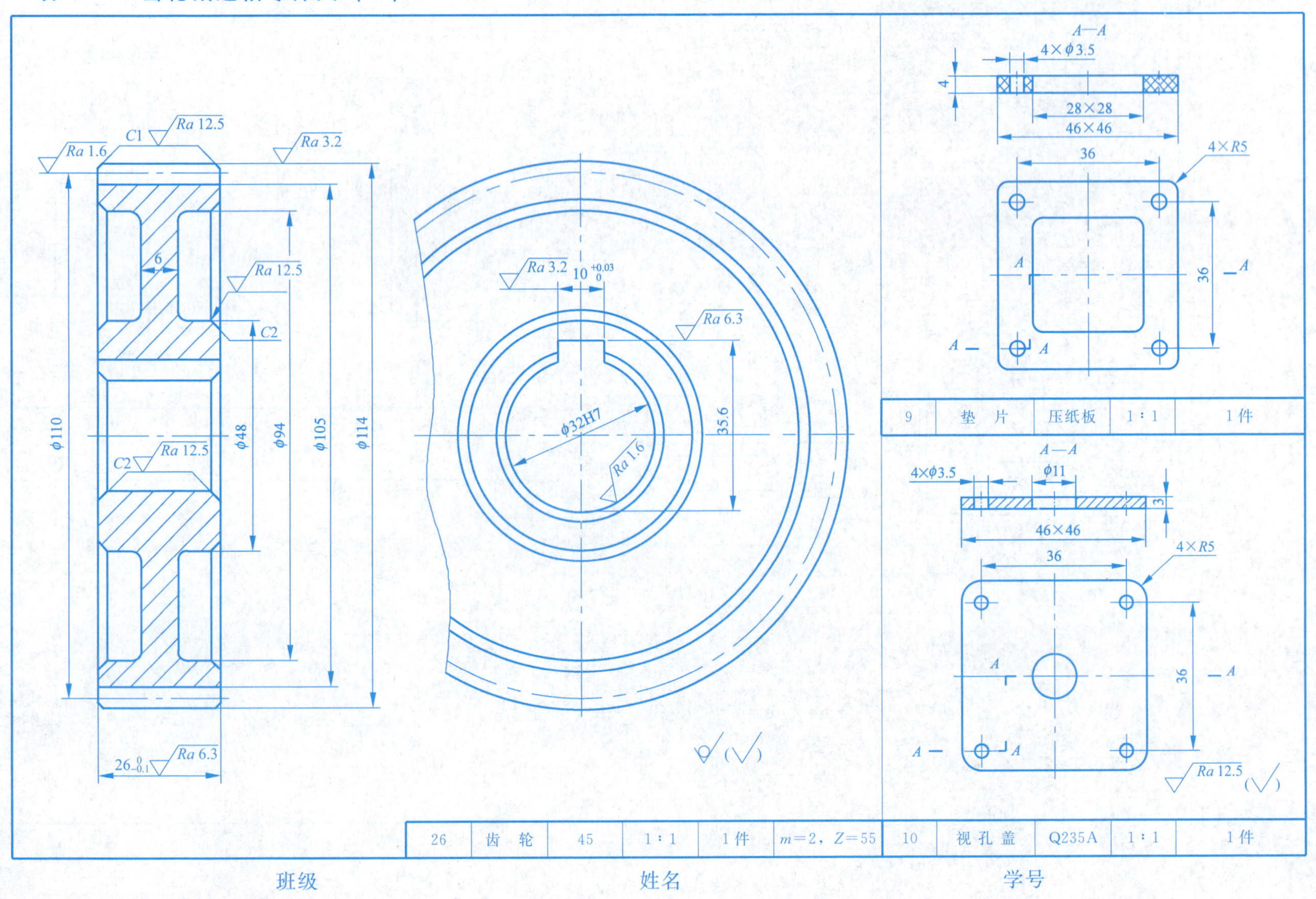

续 9－3　齿轮减速箱零件图（六）

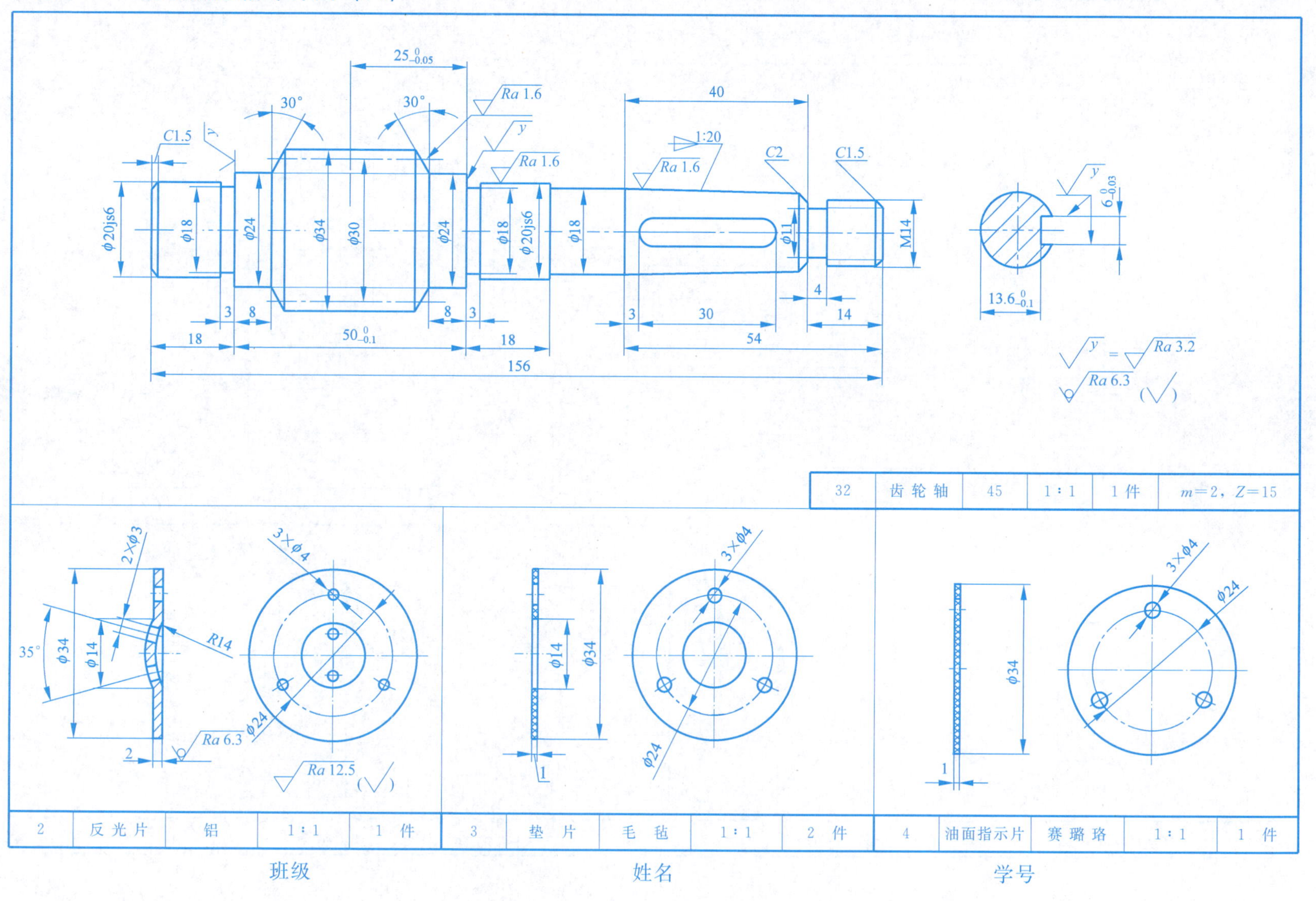

续 9－3　齿轮减速箱零件图（七）

减速箱标准件明细表

33	滚动轴承 6204	2		GB/T 276—1994
25	键 10×8×25	1	Q275A	GB/T 1096—2003
23	滚动轴承 6206	2		GB/T 276—1994
18	螺栓 M8×25	2	Q235A	GB/T 5782—2000
17	螺母 BM8	6	Q235A	GB/T 6170—2000
16	弹簧垫圈 8	6	65Mn	GB/T 93—1987
15	螺栓 M8×65	4	Q235A	GB/T 5782—2000
14	螺母 BM10	1	Q235A	GB/T 6170—2000
13	垫片 A10	1	Q235A	GB/T 97.1—2002
11	螺钉 M3×10	4	Q235A	GB/T 67—2002
7	圆锥销 3×18	2	45	GB/T 117—2000
5	螺钉 M3×14	3	Q235A	GB/T 67—2000
序号	零件名称	件数	材料	备　注

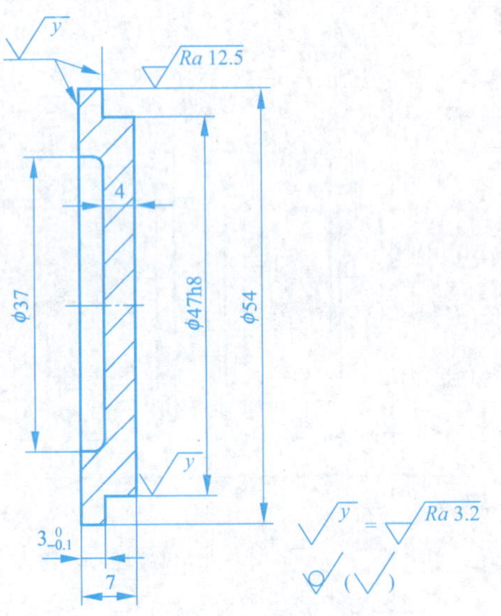

30	端　盖	HT15－33	1∶1	1　件

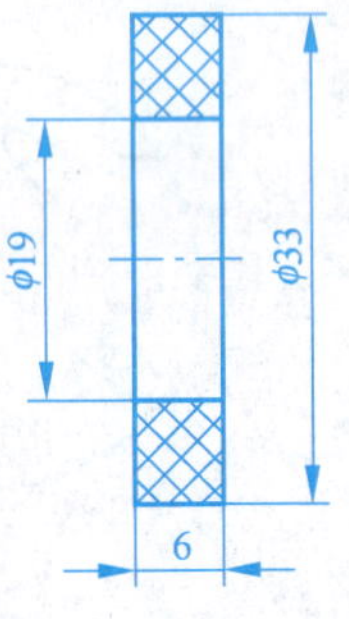

35	密封圈	毛　毡	1∶1	1　件

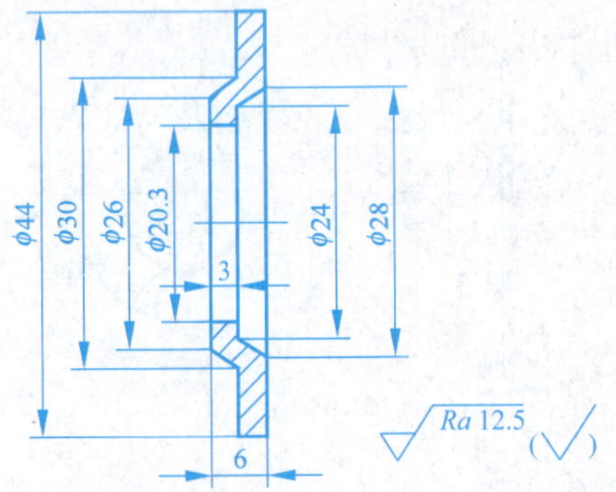

34	挡油环	Q235A	1∶1	2　件

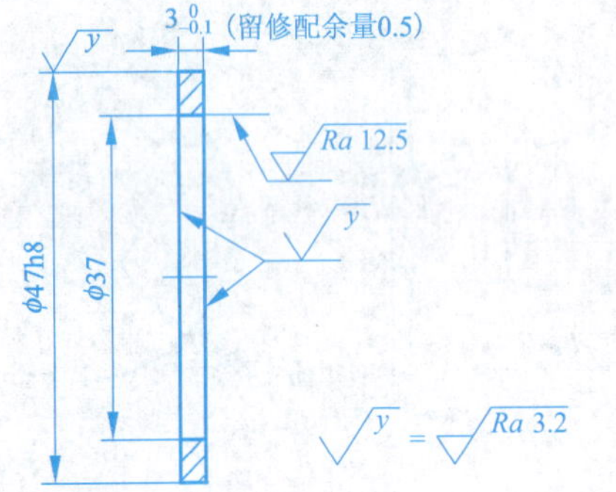

31	调整环	Q235A	1∶1	1　件

班级　　姓名　　学号

9－4 读装配图并拆画零件图

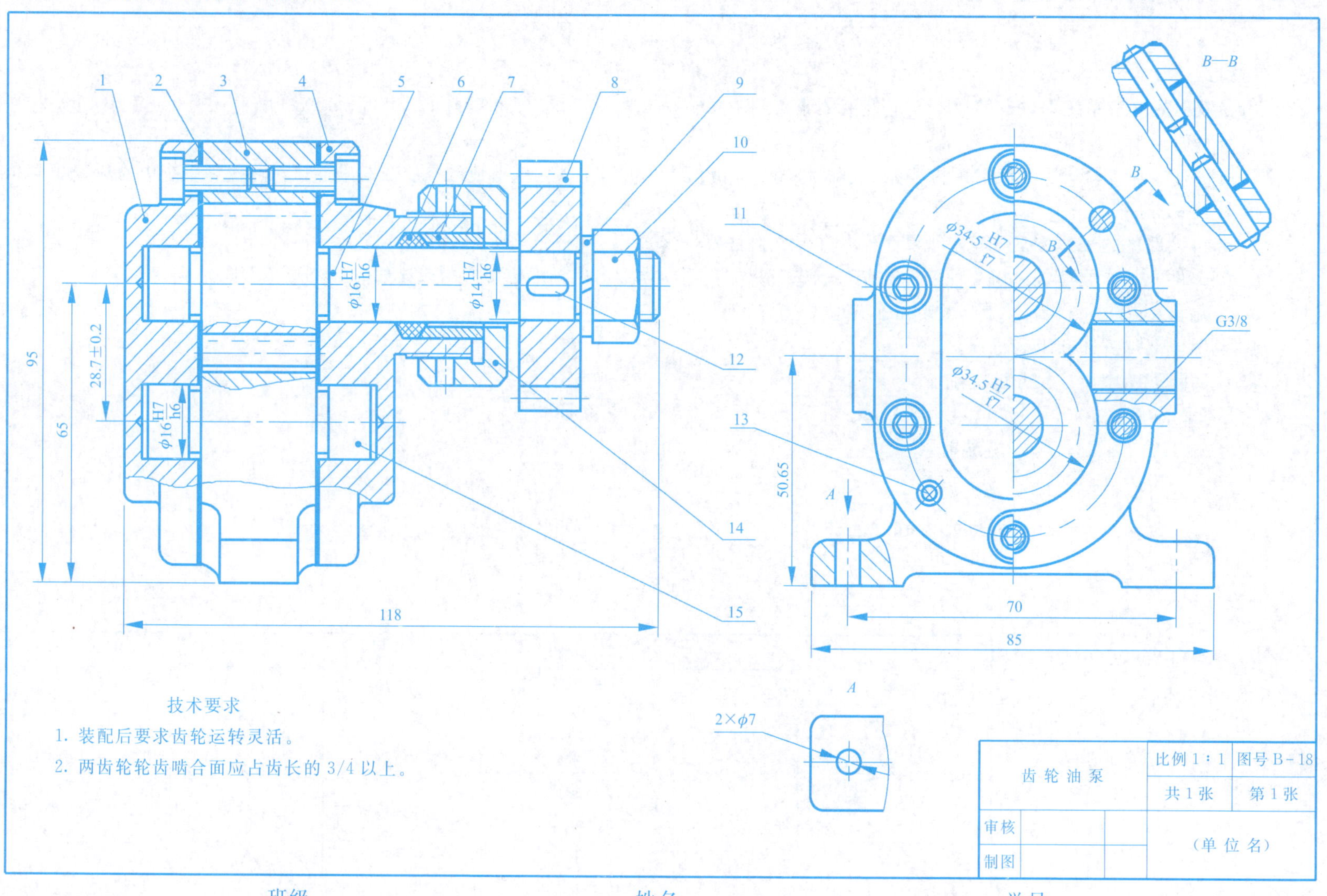

班级　　　　姓名　　　　学号

续 9-4 读装配图并拆画零件图

功用：

用在液压或润滑系统中，运转后不断迫使液体流动，在系统中产生一定的流量和压力。

工作原理：

利用一对啮合齿轮的反向旋转，将液体从进油口吸入，沿相邻两齿与泵体内壁形成的空腔压向出油口，输送到系统中的预定部位。

读图思考题：

1. 分析该部件的表达方案，其左视图中采用了什么画法？
2. 该部件的工作原理是如何实现的？在工件状态下，左视图中传动齿轮轴的旋转方向应该如何？若旋转方向相反行不行？
3. 左端盖 1、泵体 3、右端盖 4 之间如何定位、连接？
4. 说明该部件拆卸和组装过程。
5. 说明装配图中所注尺寸的类别。

建议拆画零件：

1—左端盖；2—泵体；3—右端盖。

					9	弹簧垫圈	1	65Mn	GB/T 859—1987	2	垫片	2	工业用纸	
15	齿轮轴	1	45	$m=3, Z=9$	8	传动齿轮	1	45	$m=2.5, Z=9$	1	左端盖	1	HT20-40	
14	压紧螺母	1	35		7	轴套	1	Qsn-6-3		序号	零件名称	件数	材料	备注
13	销 5M6×18	4	45	GB/T 119.1—2000	6	密封圈	1	橡胶		齿轮油泵			比例 1∶1	图号 B-18
12	键 4×4×10	1	45	GB/T 1096—2003	5	传动齿轮轴	1	45	$m=3, Z=9$				共 1 张	第 1 张
11	螺钉 M6×16	12	35	GB/T 70.1—2000	4	右端盖	1	HT20-40		审核			（单位名）	
10	螺母 M12	1	35	GB/T 6170—2000	3	泵体	1	HT20-40		制图				

班级　　　　姓名　　　　学号

第十章　表面展开图

10－1　按图中尺寸做出空间迂回管接头模型

10－2　按图中尺寸做出扭转变形管接头模型

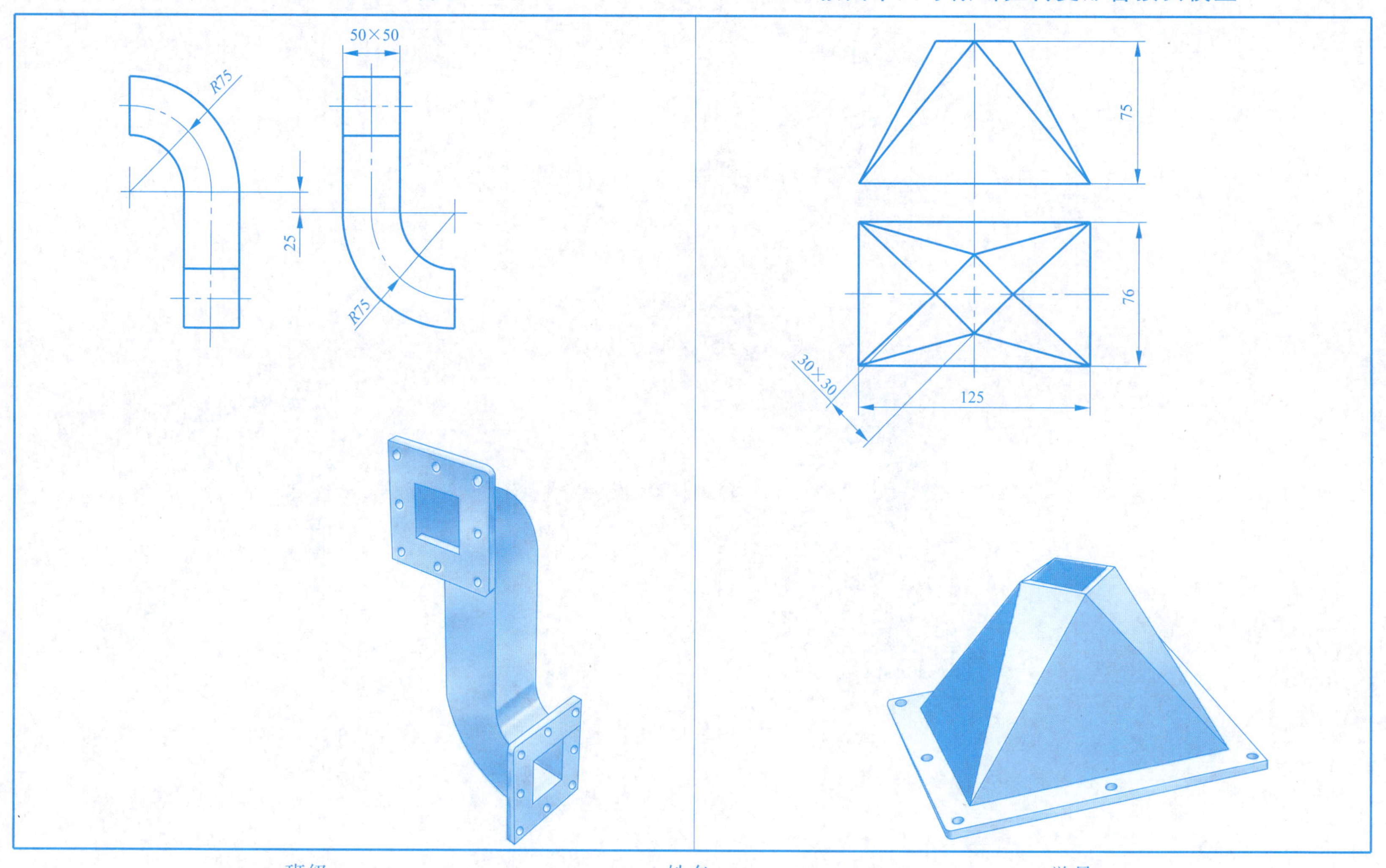

班级　　　　姓名　　　　学号

10－3　按图中尺寸做出偏交圆柱管接头模型

10－4　按图中尺寸做出带补料圆柱管接头模型

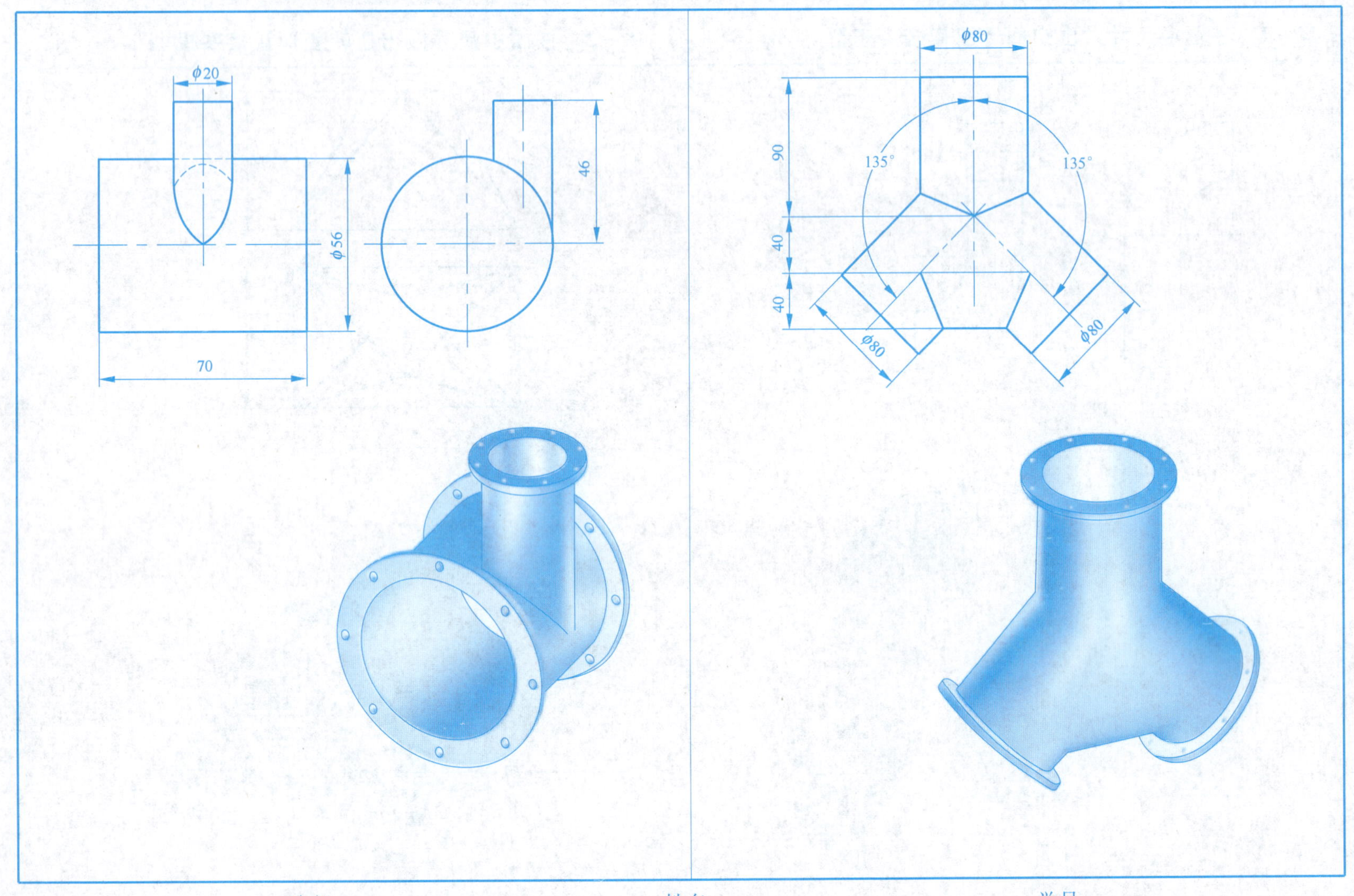

班级　　　　姓名　　　　学号

10－5　按图中尺寸做出两节渐缩圆锥管接头模型

10－6　按图中尺寸做出方圆变形管接头模型

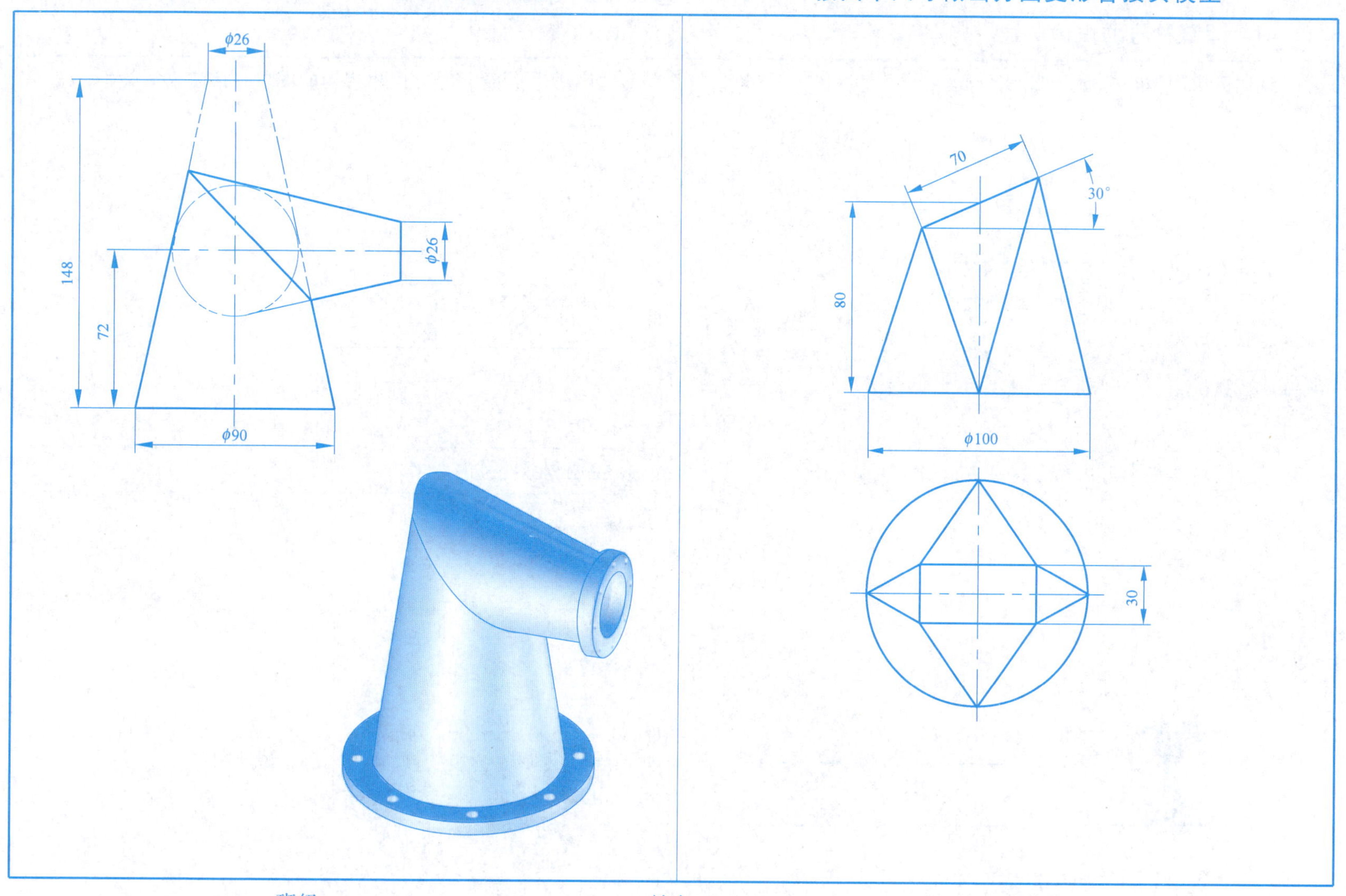

班级　　　　姓名　　　　学号

第十一章　焊　接　图

11-1　焊缝符号的识读

1. 说明图中焊缝符号的意义。

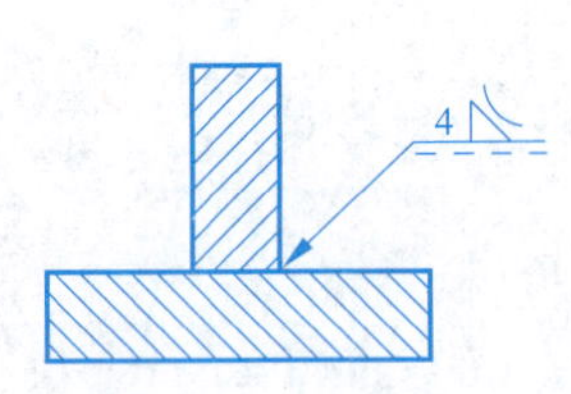

________侧________焊缝，焊角尺寸为________，焊缝表面为________面。

2. 如图所示焊缝符号，画出焊缝的图形并标注规定尺寸。

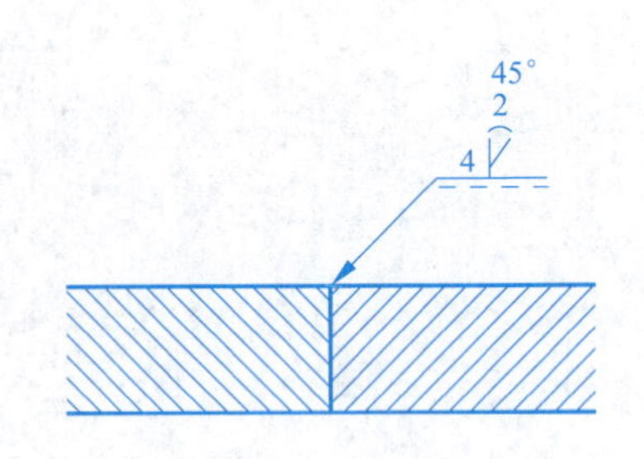

3. 将左图的焊缝图形用焊缝符号表示并标注在右图上。

4. 说明焊缝符号的意义。

(1)

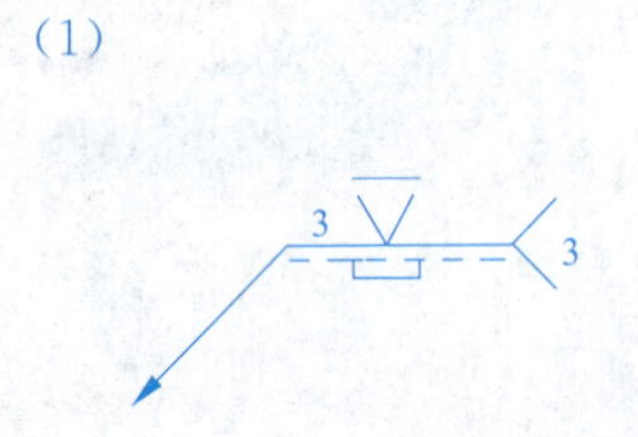

________焊缝在________侧，焊缝表面为________面，焊角尺寸为________，背面底部有________。

(2)

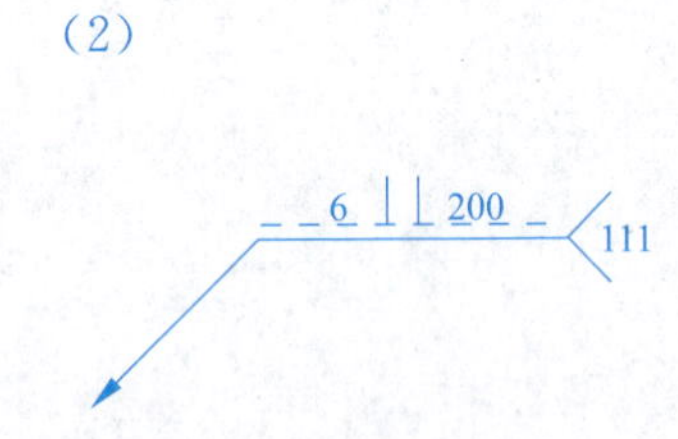

________焊缝在________侧，焊缝________为________，________为200，焊接方法为________。

班级　　　　姓名　　　　学号

11－2　焊缝符号的标注

1. 左图为带钝边 U 形焊缝；右图为双面 V 形焊缝。

2. 在图中标注焊缝符号（圆管外侧周围与底板角焊，$K=$ 4 mm）。

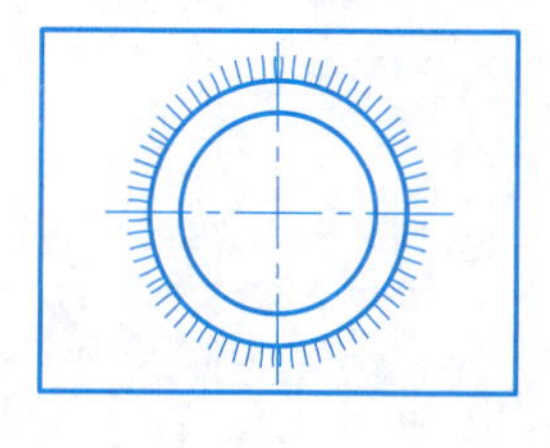

11－3　看懂焊接图，并在空格处填写出正确答案

1. 该图样所表达的部件名称为________，比例为________。

2. 该部件有________个零件，分别是________，通过________方法连接而成，零件所用的材料牌号均为________。

3. 该图样采用了________个图形，主观图采用了________剖视，左视图的表达方法是________。

4. 该部件所要求的焊接方法均为________，立板与圆筒之间采用________，焊缝的________高为________，________进行焊接。

5. 立板与肋板之间的________的________为 4。

6. 左视图上，横板与立板之间是________，该焊缝上面是________，________为 45°，________为 2，下面是________为 4 的________。

7. ________表明________板与________板和________间为________焊缝。

续 11-3　看懂焊接图，并在空格处填写出正确答案

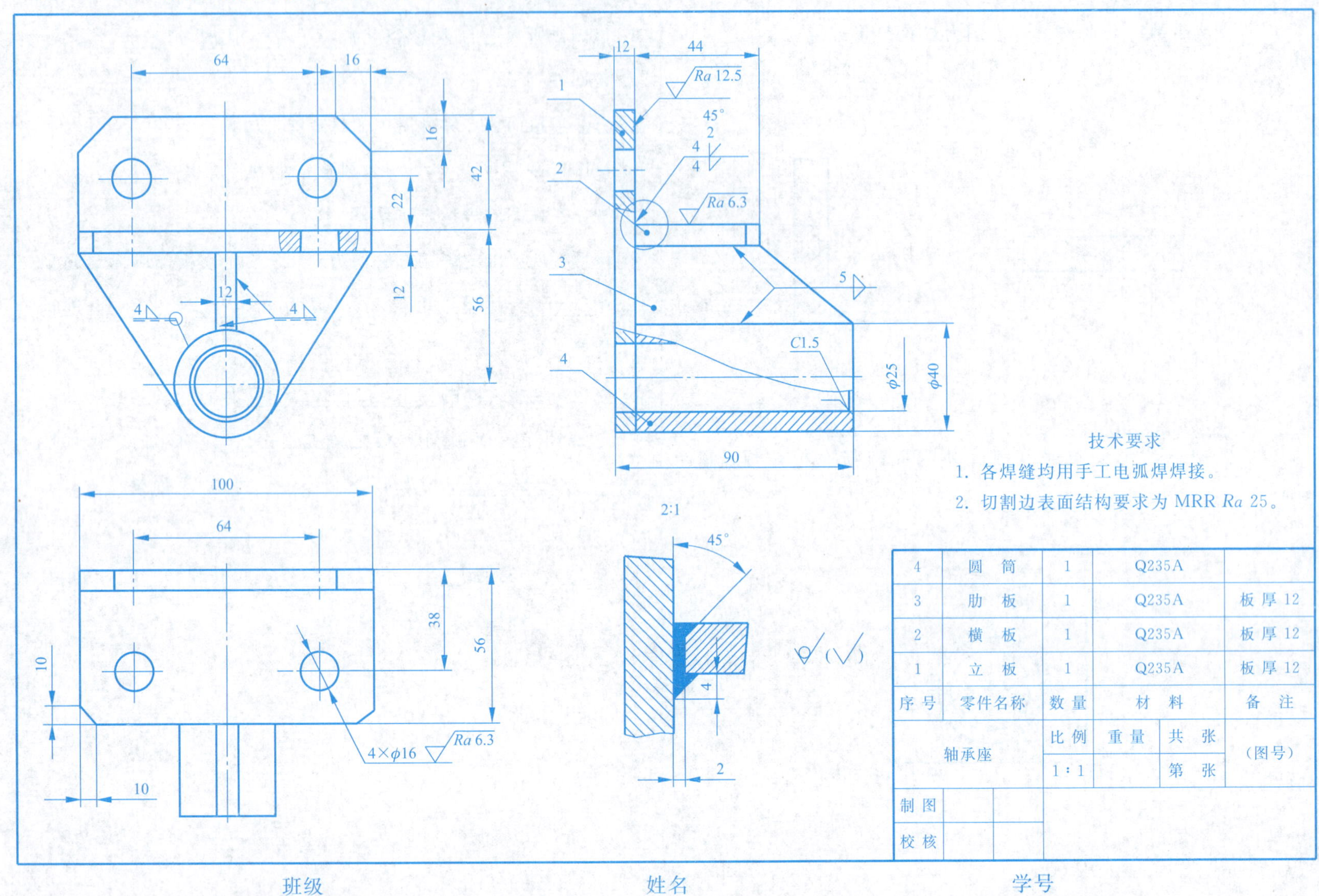

第十二章　第三角投影法

12-1　根据轴测图（尺寸从图中量取），用第三角投影法画出前视图、顶视图和右视图

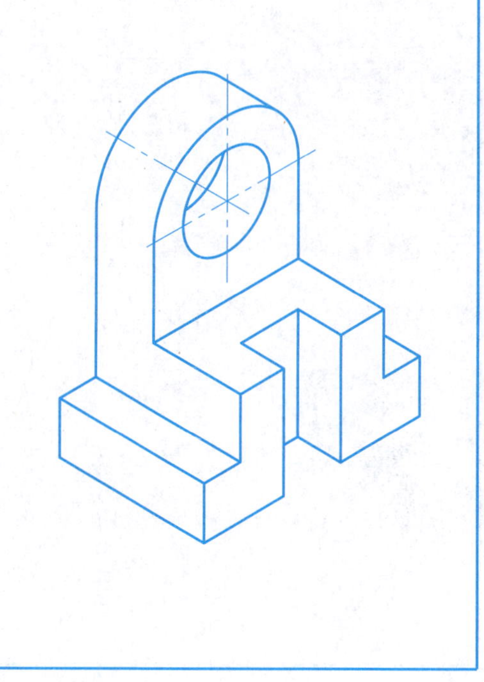

班级　　　　　　　　姓名　　　　　　　　学号

12－2 根据第一角的三视图，画出第三角的前、顶、右视图

班级　　　　　　　　　　　　姓名　　　　　　　　　　　　学号

12-3　根据已知视图，补画其他视图

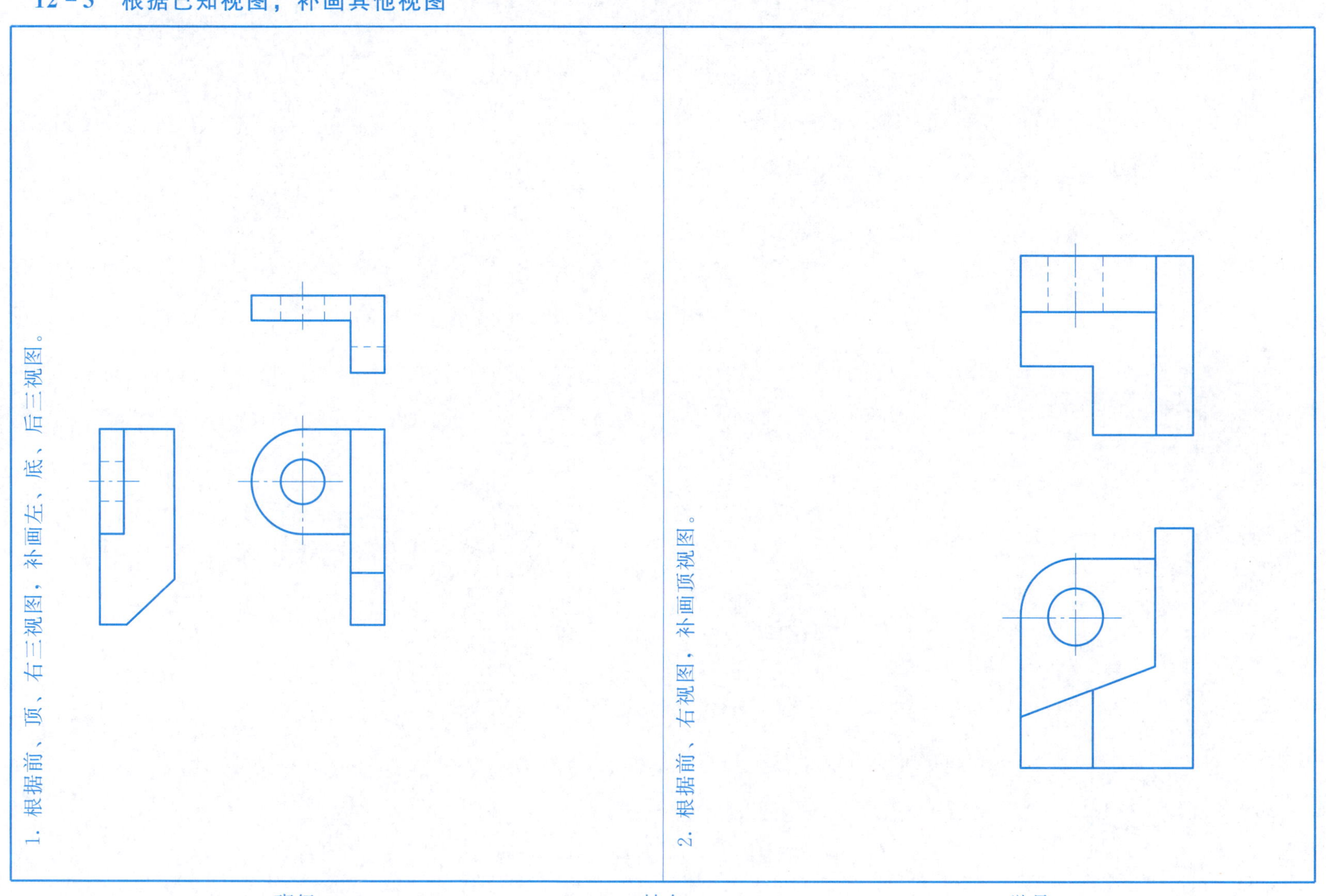

班级　　姓名　　学号